靜力學

劉上聰　編著

U0069030

全華圖書股份有限公司

學習本如逆水行舟，但在作者巧妙的架構安排下，也可以變成順水推舟。

▷ 1. 完整的理論知識

理論解說搭配公式佐證，即便是初學也可以短時間內掌握學理脈絡。

▷ 2. 貼近生活的照片

示意圖及實體照片並列呈現，以最直覺的方式展現力學在生活中各個角落的影響力。

▷ 3. 經典不敗的例題

理論解說搭配公式佐證，即便是初學也可以短時間內掌握學理脈絡。

> **解** 力矩的定義
>
> 由定義，$\mathbf{F}$ 對 O 點的力矩，等於 F 與 O 點至 $\mathbf{F}$ 垂直距離 d 的乘積，
> 即 $M_O = Fd$，參考(b)圖，其中力臂為 $d = 100\cos45° = 70.7 \text{ mm} = 0.0707 \text{ m}$，
> 故 $M_O = Fd = (200 \text{ N})(0.0707 \text{ m}) = 14.14 \text{ N-m}$ (逆時針方向)◀
>
> 【另解】
>
> 力矩原理
>
> 將 $\mathbf{F}$ 分解為 x 軸及 y 軸方向的分量(F_x, F_y)，如(c)圖所示，由力矩原理，
> $\mathbf{F}$ 對 A 點的力矩等於其分量 F_x 及 F_y 對 A 點的力矩和。
> 設取逆時針方向為正，則
> $$M_O = F_y x_A - F_x y_A = (200\sin45°)(0.20)$$
> $$- (200\cos45°)(0.10) = 14.14 \text{ N-m(逆時針方向)} ◀$$

▷ 4. 深植腦海的常駐概念

學習告一段落後，檢測所學觀念有無融會貫通，是自我把關不可或缺的好工具。

✐ **觀念題**

1. 桁架內之每一根桿件都是二力構件，這是在哪些假設條件下所得的結果？
2. 什麼是簡單桁架(simple truss)？其桿件數 b 與接點數 j 之間有何關係？
3. 用截面法分析桁架內桿件之受力時，每次只能切到幾根未知桿件，方能解出這些未知桿件之受力？

▷ 5. 反覆訓練的海量習題

已經掌握好技巧與觀念，最後需要大量的練習以達到隨心所欲的最高境界。

序言 *Preface*

一、本書為作者將之前為全華圖書公司所編著之應用力學一書重新改版,分為靜力學及動力學兩本,本書為靜力學部分,適用於大學靜力學課程。

二、靜力學為機械工程、土木工程、航空工程、造船工程及水利工程等基本必修課程。目前國內靜力學課程所用教科書,大多是美國大學所用之英文本,各有其優點,且深淺不一,學生難免因文字隔閡而有欠暢通深入之感,筆者有鑑於此,用課餘時間,參考各英文版本,取長捨短,以供教學用途。

三、本書以淺顯易懂之文字敘述,著重基本概念說明及實際應用分析,盡量避免深奧理論探討。

四、本書在主要章節後面均列有例題及練習題,都是經過仔細挑選,著重於培養基本概念,並熟悉基本原理之應用,避免艱深問題,使讀者對靜力學有良好的基礎,以便往後作更深入之研究及發展。各練習題後面都附有參考答案。

五、本書以 SI 單位為主,但目前國內工業界仍諸多使用公制重力單位及英制重力單位(美國慣用單位),為使讀者適應上述兩種單位,部分例題及習題有使用這兩種單位,以避免日後在工業界有無法適應之困擾。

六、本書是作者依多年教授靜力學之經驗整理而成。惟作者才疏學淺,疏漏之處在所難免,尚祈國內先進及讀者諸君不吝指正。

劉上聰　謹識

　　「系統編輯」是我們的編輯方針，我們所提供給您的，絕不只是一本書，而是關於這門學問的所有知識，它們由淺入深，循序漸進。

　　本書將目前多家版本之原文書，以最有系統的篩選，去蕪存菁的保留下各家精華，佐以作者實務概念、重點說明之分析，達到最貼近讀者需求的學習方式。另外在例題及練習題的部分，也以實際應用當範例，著重於基本概念，並避免過度艱深之探討，讓讀者能在學習之餘能立即著手練習，祈能熟能生巧、自我檢測的目的。

相關叢書介紹

書號：05974
書名：應用力學
編著：陳宏州
16K/344 頁/400 元

書號：0625003
書名：靜力學(第四版)
編著：曾彥魁
16K/392 頁/490 元

書號：0601601
書名：靜力學(第七版)
編著：Meriam、陳文中、邱昱仁
16K/600 頁/580 元

書號：0554903
書名：材料力學(第四版)
編著：李鴻昌
16K/752 頁/600 元

書號：0287604
書名：材料力學(第五版)
編著：許佩佩、鄧國益
20K/456 頁/380 元

書號：06153
書名：材料力學
編著：劉上聰
16K/664 頁/650 元

◎上列書價若有變動，請以
最新定價為準。

流程圖

書號：06105
書名：普通物理(上)(第十二版)
英譯：陳瑞和、謝奇文

書號：0615502
書名：物理(力學與熱學篇)
　　　(第十一版)
英譯：葉泳蘭、林志郎

書號：06156027
書名：物理(電磁學與光學篇)
　　　(第十一版)
英譯：葉泳蘭、林志郎

書號：0554701
書名：應用力學－靜力學
　　　(修訂版)
編著：李鴻昌

書號：0203204
書名：靜力學(第五版)
編著：劉上聰

書號：0601601
書名：靜力學(第七版)
英譯：陳文中、邱昱仁

書號：0609401
書名：動力學(第二版)
編著：劉上聰、錢志回、林　震

書號：0555902
書名：動力學(第三版)
編著：陳育堂、陳維亞、曾彥魁

書號：0287604
書名：材料力學(第五版)
編著：許佩佩、鄧國益

目錄 *Table of Contents*

第 8 章 摩 擦

第 9 章 虛功原理

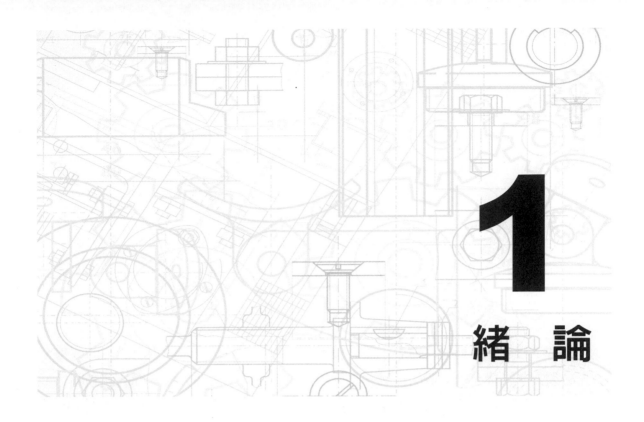

1 緒 論

1-1 概　說

　　力學(mechanics)為物理學的一支，是研究物體受力作用後之運動情形及組成物體之材料所生之反應。通常可區分為三個部份：**應用力學**(applied mechanics)、**材料力學**(mechanics of materials)與**流體力學**(fluid mechanics)。

　　應用力學包括**靜力學**(statics)與**動力學**(dynamics)。靜力學是在研究靜止物體受力作用時所生之反應，著重在力的分析；而動力學是在研究力作用於運動物體所生之反應，著重在分析力與運動的關係。在應用力學中均假設物體為完全剛性，而稱物體**為剛體**(rigid body)，但實際的結構體或機件並沒有絕對的剛性，承受力作用時均會產生變形，但這些變形通常甚小，對所考慮的靜止或運動狀態，不會產生太大的影響。至於材料力學是討論物體對破壞的抵抗能力，此時變形現象就很重要，而不能將物體視為剛體。

充電站

火車鋼輪及鋼軌變形甚小，可視為剛體

　　當工程師為某種構想而著手設計機器時，不論是創新或是對現有設備的改善，首先必須對其結構有一大概的輪廓，然後對構成機器每一構件分析其間的運動關係，並分析每一構件所受的負荷或力量，而這些構件上的負荷或力量，需藉應用力學的基本原理分析求解。因此，在設計機器或結構體時，工程師必須對力學的原理有足夠的認識與瞭解，並需能將這些原理應用到工程上的各種實例中。

　　當工程師決定了機器內各構件間的運動關係以及受力情形，便著手設計各個構件，選擇適當的尺寸，使其符合所需強度及各種特定的機械性質，如此逐步決定各構件的尺寸，並定出整部機器的外形及尺寸，然後繪在藍圖上，最後送至工廠生產。

　　由上述的說明可知，工程師在設計結構物或機器時，本身需對力學原理有相當的瞭解，並且能應用在分析實際工程上的問題，因此學生將來想成為一位工程師，必須先學好應用力學，本書是針對靜止(或等速運動)之物體或構件作分析，即討論靜力學之部份。

1-2 力學的基本觀念和原理

　　力學的基本觀念是**長度**(length)，**時間**(time)，**質量**(mass)與**力**(force)，這些觀念無法用其他更簡單的觀念來說明，而是藉官能的感覺由經驗累積而獲得瞭解，然後再利用這些基本觀念去定義或解釋其他力學觀念。

長度

長度的觀念是用以描述物體在空間的位置，或用以描述物體尺寸的大小。

時間

時間的觀念是用以表示事件發生的先後次序，或用以表示一個事件持續的久暫，前者是時刻的觀念，而後者為時距的觀念。

質量

質量的觀念是用以表示物體在外力或萬有引力作用下所生的反應。當兩物體由靜止受相同的外力作用時，兩者的運動有快慢之不同，這是由於兩者有不同的質量，質量大者運動較慢，而質量小者運動較快，故質量為物體抵抗其運動狀態改變的一種能力，即物體保持其原有運動狀態的能力，因此質量亦即為物體的慣性大小。另外，不同質量的物體所受地球之萬有引力亦不同，而有不同的重量，即質量大者重量較大，兩者呈正比的關係。

力

力是一種作用，可接觸作用或隔空作用，後者之例子如重力、電力及磁力。力無法直接觀察，但可由力所生的效應而瞭解力的存在：(1)物體受力而改變其運動狀態，或引起其他物體對此物體產生阻力或反力，此為**力的外效應**(external effect)；(2)物體受力而產生變形(deformation)，並使物體內部為抗拒力的作用而產生應力(stress)，此為**力的內效應**(internal effect)。應用力學主要在研究力所產生的外效應。

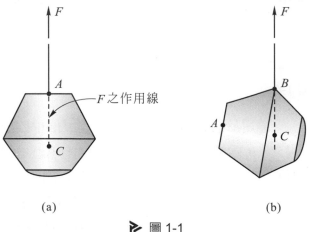

(a)   (b)

▷ 圖 1-1

從日常的經驗可知，力與溫度、面積或體積等純量不同，除了有大小之外，並具有一定的方向，如圖 1-1 所示，將太空艙從海洋吊起時繩索所施的張力有一定的方向。但僅有大小及方向，仍然無法充分地描述一力所生的效應，在圖 1-1 中，以鋼索吊在太空艙上不同的 A、B 兩點，鋼索張力的大小及方向雖相同，但施力點不同，太空艙內所生的應力及其變形則完全不同。因此，欲完全確定力對物體所生的效應，須表明力的三個性質，即(1)力的大小，(2)力的方向，(3)力的作用點，此三個特性，稱為力的三要素(characteristics of force)，其中只要有一個要素改變，則力所生的效應便不相同。故兩力若欲產生相同的效應，則此二力須有相同的大小、方向及作用點。

力學的研究主要是由下列實驗所獲得的基本原理作為分析的依據。

◆力的可移性原則

作用於物體的外力，可沿其作用線任意移動，而不會改變該力所生的外效應，此稱為**力的可移性原則**(principle of transmissibility)，即兩作用力的大小、方向及作用線相同時，其所生的外效應必相同，參考圖 1-2 之物體，在 A 點之作用力 **P**，會使支承 O 與 C 產生反力，若將 **P** 沿其作用線移至 B 點，O 與 C 兩支承的反力仍然相同。同樣在圖 1-3 中，作用力 **F** 使物體產生運動的加速度，亦不因其作用點不同而發生變化。

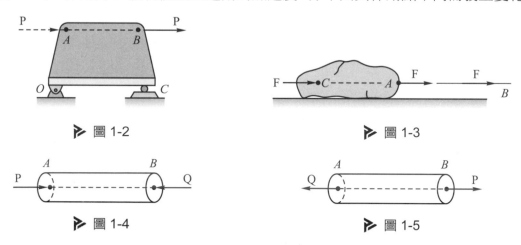

▶ 圖 1-2　　　　　　　　　　　　▶ 圖 1-3

▶ 圖 1-4　　　　　　　　　　　　▶ 圖 1-5

力的可移性原則，只適用於討論力的外效應，討論力的內效應時則不可使用。參考圖 1-4 中之圓桿，在 A、B 兩端同時承受 **P**、**Q** 兩力作用，兩力大小相等方向相反且在同一作用線上，因而保持平衡。今將兩力同時沿其作用線分別移至相對之端點，如圖 1-5 所示，圓桿仍保持平衡，外效應不變，但圓桿由原來的壓縮狀態改變為拉伸狀態，內部的應力由壓應力變為拉應力，變形由縮短變為伸長，內效應完全不同。

◆牛頓三大運動定律

應用力學是根據牛頓三大運動定律發展出來，這些適用於質點運動的定律簡述如下：

第一定律：質點承受外力作用時，若合力為零，則質點將恆保持其原有的運動狀態，即恆為靜止(若質點原為靜止)或恆作等速度運動(若質點原先是在運動)，而稱此質點在平衡狀態。

第二定律：當質點所受外力的合力不為零時，則此質點在合力的方向會產生加速度，其大小與合力成正比。若 **F** 為作用於質點的合力，**a** 為質點的加速度，則第二定律可用下列的關係式表示：

$$\mathbf{F} = m\mathbf{a} \tag{1-1}$$

其中 m 為質點的質量。

第三定律：當甲物體施力於乙物體時，乙物體亦同時施力於甲物體，兩者彼此之作用力大小相等，方向相反，且在同一作用線上，當一力為作用力時，另一力稱為反作用力。作用力與反作用力是分別作用於甲乙兩不同的物體上，且必同時發生並同時消失。

◆牛頓之萬有引力定律

充電站

太空人與地球距離甚遠，萬有引力甚小

質量為 M 與 m 之兩質點間存在有大小相等方向相反的引力，此力的大小為

$$F = \frac{GMm}{r^2} \tag{1-2}$$

其中　$r =$ 兩質點間之距離

　　　$G =$ 萬有引力常數（ gravitational constant ）

此定律引進了超距力的觀念，且擴大了牛頓第三定律的適用範圍，即兩質點的萬有引力互為作用力與反作用力。

由萬有引力定律可求得物體重量與質量的關係。設地球的質量為 M，物體的質量為 m，當物體置於地球表面上時，地球與物體間產生有相互的吸引力 $\mathbf{F}$，其大小相等而方向相反；此吸引力對物體而言，就是物體所受的地心引力，此引力稱為物體的重量（ weight ），以 W 表示。由萬有引力公式

$$W = F = \frac{GMm}{R^2} = m\frac{GM}{R^2}$$

其中 R 為物體至地心的距離，由於物體的體積與地球相較甚為微小，故 R 為地球半徑。因 R、M、G 三者均為常數，令 $g = GM/R^2$，稱 g 為重力加速度，將三常數的值代入計算得

$$g = GM/R^2 = 9.81 \text{ m/s}^2 = 32.2 \text{ ft/s}^2$$

故對一質量為 m 的物體，其重量 W 為

$$W = mg \tag{1-3}$$

✏ 觀念題

1. 力學有哪四個基本觀念？

2. 力作用在物體上使物體所生的外效應有哪些？

3. 將作用於物體上之力沿其作用線移動是否會改變對物體所生之運動效應？

4. 試分別從慣性及重力的觀點說明質量的意義。

1-3 單位系統

單位(unit)為量度物理量大小或長短的方式，上一節所介紹的四個基本概念：長度、時間、質量與力，其單位可任意選定，但四者並非獨立的基本量，而可由牛頓第二定律關連起來，因此若要滿足公式(1-1)，四者的單位便不能個別獨立選定，而只有三個可任意選定，稱為**基本單位**(base units)，第四個單位則由公式(1-1)定義，稱為**導出單位**(derived unit)，以此種方式設定的單位方能形成一致的單位系統。

◆國際單位系統(SI 單位)

國際單位系統(International System of Units)簡稱為 **SI 單位**(SI Units)，是目前全世界適用的米制系統，此系統中以長度、時間及質量的單位為基本單位，其單位分別為**公尺**或**米**(meter , m)、**秒**(second , s)及**公斤**或**仟克**(kilogram , kg)，此三者是任意定義。

長度　公尺的定義原先是採用經過巴黎的子午線，由北極到赤道距離的千萬分之一，後來也定義以一特定鉑銥合金棒在攝氏 0°時的長度為標準，此標準公尺放在巴黎國際度量衡局(International Bureau of Weights and Measures)，由於複製棒準確度及可行性之困難，因而採用更準確和可複製的長度標準，而以光在 1/299792458 秒內於真空中行進的長度定為 1 公尺(1983 年 9 月，第十七屆國際度量衡大會制定)。

時間　秒的定義最初是用平均太陽日之 1/86400，但由於地球轉動的不規則性，導致此定義的困難，因而採用更準確和可複製的標準。現在的秒定義為銫原子光譜中某特定輻射，振盪 9192631770 次的時間(1964 年國際度量衡大會制定)。

質量　公斤的定義是以一特定鉑銥合金圓柱體的質量為標準，該標準圓柱體放在巴黎國際度量衡局。其他物體的質量可利用天平與此標準質量比較而得。

力 在 SI 單位中，力的單位為牛頓(Newton , N)，是導出單位，其定義是使 1 公斤 質量的物體產生 1 公尺/秒²之加速度所需之力量，即

$$1N = (1kg)(1m/s^2) = 1kg\text{-}m/s^2$$

物體的重量即為作用在物體上的重力，其單位亦為牛頓，由公式(1-3)可知質量 1 公斤 的物體其重量為

$$W = (1kg)(9.81 \ m/s^2) = 9.81 \ kg\text{-}m/s^2 = 9.81N$$

SI 單位屬於絕對單位(absolute units)系統，因此選定的基本單位與量度的地點無 關，即公斤、公尺與秒在地球或在其他星球上都有相同的意義。

SI 單位中乘數與除數的字首如表 1-1 所列，常用於工程上的長度與質量單位，適 當運用這些乘數與除數，可避免較大或較小數目的書寫；如 427200 m 寫為 427.2 km 較簡捷，其中 $1km = 10^3m = 1$ 公里；同理 0.00216 m 通常均寫為 2.16 mm 比較方便， 其中 $1mm = 10^{-3}m = 1$ 毫米。

▷ 表 1-1　SI 單位之乘數與除數

相　乘　指　數	字　首	符　號
10^9	giga	G
10^6	mega	M
10^3	kilo	k
10^{-3}	milli	m
10^{-6}	micro	μ
10^{-9}	nano	n

力學上其他常用的物理量，如面積、功、力矩、動量等單位如表 1-2 中所示。

表 1-2 力學中主要物理量之單位

物 理 量	因 次	單 位	符 號
長 度	$[\text{L}]$	公尺或米	m
時 間	$[\text{T}]$	秒	s
質 量	$[\text{M}]$	公斤或仟克	kg
力、重量	$[\text{MLT}^{-2}]$	牛頓	N，kg-m/s^2
面 積	$[\text{L}^2]$	平方公尺	m^2
體 積	$[\text{L}^3]$	立方公尺	m^3
速 度	$[\text{LT}^{-1}]$	公尺/秒	m/s
加 速 度	$[\text{LT}^{-2}]$	公尺/秒^2	m/s^2
力 矩	$[\text{ML}^2\text{T}^{-2}]$	牛頓-公尺	N-m
角 速 度	$[\text{T}^{-1}]$	弧度/秒	rad/s
角加速度	$[\text{T}^{-2}]$	弧度/秒^2	rad/s^2
功 ‧ 能	$[\text{ML}^2\text{T}^{-2}]$	焦耳	J，N-m
功 率	$[\text{ML}^2\text{T}^{-3}]$	瓦特	W，J/s
動 量	$[\text{MLT}^{-1}]$	公斤-公尺/秒	kg-m/s
衝 量	$[\text{MLT}^{-1}]$	牛頓-秒	N-s

◆重力單位

工程上以往一直都是採用**重力單位**(gravitational unit)系統，在此單位系統中是取長度、時間及力為基本單位，而質量為導出單位。

在公制重力單位系統中，長度的單位為公尺(m)，時間的單位為秒(s)，而力的單位為公斤(kg)，質量的單位則由公式(1-1)導出，為「公斤-秒^2/公尺(kg-s^2/m)」。

在公制重力單位系統中，力的單位公斤定義為質量為一"標準公斤"的物體在緯度45°之海平面上(該處 $g = 9.807 \text{ m/s}^2$)的重量，故 1 公斤力 $= (1\text{kg})(9.807\text{m/s}^2) = 9.807$ 牛頓。

在**美國慣用單位系統**(U.S. Customary system of units, FPS)中，長度的單位為呎(feet , ft)，時間的單位為秒(s)，而力的單位為磅(pound , lb)。質量的單位同樣由公式(1-1)導出，為「磅-秒²/呎(lb-s²/ft)」，此單位通常稱為**斯勒**(slug)。表 1-3 中所列為各單位系統中，長度、時間、質量及力的單位。

▷ 表 1-3　各單位系統中基本力學量的單位

	長度	時間	質量	力
SI 單位	公尺(m)	秒(s)	公斤(kg)	牛頓(N)
公制重力單位	公尺(m)	秒(s)	kg-s²/m	公斤(kg)
美國慣用單位	呎(ft)	秒(s)	斯勒(slug)	磅(lb)

在重力單位系統中，對於重量為 W 的物體，其質量可由公式(1-3)求得為

$$m = \frac{W}{g} \tag{1-4}$$

其中 g 為物體所在位置的重力加速度，在工程上通常取"標準位置"的重力加速度，其值 $g = 9.81 \text{ m/s}^2 = 32.2 \text{ ft/s}^2$。在使用牛頓第二定律時，應改為下列的公式

$$F = \frac{W}{g}a \tag{1-5}$$

◆單位系統之轉換

本書以 SI 單位為主，雖然 SI 單位為目前國際公認通用的單位系統，但工業界中仍有很多使用美國慣用單位，經常工程師需要將此兩種單位系統互相轉換，由於兩個系統的時間單位相同，因此只須瞭解長度、力及質量單位的換算即可，其他單位可從基本單位導出。

長度　美國慣用長度單位定義為

　　1 ft = 0.3048 m

　　因此，1 mi = 5280 ft = 5280(0.3048 m) = 1609 m，即

　　1 mi = 1.609 km

又　$1\ \text{in} = 1/12\text{ft} = (0.3048\ \text{m})/12 = 0.0254\ \text{m}$，故

$1\ \text{in} = 25.4\ \text{mm}$

力　美國慣用單位系統中，力的單位為「磅」，定義為質量 1 標準磅(即 0.4536 公斤之質量)的物體在緯度 45°海平面上(該處 $g = 9.807\ \text{m/s}^2$)的重量，由公式(1-3)，

$W = mg$

$1\ \text{lb} = (0.4536\ \text{kg})(9.807\ \text{m/s}^2) = 4.448\ \text{kg-m/s}^2$

或 $1\ \text{lb} = 4.448\ \text{N}$

質量　美國慣用單位系統中，質量單位為一導出單位，即

$$1\ \text{slug} = 1\frac{\text{lb} \cdot \text{s}^2}{\text{ft}} = \frac{1\ \text{lb}}{1\text{ft}/\text{s}^2} = \frac{4.448\ \text{N}}{0.3048\ \text{m}/\text{s}^2} = 14.59\ \text{N-s}^2/\text{m}$$

或 $1\ \text{slug} = 1\ \text{lb-s}^2/\text{ft} = 14.59\ \text{kg}$

若欲將美國慣用單位系統中的導出單位換算為 SI 單位，只須乘上或除以適當的轉換因數即可。例如將力矩 $M = 47$ in-lb 轉換成 SI 單位為

$M = 47\ \text{in-lb} = 47(25.4\ \text{mm})(4.448\ \text{N}) = 5310\ \text{N-mm} = 5.31\ \text{N-m}$

同樣，用相同轉換因數可將 SI 單位的力矩 $M = 40$ N-m 轉換為美國慣用單位為

$$M = 40\ \text{N-m} = 40\left(\frac{1\ \text{lb}}{4.448\ \text{N}}\right)\left(\frac{1\ \text{ft}}{0.3048\ \text{m}}\right)\text{N-m} = 29.5\ \text{ft-lb}$$

觀念題

1. 國際單位系統(SI 單位)中關於力學有哪三個基本單位？
2. 國際單位系統(SI 單位)中力的單位是如何定義？

1-4 // 純量與向量

應用力學中所涉及的物理量有純量(scalar quantities)與向量(vector quantities)的區別。純量是只有大小而與方向無關之量,例如長度、時間、質量、面積、速率(speed)、功及能量等都是純量。向量為具有大小及方向之量,並且能以平行四邊形定律(parallelogram law)相加者,如位移、速度(velocity)、加速度、力、力矩及動量等都是向量。表示向量,書寫時,在代表該向量的字母上加一箭矢以示區別,如 $\vec{v}$(速度)、$\vec{a}$(加速度)、$\vec{F}$(力)等,本書中將以粗黑字體代表向量,如 **v**、**a**、**F** 等。

◆ 平行四邊形定律

參考圖 1-6(a)中的兩個向量 **A** 與 **B**,欲求兩者之和,可將兩向量的尾端相接,然後以 **A** 與 **B** 為兩邊繪一平行四邊形,如圖 1-6(b)所示,則通過尾端的對角線即為向量 **A** 與 **B** 之和,寫成 **A+B**,此向量相加的關係稱為平行四邊形定律。由於構成平行四邊形的二個向量 **A** 與 **B**,並無先後次序,即 "**A** 與 **B** 之相加" 與 "**B** 與 **A** 之相加" 相同,故兩個向量的相加具有交換性(commutative),亦即

$$\mathbf{A} + \mathbf{B} = \mathbf{B} + \mathbf{A} \tag{1-6}$$

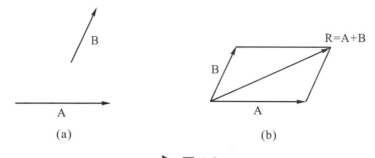

▷ 圖 1-6

充電站

吊鉤拉力等於兩條鋼索拉力之向量和

　　具有方向性的物理量，若其合成無交換性，亦即不能符合平行四邊形定律的運算，則不能視為向量。例如物體對一軸作有限角度的旋轉，其旋轉角度是有大小及方向之量，但此角度不是向量，因物體對兩不同轉軸作有限角度的旋轉不具有交換性，亦即有限旋轉角度不能以平行四邊形定律合成。

　　參考圖 1-7(a)所示，將一本書連續對兩軸作旋轉，一為對 x 軸作 90°的逆時針旋轉，另一為對 z 軸作 90°的順時針旋轉。若旋轉的順序相反，如圖 1-7(b)及(c)所示，結果書的方位不相同，因此有限轉角的合成不具有交換性，即不能符合平行四邊形定律的合成運算，故有限的旋轉角度雖然是具有大小及方向的物理量，但不是向量。

　　向量按其作用情形，通常可分為三種，即**自由向量**(free vector)、**滑動向量**(sliding vector)與**固定向量**(fixed vector)。

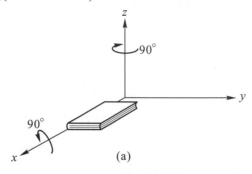

(a)

▶ 圖 1-7

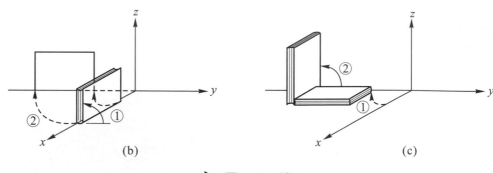

▶ 圖 1-7　(續)

自由向量

　　自由向量具有大小及方向，但不需有特定之作用線或作用點。自由向量只要維持方向平行，可在空間中任意移動，參考圖 1-8(a)所示。例如汽車運動時，其上各點的速度都相同(只考慮車體，輪胎及傳動機件除外)，每一點的速度都可代表汽車的速度，通常都是以質量中心的速度表示，但亦可平行移至汽車上的其他各點表示，參考圖1-8(b)所示。

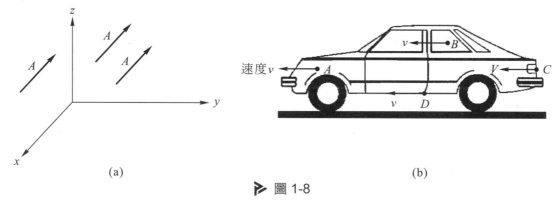

(a)　　　　　　　　　　　　(b)

▶ 圖 1-8

滑動向量

　　滑動向量為具有大小及方向且需沿某一特定直線作用的向量，此種向量可在該直線上任意移動，而不必固定在該直線上的某一點，參考圖 1-9(a)所示。例如圖 1-9(b)中，力 **F** 作用在物體上的 A 點，若將力 **F** 沿其作用線移至 B 點，物體移動運動的加速度仍相同；但若將力 **F** 視為自由向量移至 D 點，此時物體可能會傾倒，而產生不同的運動情形，故討論力所生的外效應時力為滑動向量。

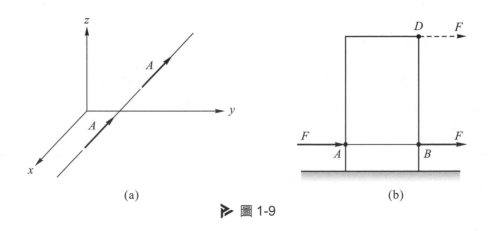

(a)

(b)

▶ 圖 1-9

固定向量

　　固定向量為具有大小及方向且需固定作用在某一特定點上的向量，不能平行移至空間中的任意位置，亦不能沿其作用線任意移動，如圖 1-10(a)所示。例如一圓桿兩端承受大小、方向、作用線相同而作用點不同的壓力 **P** 與 **Q**，參考圖 1-10(b)所示，若同時將兩力沿其作用線移至相對的兩端，則圓桿由原先的受壓狀態變為受拉狀態，即內效應改變，故討論力所生的內效應時力為固定向量。

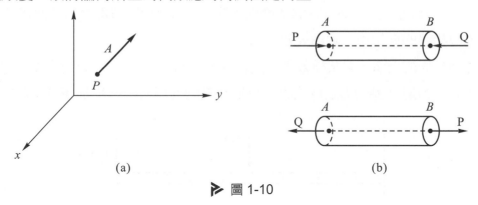

(a)

(b)

▶ 圖 1-10

◆向量之相等與等效

兩向量若大小相等且方向相同，則兩向量為相等(equal)。如圖 1-11 中，三個質點的速度有相同的大小及方向，依定義，三者的速度向量相等。

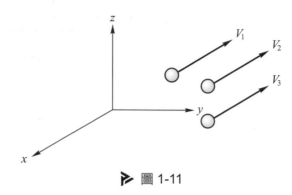

▶ 圖 1-11

若兩向量產生某種相同的效果，則兩向量為等效(equivalence)。如圖 1-11 中，若考慮三個質點在相同時間內所移動的總位移，因三個質點的移動位移均相同，故三個質點的速度向量對其所生的移動位移為等效；但若考慮此三個質點經相同時間後，相對於 xy 平面的高度，則三個質點的速度為不等效，因經相同時間後，三個質點的高度不相同，故相等的向量不一定為等效。

另外不相等的向量，對某種效果可能為等效，如圖 1-12 中，作用力 $\mathbf{F}_1$ 與 $\mathbf{F}_2$ 並不相等，但此二力對 A 點的力矩為相等；故對 A 點的力矩而言，$\mathbf{F}_1$ 與 $\mathbf{F}_2$ 為等效。

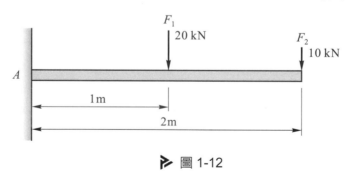

▶ 圖 1-12

✎ 觀念題

1. 力在什麼情況下為滑動向量？

2. 將汽車的方向盤轉動 30°，尚需說明其轉動方向才能確定其運動狀態，此轉動角度是否為向量？為何？

2 向量運算

2-1 基本概念

上一章 1-4 節中，已述及向量爲具有大小及方向之量，且需遵循平行四邊形定律。表示向量通常用一線段及箭頭所組成的箭矢表示，如圖 2-1 所示，向量 **A** 的大小以 $|\mathbf{A}|$ 或 A 表示，且等於箭矢線段的長度，此長度是按一定的比例繪出；箭頭所指的方向爲 **A** 的正方向，通常向量的方向，是以該向量的正方向與參考軸的夾角表示。圖 2-1 中，向量 **A** 的大小爲 4 個單位的長度，而方向朝向右上方與水平軸的夾角爲 20°。

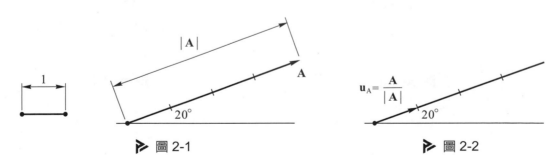

▷ 圖 2-1　　　　　　　　▷ 圖 2-2

◆單位向量

單位向量(unit vector)爲大小等於 1 個單位的自由向量，其方向與原向量相同。對任一向量 **A**，其單位向量爲

$$\mathbf{u}_A = \frac{\mathbf{A}}{|\mathbf{A}|} = \frac{\mathbf{A}}{A} \quad , \quad 且 \quad |\mathbf{u}_A| = 1 \tag{2-1}$$

圖 2-2 中所示爲圖 2-1 中向量 **A** 的單位向量，此單位向量亦可用以描述 **A** 的方向，故向量 **A** 可表示爲

$$\mathbf{A} = |\mathbf{A}|\mathbf{u}_A = A\,\mathbf{u}_A \tag{2-2}$$

其中 $|\mathbf{A}|$ 爲向量 **A** 的大小，而 $\mathbf{u}_A$ 表示向量 **A** 的方向。

◆右旋直角坐標系

向量運算中，右旋直角坐標系(right-hand coordinate system)爲最常用者，如圖 2-3 所示，右手拇指指向 z 軸方向，其餘四指內握，由 x 軸方向旋轉 90° 至 y 軸方向。

爲簡化向量的運算，在右旋直角坐標系的三個正交軸定義三個單位向量 **i**、**j**、**k**，分別表示 x 軸、y 軸、z 軸正方向的單位向量，如圖 2-4 所示。

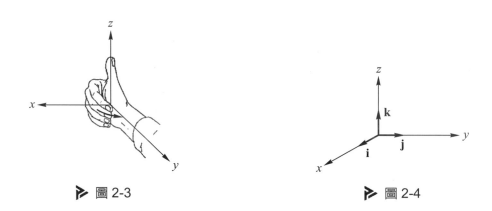

▶ 圖 2-3   ▶ 圖 2-4

◆平面直角坐標系中的向量

平面上的向量，利用平行四邊形定律，可將其分解爲兩個互相垂直的分量，如圖 2-5(a)所示，則

$$\mathbf{A} = \mathbf{A}_x + \mathbf{A}_y \tag{2-3}$$

或以平面直角坐標系的單位向量 $\mathbf{i}$、$\mathbf{j}$ 表示，如圖 2-5(b)，則

$$\mathbf{A} = A_x\mathbf{i} + A_y\mathbf{j} \tag{2-4}$$

其中 A_x 與 A_y 分別爲向量 $\mathbf{A}$ 在 x 軸及 y 軸上的分量

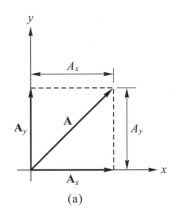
(a)

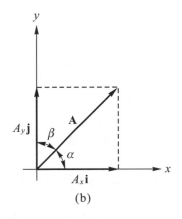
(b)

▷ 圖 2-5

向量 $\mathbf{A}$ 的大小 $|\mathbf{A}|$，由圖 2-5(a)的幾何關係可知

$$|\mathbf{A}| = A = \sqrt{A_x^2 + A_y^2} \tag{2-5}$$

向量 $\mathbf{A}$ 的方向，以 $\mathbf{A}$ 與 x 軸或 y 軸正方向的夾角 α 或 β 表示，由圖 2-5(b)

$$\tan \alpha = \frac{A_y}{A_x} \quad , \quad \alpha = \tan^{-1}\left(\frac{A_y}{A_x}\right)$$

$$\tan \beta = \frac{A_x}{A_y} \quad , \quad \beta = \tan^{-1}\left(\frac{A_x}{A_y}\right) \tag{2-6}$$

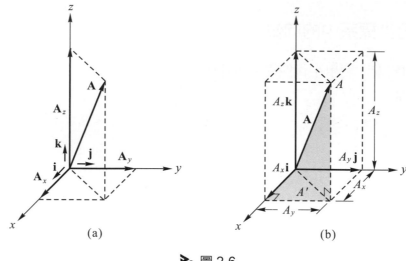

圖 2-6

◆空間直角坐標系中的向量

空間中的向量,同樣亦可利用平行四邊形定律,分解爲三個互相垂直的分量,如圖 2-6(a)所示,則

$$\mathbf{A} = \mathbf{A}_x + \mathbf{A}_y + \mathbf{A}_z \tag{2-7}$$

或以空間直角坐標系的單位向量 $\mathbf{i}$、$\mathbf{j}$、$\mathbf{k}$ 表示,如圖 2-6(b) 所示,則

$$\mathbf{A} = A_x\mathbf{i} + A_y\mathbf{j} + A_z\mathbf{k} \tag{2-8}$$

其中 A_x、A_y 及 A_z 分別爲向量 $\mathbf{A}$ 在 x、y 及 z 軸上的分量。

向量 $\mathbf{A}$ 的大小 $|\mathbf{A}|$,參考圖 2-6(b),由幾何關係可得

$$|\mathbf{A}| = A = \sqrt{A_x^2 + A_y^2 + A_z^2} \tag{2-9}$$

向量 $\mathbf{A}$ 的方向,以 $\mathbf{A}$ 與 x 軸、y 軸及 z 軸正方向的夾角 α、β 及 γ 表示,由圖 2-7

$$\cos\alpha = \frac{A_x}{A} = l \quad , \quad \alpha = \cos^{-1}\frac{A_x}{A} = \cos^{-1}(l)$$

$$\cos\beta = \frac{A_y}{A} = m \quad , \quad \beta = \cos^{-1}\frac{A_y}{A} = \cos^{-1}(m)$$

$$\cos\gamma = \frac{A_z}{A} = n \quad , \quad \gamma = \cos^{-1}\frac{A_z}{A} = \cos^{-1}(n) \tag{2-10}$$

其中 $l = \cos\alpha$，$m = \cos\beta$，$n = \cos\gamma$，稱為方向餘弦(direction cosine)。

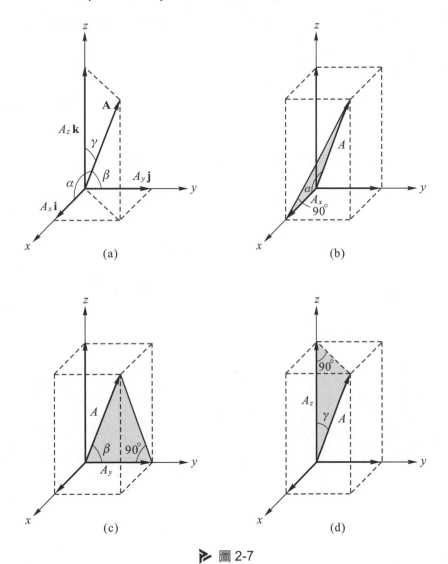

▷ 圖 2-7

表示空間向量的方向，以該向量的單位向量表示較為具體而簡單，由公式(2-1)

$$\mathbf{u}_A = \frac{\mathbf{A}}{|\mathbf{A}|} = \frac{A_x\mathbf{i} + A_y\mathbf{j} + A_z\mathbf{k}}{|\mathbf{A}|} = \frac{A_x}{A}\mathbf{i} + \frac{A_y}{A}\mathbf{j} + \frac{A_z}{A}\mathbf{k} \tag{2-11}$$

由公式(2-10)，向量 **A** 的單位向量可簡化為

$$\mathbf{u}_A = \cos\alpha\,\mathbf{i} + \cos\beta\,\mathbf{j} + \cos\gamma\,\mathbf{k} = l\,\mathbf{i} + m\,\mathbf{j} + n\,\mathbf{k} \qquad (2\text{-}12)$$

因單位向量的大小等於 1，由公式(2-12)可得方向餘弦的一個重要關係式：

$$\cos^2\alpha + \cos^2\beta + \cos^2\gamma = 1$$

$$及\ l^2 + m^2 + n^2 = 1 \qquad (2\text{-}13)$$

若向量 **A** 的大小及方向(即單位向量)已知，則 **A** 可用直角坐標系的向量表示為

$$\mathbf{A} = |\mathbf{A}|\mathbf{u}_A = A(\cos\alpha\,\mathbf{i} + \cos\beta\,\mathbf{j} + \cos\gamma\,\mathbf{k})$$

$$= A\cos\alpha\,\mathbf{i} + A\cos\beta\,\mathbf{j} + A\cos\beta\,\mathbf{k} \qquad (2\text{-}14)$$

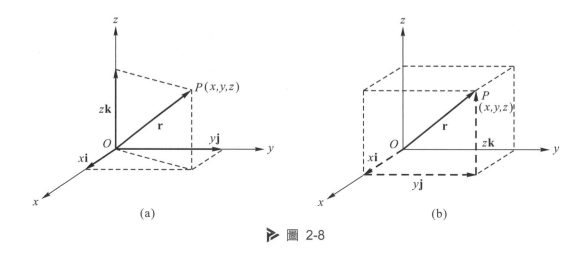

▷ 圖 2-8

◆位置向量

空間中任一點相對於另一已知點的位置，以向量表示時，稱此向量為位置向量。參考圖 2-8 中，空間中一點 $P(x、y、z)$ 相對於坐標原點 O 的位置向量(position vector) **r** 為

$$\mathbf{r} = x\mathbf{i} + y\mathbf{j} + z\mathbf{k} \qquad (2\text{-}15)$$

位置向量 **r** 的大小，由公式(2-9)為

$$|\mathbf{r}| = r = \sqrt{x^2 + y^2 + z^2} \tag{2-16}$$

位置向量的方向，以 **r** 的單位向量表示，由公式(2-11)及公式(2-12)

$$\mathbf{u} = \frac{\mathbf{r}}{|\mathbf{r}|} = \frac{\mathbf{r}}{r} = \frac{x}{r}\mathbf{i} + \frac{y}{r}\mathbf{j} + \frac{z}{r}\mathbf{k} = \cos\alpha\,\mathbf{i} + \cos\beta\,\mathbf{j} + \cos\gamma\,\mathbf{k} \tag{2-17}$$

其中 α、β、γ 分別為 **r** 與 x、y、z 三軸正方向的夾角。

　　至於空間中任一點 $A(x_A，y_A，z_A)$ 至另一點 $B(x_B，y_B，z_B)$的位置向量 **r**，由圖 2-9 可得

$$\mathbf{r} = (x_B - x_A)\,\mathbf{i} + (y_B - y_A)\,\mathbf{j} + (z_B - z_A)\,\mathbf{k} \tag{2-18}$$

r 的大小，由公式(2-16)

$$|\mathbf{r}| = r = \sqrt{(x_B - x_A)^2 + (y_B - y_A)^2 + (z_B - z_A)^2} \tag{2-19}$$

r 的方向，以單位向量表示，由公式(2-17)

$$\mathbf{u} = \frac{\mathbf{r}}{|\mathbf{r}|} = \frac{\mathbf{r}}{r} = \frac{x_B - x_A}{r}\mathbf{i} + \frac{y_B - y_A}{r}\mathbf{j} + \frac{z_B - z_A}{r}\mathbf{k}$$

$$= \cos\alpha\,\mathbf{i} + \cos\beta\,\mathbf{j} + \cos\gamma\,\mathbf{k} \tag{2-20}$$

其中方向餘弦 $\cos\alpha = \dfrac{x_B - x_A}{r}$，$\cos\beta = \dfrac{y_B - y_A}{r}$，$\cos\gamma = \dfrac{z_B - z_A}{r}$，而 α、β、γ 為位置向量 **r** 與 x、y、z 三軸正方向的夾角。

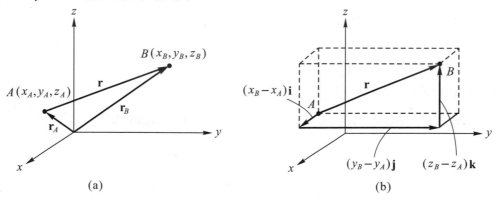

圖 2-9

例題 2-1 ▶ 平面向量的直角分量

在 x–y 平面上有一向量 **A**，其大小為 8 個單位，方向與 x 軸正方向的夾角為 30°，試將此向量以直角坐標系的單位向量 **i**、**j** 表示。

解 ▶ 平面向量 **A** 以直角坐標系的單位向量表示時，可寫為 $\mathbf{A} = A_x \mathbf{i} + A_y \mathbf{j}$，

其中 $A_x = A\cos\alpha$，$A_y = A\cos\beta$。

已知 $A = 8$，$\alpha = 30°$，$\beta = 90°-30° = 60°$，則

$A_x = A\cos 30° = 8(0.866) = 6.93$

$A_y = A\cos 60° = 8(0.500) = 4.00$

故 $\mathbf{A} = 6.93\,\mathbf{i} + 4.00\,\mathbf{j}$◀

例題 2-2 ▶ 空間向量的直角分量及單位向量

已知一空間向量 **A** 的大小為 200 個單位，方向與直角坐標軸的夾角分別為 $\alpha = 60°$，$\beta = 45°$，$\gamma = 60°$，試將此向量以直角坐標系的單位向量 **i**、**j**、**k** 表示，並求向量 **A** 的單位向量。

解 ▶ 空間向量以直角座標系的單位向量表示時，由公式(2-8)可寫為

$\mathbf{A} = A_x \mathbf{i} + A_y \mathbf{j} + A_z \mathbf{k}$

已知 $A = 200$；$\alpha = 60°$，$\beta = 45°$，$\gamma = 60°$，則由公式(2-10)

$A_x = A\cos\alpha = 200 \cos 60° = 100.0$

$A_y = A\cos\beta = 200 \cos 45° = 141.4$

$A_z = A\cos\gamma = 200 \cos 60° = 100.0$

得 $\mathbf{A} = 100.0\,\mathbf{i} + 141.4\,\mathbf{j} + 100.0\,\mathbf{k}$◀

向量 **A** 的單位向量 $\mathbf{u}_A$，由公式(2-12)

$\mathbf{u}_A = \cos\alpha\,\mathbf{i} + \cos\beta\,\mathbf{j} + \cos\gamma\,\mathbf{k} = \cos 60°\,\mathbf{i} + \cos 45°\,\mathbf{j} + \cos 60°\,\mathbf{k}$

$\quad = 0.500\,\mathbf{i} + 0.707\,\mathbf{j} + 0.500\,\mathbf{k}$◀

例題 2-3 — 位置向量及其單位向量 —

試求空間中 B 點$(-3、3、0)$相對於另一點 $A(1、-2、3)$的位置向量。並求此位置向量的單位向量。

解 B 點$(-3、3、0)$相對於 A 點$(1、-2、3)$的位置向量 **r**，由公式(2-18)

$$\mathbf{r} = [(-3)-1]\,\mathbf{i} + [3-(-2)]\,\mathbf{j} + [0-3]\,\mathbf{k} = -4\,\mathbf{i} + 5\mathbf{j} - 3\,\mathbf{k}$$

位置向量 **r** 的大小，由公式(2-19)

$$|\mathbf{r}| = r = \sqrt{(-4)^2 + (5)^2 + (-3)^2} = 7.07$$

單位向量由公式(2-20)

$$\mathbf{u} = \frac{\mathbf{r}}{r} = \frac{-4\mathbf{i} + 5\mathbf{j} - 3\mathbf{k}}{7.07} = -0.567\,\mathbf{i} + 0.707\,\mathbf{j} - 0.425\,\mathbf{k} \blacktriangleleft$$

若 α、β、γ 表位置向量 **r** 與 x、y、z 三軸正方向的夾角，則

$\cos\alpha = -0.567$，$\alpha = 124.5°$

$\cos\beta = 0.707$，$\beta = 45.0°$

$\cos\gamma = -0.425$，$\gamma = 115.2°$

✎ 觀念題

1. 空間向量 $\mathbf{A} = A_x\mathbf{i} + A_y\mathbf{j} + A_z\mathbf{k}$ 之方向可用單位向量 $\mathbf{u}_A = \ell\mathbf{i} + m\mathbf{j} + n\mathbf{k}$ 表示，其中 $\ell = \cos\alpha$，$m = \cos\beta$，$n = \cos\gamma$，α、β、γ 分別為向量 **A** 與 x、y、z 三軸之夾角，試問此三個角度如何求得。

2. 已知空間一向量 **r** 通過 $A(x_A, y_A, z_A)$ 點及 $B(x_B, y_B, z_B)$ 點，則此向量之單位向量如何求得？

2-2 // 向量加減法，向量與純量的乘法

◆向量的相加(addition of vectors)

　　根據 1-4 節的定義，向量相加須遵守平行四邊形定律，因此，向量 **A** 與 **B** 的和，是先將兩向量箭矢的尾端置於同一點 P，如圖 2-10(b)所示，然後以 **A** 與 **B** 為兩邊繪一平行四邊形，則通過 P 點的對角線就是向量 **A** 與向量 **B** 的和，即

$$\mathbf{A} + \mathbf{B} = \mathbf{R}$$

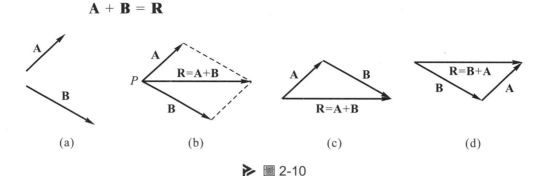

(a)　　　　　　　(b)　　　　　　　(c)　　　　　　　(d)

▶ 圖 2-10

⚡充電站

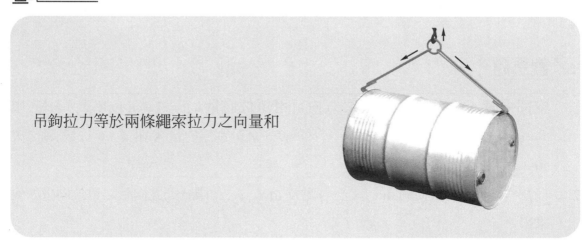

吊鉤拉力等於兩條繩索拉力之向量和

　　由平行四邊形定律，可導出另外一個求兩向量和的方法，稱為三角形定律(triangle law)，此方法是將向量平行移動，使向量 **A** 箭矢的頭端與向量 **B** 箭矢的尾端連接，如圖 2-10(c)所示，然後由向量 **A** 箭矢的尾端至向量 **B** 箭矢的頭端作一向量 **R**，則 **R** 即為兩個向量 **A** 與 **B** 的和，即 **A** + **B** = **R**。若以相反的次序相加，如圖 2-10(d)所示，所得的向量和 **R** 相同，即

$$A + B = B + A = R \tag{2-21}$$

故向量的加法運算具有交換性。

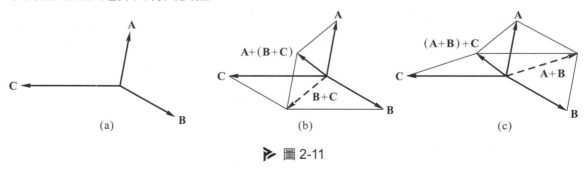

➤ 圖 2-11

　　至於數個向量相加時，可連續使用平行四邊形定律運算，如圖 2-11(a)中三向量 **A**、**B** 與 **C** 的相加，可由兩種方式完成。在圖 2-11(b)中，向量 **B** 與 **C** 先相加，兩者的和 **(B+C)** 再與向量 **A** 相加，三向量的總和以 **A** + (**B** + **C**)表示。而在圖 2-11(c)中，向量 **A** 與 **B** 先相加，兩者的和(**A+B**)再與向量 **C** 相加，三向量的總和以(**A** + **B**) + **C** 表示。由 (b)(c)兩圖可知，兩種方式相加的結果相同，即

$$A + (B + C) = (A + B) + C \tag{2-22}$$

故向量的相加可作結合(commutative)運算。

充電站

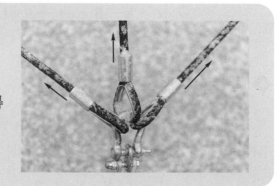

三條繩索之合力可用向量之結合運算求得

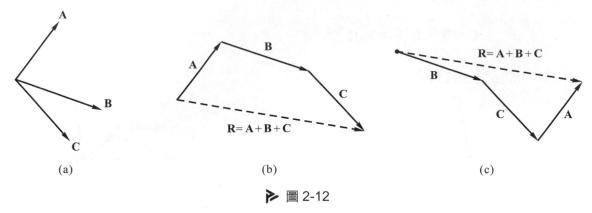

(a)   (b)   (c)

▶ 圖 2-12

　　數個向量的相加亦可運用三角形定律，依次將每個向量箭矢的尾端與前一個向量箭矢的頭端連接，如圖 2-12 所示，最後由第一個向量箭矢的尾端至最後向量箭矢的頭端作一向量，即為此數個向量的和，且此向量和的圖可構成一封閉的多邊形。

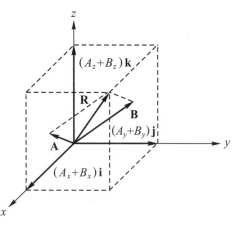

▶ 圖 2-13

　　求兩個向量的和，將每個向量以直角坐標系的分量表示，其相加較為簡單。參考圖 2-13，求向量 **A** 與 **B** 的和，先將 **A**、**B** 表示為直角坐標系的分量，即

$$\mathbf{A} = A_x\,\mathbf{i} + A_y\,\mathbf{j} + A_z\,\mathbf{k} \quad , \quad \mathbf{B} = B_x\,\mathbf{i} + B_y\,\mathbf{j} + B_z\,\mathbf{k}$$

$$則 \ \mathbf{R} = \mathbf{A} + \mathbf{B} = (A_x + B_x)\,\mathbf{i} + (A_y + B_y)\,\mathbf{j} + (A_z + B_z)\,\mathbf{k} \tag{2-23}$$

◆向量的相減

　　向量 **A** 減向量 **B**，其結果相當於 **A** 與 (−**B**) 相加所得的向量，向量 (−**B**) 與向量 **B** 大小相等方向相反，參考圖 2-14 所示，則

$$\mathbf{R}' = \mathbf{A} - \mathbf{B} = \mathbf{A} + (-\mathbf{B}) \tag{2-24}$$

故向量減法的運算可視為加法運算的一種特例，有關加法運算的法則，亦可用於減法。

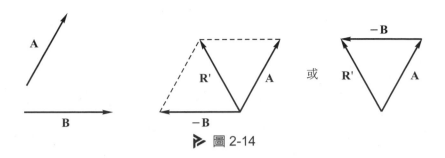

圖 2-14

◆向量與純量的乘法

　　向量 **A** 與純量 m 的乘積，以 $m\mathbf{A}$ 表示，其結果仍為一向量，此向量的大小等於 $|\mathbf{A}|$ 的 m 倍，方向則視 m 的正負值而定。若 m 為正值，則 $m\mathbf{A}$ 的方向與 **A** 相同；若 m 為負值，則 $m\mathbf{A}$ 的方向與 **A** 相反；若 m 為零，則 $m\mathbf{A}$ 為**零向量**(zero vector or null vector)。圖 2-15 中所示為向量 **A** 分別與 $m = 2$，$m = -1.5$ 及 $m = 1/2$ 相乘所得的結果。

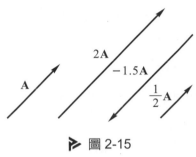

圖 2-15

> **例題 2-4** — 平面向量的相加與相減

　　向量 **A** 的大小為 40，方向與正 x 軸的夾角為 30°，向量 **B** 的大小為 30，方向與正 x 軸的夾角為 145°，試求(a) **A** + **B**；(b) **A** − **B**。

解　(a)令 **A** + **B** = **R**，由三角形定律，繪向量圖如(c)圖所示，

　　根據三角的餘弦定律：

$$R = \sqrt{A^2 + B^2 - 2AB\cos 65°} = \sqrt{40^2 + 30^2 - 2(40)(30)\cos 65°} = 38.5 \blacktriangleleft$$

　　再由正弦定律求 ϕ 角，即

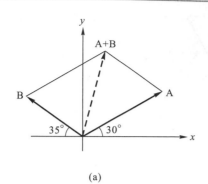

(a)

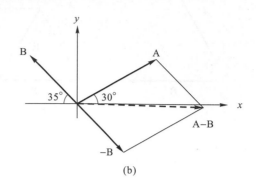

(b)

$$\frac{R}{\sin 65°} = \frac{B}{\sin \phi} \quad , \quad \frac{38.5}{\sin 65°} = \frac{30}{\sin \phi} \quad , \quad \phi = 44.9°$$

則向量 $\mathbf{R}$ 與 x 軸正方向的夾角為

$$\alpha = \phi + 30° = 44.9° + 30° = 74.9° \blacktriangleleft$$

(b)令 $\mathbf{A} - \mathbf{B} = \mathbf{Q}$，由三角形定律，繪向量圖如(d)圖所示，

根據三角形的餘弦定律：

$$Q = \sqrt{A^2 + B^2 - 2AB\cos 115°}$$
$$= \sqrt{40^2 + 30^2 - 2(40)(30)\cos 115°} = 59.3 \blacktriangleleft$$

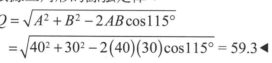

(c)

再由正弦定律求 ϕ 角，即

$$\frac{Q}{\sin 115°} = \frac{A}{\sin \phi} \quad , \quad \frac{59.3}{\sin 115°} = \frac{40}{\sin \phi}$$

$$\phi = 37.7°$$

則向量 $\mathbf{Q}$ 與 x 軸正方向的夾角為

$$\alpha = \phi - 35° = 37.7° - 35° = 2.7° \blacktriangleleft$$

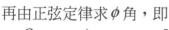

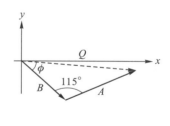

(d)

【另解】

(a)將向量 $\mathbf{A}$、$\mathbf{B}$ 以直角坐標系的分量表示，即

$\mathbf{A} = (40\cos 30°)\,\mathbf{i} + (40\cos 60°)\,\mathbf{j} = 34.6\,\mathbf{i} + 20\,\mathbf{j}$

$\mathbf{B} = (30\cos 145°)\,\mathbf{i} + (30\cos 55°)\,\mathbf{j} = -24.6\,\mathbf{i} + 17.2\,\mathbf{j}$

則 $\mathbf{R} = \mathbf{A} + \mathbf{B} = (34.6\,\mathbf{i} + 20\,\mathbf{j}) + (-24.6\,\mathbf{i} + 17.2\,\mathbf{j}) = (10.0)\,\mathbf{i} + 37.2\,\mathbf{j}$

故合力 $\mathbf{R}$ 的大小及方向，由公式(2-5)及(2-6)

$$R = \sqrt{(10.0)^2 + (37.2)^2} = 38.5 \blacktriangleleft$$

$$\alpha = \tan^{-1}\left(\frac{37.2}{10.0}\right) = 74.9°$$

(b)將向量 **A** 與 **B** 的差以直角坐標系的分量運算，則

　Q = **A**–**B** = $(34.6\,\mathbf{i} + 20\,\mathbf{j}) - (-24.6\,\mathbf{i} + 17.2\,\mathbf{j}) = 59.2\,\mathbf{i} + 2.8\,\mathbf{j}$

　故 **Q** 的大小及方向，由公式(2-5)及(2-6)

$$Q = \sqrt{(59.2)^2 + (2.8)^2} = 59.3 \blacktriangleleft$$

$$\alpha = \tan^{-1}\left(\frac{2.8}{59.2}\right) = 2.7° \blacktriangleleft$$

例題 2-5 ▶ 　空間向量的相加

已知向量 **A** = $3\,\mathbf{i} + 5\,\mathbf{j} - 7\,\mathbf{k}$，**B** = $2\,\mathbf{i} - 4\,\mathbf{j} + 6\,\mathbf{k}$，試求 **A** + **B**。

解 ▶ 令 **A** + **B** = **R**，則

　R = **A** + **B** = $R_x\,\mathbf{i} + R_y\,\mathbf{j} + R_z\,\mathbf{k} = (3\,\mathbf{i} + 5\,\mathbf{j} - 7\,\mathbf{k}) + (2\,\mathbf{i} - 4\,\mathbf{j} + 6\,\mathbf{k}) = 5\,\mathbf{i} + \mathbf{j} - \mathbf{k}$

　故 **R** 的大小，由公式(2-9)

$$R = \sqrt{(5)^3 + (1)^2 + (-1)^2} = 5.19 \blacktriangleleft$$

R 的方向以方向餘弦表示，由公式(2-10)

$$\cos\alpha = \frac{R_x}{R} = \frac{5}{5.19} = 0.96 \quad , \quad \alpha = 16.55° \blacktriangleleft$$

$$\cos\beta = \frac{R_y}{R} = \frac{1}{5.19} = 0.19 \quad , \quad \beta = 78.89° \blacktriangleleft$$

$$\cos\gamma = \frac{R_z}{R} = \frac{-1}{5.19} = -0.19 \quad , \quad \gamma = 101.11° \blacktriangleleft$$

2-3 // 兩向量的純量積

兩向量 **A** 與 **B** 的純量積(scalar product)寫成 **A · B**，又稱點乘積(dot product)，其結果定義為一純量，大小等於兩向量大小$|\mathbf{A}|$、$|\mathbf{B}|$及兩向量夾角餘弦的連乘積，即

$$\mathbf{A} \cdot \mathbf{B} = |\mathbf{A}||\mathbf{B}|\cos\theta = AB\cos\theta = A(B\cos\theta) = BA\cos\theta = B(A\cos\theta) \tag{2-25}$$

其中θ 為 **A**、**B** 兩向量的夾角，且$0 \leq \theta \leq \pi$。

兩向量的純量積 **A · B** $= AB\cos\theta$，其幾何意義為向量 **A** 在 **B** 方向的投影分量$A\cos\theta$，乘以 **B** 的大小B，即$B(A\cos\theta)$，如圖 2-16(b)所示；或以向量 **B** 在 **A** 方向的投影分量$B\cos\theta$，乘以 **A** 的大小A，即$A(B\cos\theta)$，如圖 2-16(c)所示。

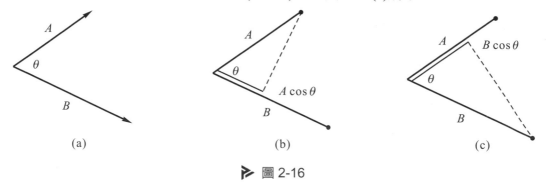

(a)　　　　　　　　　(b)　　　　　　　　　(c)

▷ 圖 2-16

若 **A** 與 **B** 的方向相同，$\theta = 0°$，$\cos\theta = 1$，則 **A · B** $= AB$；若 **A** 與 **B** 的方向相反，$\theta = 180°$，$\cos\theta = -1$，則 **A · B** $= -AB$；若 **A** 與 **B** 互相垂直，$\theta = 90°$，$\cos\theta = 0$，則 **A · B** $= 0$。

由純量積的定義 **A · B** $= AB\cos\theta = BA\cos\theta$，可證明純量積的運算符合交換律、分配律等各種關係，即

$$\mathbf{A} \cdot \mathbf{B} = \mathbf{B} \cdot \mathbf{A} \tag{2-26}$$

$$\mathbf{A} \cdot (\mathbf{B} + \mathbf{C}) = \mathbf{A} \cdot \mathbf{B} + \mathbf{A} \cdot \mathbf{C} \tag{2-27}$$

$$m(\mathbf{A} \cdot \mathbf{B}) = (m\mathbf{A}) \cdot \mathbf{B} = \mathbf{A} \cdot (m\mathbf{B}) \tag{2-28}$$

◆直角座標系中向量的純量積

直角坐標系中 x、y、z 三軸正方向的單位向量 $\mathbf{i}$、$\mathbf{j}$、$\mathbf{k}$，彼此的純量積，由定義可得下列結果：

$$
\begin{array}{lll}
\mathbf{i} \cdot \mathbf{i} = 1 & \mathbf{i} \cdot \mathbf{j} = 0 & \mathbf{i} \cdot \mathbf{k} = 0 \\
\mathbf{j} \cdot \mathbf{j} = 1 & \mathbf{j} \cdot \mathbf{k} = 0 & \mathbf{j} \cdot \mathbf{i} = 0 \\
\mathbf{k} \cdot \mathbf{k} = 1 & \mathbf{k} \cdot \mathbf{i} = 0 & \mathbf{k} \cdot \mathbf{j} = 0
\end{array}
\tag{2-29}
$$

若將向量以直角坐標系的分量表示，即 $\mathbf{A} = A_x \mathbf{i} + A_y \mathbf{j} + A_z \mathbf{k}$，$\mathbf{B} = B_x \mathbf{i} + B_y \mathbf{j} + B_z \mathbf{k}$，則

$$
\begin{aligned}
\mathbf{A} \cdot \mathbf{B} &= (A_x \mathbf{i} + A_y \mathbf{j} + A_z \mathbf{k}) \cdot (B_x \mathbf{i} + B_y \mathbf{j} + B_z \mathbf{k}) \\
&= A_x B_x (\mathbf{i} \cdot \mathbf{i}) + A_x B_y (\mathbf{i} \cdot \mathbf{j}) + A_x B_z (\mathbf{i} \cdot \mathbf{k}) + A_y B_x (\mathbf{j} \cdot \mathbf{i}) + A_y B_y (\mathbf{j} \cdot \mathbf{j}) \\
&\quad + A_y B_z (\mathbf{j} \cdot \mathbf{k}) + A_z B_x (\mathbf{k} \cdot \mathbf{i}) + A_z B_y (\mathbf{k} \cdot \mathbf{j}) + A_z B_z (\mathbf{k} \cdot \mathbf{k})
\end{aligned}
$$

由公式(2-29)可得

$$
\mathbf{A} \cdot \mathbf{B} = A_x B_x + A_y B_y + A_z B_z
\tag{2-30}
$$

故兩向量以直角坐標系的分量表示時，其純量積等於兩向量在 x、y、z 三方向分量的乘積和。

◆純量積的應用

1. **決定兩向量的夾角或兩相交直線的夾角**，參考圖 2-17，$\mathbf{A}$ 與 $\mathbf{B}$ 兩向量的夾角，由純量積的定義，可得

$$
\theta = \cos^{-1}\left(\frac{\mathbf{A} \cdot \mathbf{B}}{AB}\right) \quad , \quad 0 \le \theta \le \pi
\tag{2-31}
$$

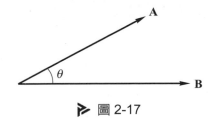

▷ 圖 2-17

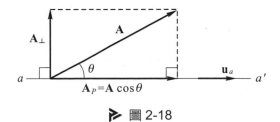

▷ 圖 2-18

2. **計算向量在某方向的分量**，參考圖 2-18，向量 **A** 在直線 a-a 上的分量，

$$\mathbf{A}_p = A_p\,\mathbf{u}_a$$

其中 $\mathbf{u}_a$ 為直線 a-a 的單位向量，由三角關係 $A_p = A\cos\theta$。

向量 **A** 與 $\mathbf{u}_a$ 的純量積為

$$\mathbf{A} \cdot \mathbf{u}_a = |\mathbf{A}||\mathbf{u}_a|\cos\theta = A\cos\theta$$

其中 $|\mathbf{u}_a| = 1$，則 $A_p = \mathbf{A} \cdot \mathbf{u}_a = A\cos\theta$

即向量 **A** 在 a-a 直線上的分量 A_p，等於向量 **A** 與直線 a-a 單位向量 $\mathbf{u}_a$ 的純量積，故

$$\mathbf{A}_p = A_p\,\mathbf{u}_a = (\mathbf{A} \cdot \mathbf{u}_a)\,\mathbf{u}_a = (A\cos\theta)\,\mathbf{u}_a \tag{2-32}$$

例題 2-6 兩向量的夾角

已知兩向量 $\mathbf{A} = 2\,\mathbf{i} + 3\,\mathbf{j} + 6\,\mathbf{k}$，$\mathbf{B} = 12\,\mathbf{i} + 4\,\mathbf{j} + 3\,\mathbf{k}$，試求此兩向量的夾角。

解 **A**、**B** 兩向量的大小分別為

$$|\mathbf{A}| = A = \sqrt{2^2 + 3^2 + 6^2} = 7$$
$$|\mathbf{B}| = B = \sqrt{12^2 + 4^2 + 3^2} = 13$$

兩向量的純量積由公式(2-30)

$$\mathbf{A} \cdot \mathbf{B} = A_x B_x + A_y B_y + A_z B_z = (2)(12) + (3)(4) + (6)(3) = 54$$

則兩向量的夾角由公式(2-31)

$$\theta = \cos^{-1}\left(\frac{\mathbf{A} \cdot \mathbf{B}}{AB}\right) = \cos^{-1}\left(\frac{54}{7\times13}\right) = \cos^{-1}(0.594) = 53°33' \blacktriangleleft$$

例題 2-7 — 向量在某方向之分量 ——————————

　　一直線通過空間的兩點 $P(1，-2，3)$ 及 $Q(-2，0，6)$，另有一向量 $\mathbf{A} = \mathbf{i} - 2\,\mathbf{j} + 4\,\mathbf{k}$，試求向量 $\mathbf{A}$ 在直線 PQ 上的投影分量。

解 ▶ 由 P 點至 Q 點所定義的向量為

$\mathbf{S} = [-2-1]\,\mathbf{i} + [0-(-2)]\,\mathbf{j} + [6-3]\,\mathbf{k} = -3\,\mathbf{i} + 2\,\mathbf{j} + 3\,\mathbf{k}$

$\mathbf{S}$ 的單位向量 $\mathbf{u}_s$ 由公式(2-11)為

$$\mathbf{u}_s = \frac{\mathbf{S}}{|\mathbf{S}|} = \frac{-3\mathbf{i} + 2\mathbf{j} + 3\mathbf{k}}{\sqrt{(-3)^2 + 2^2 + 3^2}} = -0.64\,\mathbf{i} + 0.427\,\mathbf{j} + 0.64\,\mathbf{k}$$

則向量 $\mathbf{A}$ 在直線 PQ 上的投影分量 A_s，由公式(2-32)

$A_s = \mathbf{A} \cdot \mathbf{u}_s = (\mathbf{i} - 2\,\mathbf{j} + 4\,\mathbf{k}) \cdot (-0.64\,\mathbf{i} + 0.427\,\mathbf{j} + 0.64\,\mathbf{k})$

$\quad = (1)(-0.64) + (-2)(0.427) + (4)(0.64) = 1.07$ ◀

2-4 // 兩向量的向量積

　　向量 $\mathbf{A}$ 與 $\mathbf{B}$ 的向量積(vector product)，寫為 $\mathbf{A} \times \mathbf{B}$，又稱為叉積(cross product)，其結果為一向量 $\mathbf{C}$，如圖 2-19 所示，即

$$\mathbf{A} \times \mathbf{B} = \mathbf{C} \tag{2-33}$$

$\mathbf{C}$ 的大小為

$$|\mathbf{C}| = |\mathbf{A}||\mathbf{B}|\sin\theta = AB\sin\theta \tag{2-34}$$

其中 θ 為 $\mathbf{A}$ 與 $\mathbf{B}$ 間較小的夾角，故 $\sin\theta$ 恆為正值。$\mathbf{C}$ 的方向與包含 $\mathbf{A}$、$\mathbf{B}$ 兩向量的平面垂直，且指向符合右手定則，參考圖 2-19(a)所示，即握緊右手，將姆指伸直，四指由 $\mathbf{A}$ 轉向 $\mathbf{B}$，姆指的指向即為向量 $\mathbf{C}$ 的方向。

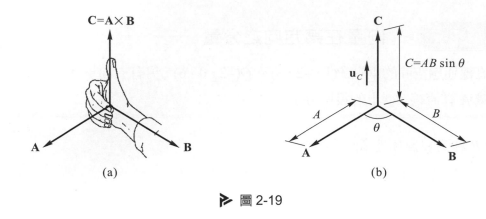

(a)   (b)

▷ 圖 2-19

由上述的定義，兩向量 **A**、**B** 的向量積 **C**，可用下式表示，即

$$\mathbf{C} = \mathbf{A} \times \mathbf{B} = (AB\sin\theta)\,\mathbf{u}_C \qquad (2\text{-}35)$$

其中 $AB\sin\theta$ 為 **C** 的大小，而 $\mathbf{u}_C$ 為 **C** 的單位向量，如圖 2-19(b)所示。對於互相平行的兩個向量，因 $\theta = 0$(或 $180°$)，$\sin\theta = 0$，由定義可知其向量積為 0。

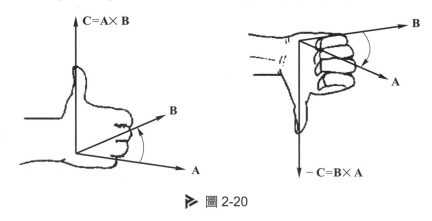

▷ 圖 2-20

由向量積的定義，可證明向量積的運算無交換性，參考圖 2-20 所示，且

$$\mathbf{A} \times \mathbf{B} = -\mathbf{B} \times \mathbf{A} \qquad (2\text{-}36)$$

故向量積 $\mathbf{A} \times \mathbf{B}$ 與 $\mathbf{B} \times \mathbf{A}$ 的大小相等方向相反。

至於向量積的分配律及結合律，由定義可證明成立，即

$$\mathbf{A} \times (\mathbf{B} + \mathbf{D}) = \mathbf{A} \times \mathbf{B} + \mathbf{A} \times \mathbf{D} \qquad (2\text{-}37)$$

$$m\,(\mathbf{A} \times \mathbf{B}) = (m\mathbf{A}) \times \mathbf{B} = \mathbf{A} \times (m\mathbf{B}) \qquad (2\text{-}38)$$

◆直角坐標系中的向量積

直角坐標系中三軸向的單位向量 **i**、**j**、**k**，由上述向量積的定義，可得其彼此間的向量積為

$$\mathbf{i} \times \mathbf{j} = \mathbf{k} \qquad \mathbf{i} \times \mathbf{k} = -\mathbf{j} \qquad \mathbf{i} \times \mathbf{i} = 0$$
$$\mathbf{j} \times \mathbf{k} = \mathbf{i} \qquad \mathbf{j} \times \mathbf{i} = -\mathbf{k} \qquad \mathbf{j} \times \mathbf{j} = 0$$
$$\mathbf{k} \times \mathbf{i} = \mathbf{j} \qquad \mathbf{k} \times \mathbf{j} = -\mathbf{i} \qquad \mathbf{k} \times \mathbf{k} = 0 \qquad (2\text{-}39)$$

上列關係式，不須記憶，由右手定則即可求得，參考圖 2-21 所示。或將單位向量 **i**、**j**、**k** 以順時針次序標在一圓上，如圖 2-22 所示，若兩單位向量依順時針方式相乘，則所得的第三個單位向量為正，如 **j** × **k** = **i**；若兩單位向量依逆時針方式相乘，則所得的第三個單位向量為負，如 **j** × **i** = −**k**。

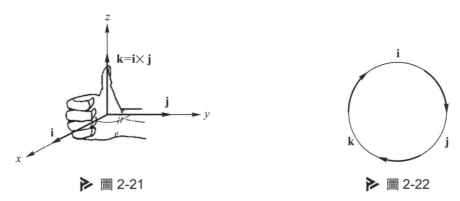

▶ 圖 2-21　　　　　　　　　　　　　　　　▶ 圖 2-22

若將向量 **A**、**B** 以直角坐標系的分量表示，即 $\mathbf{A} = A_x\mathbf{i} + A_y\mathbf{j} + A_z\mathbf{k}$，$\mathbf{B} = B_x\mathbf{i} + B_y\mathbf{j} + B_z\mathbf{k}$，則兩向量的向量積為

$$\mathbf{A} \times \mathbf{B} = (A_x\mathbf{i} + A_y\mathbf{j} + A_z\mathbf{k}) \times (B_x\mathbf{i} + B_y\mathbf{j} + B_z\mathbf{k})$$

由公式(2-37)及(2-38)的分配律與結合律，上式可寫為

$$\mathbf{A} \times \mathbf{B} = A_xB_x\,(\mathbf{i} \times \mathbf{i}) + A_xB_y\,(\mathbf{i} \times \mathbf{j}) + A_xB_z\,(\mathbf{i} \times \mathbf{k})$$
$$+ A_yB_x\,(\mathbf{j} \times \mathbf{i}) + A_yB_y\,(\mathbf{j} \times \mathbf{j}) + A_yB_z\,(\mathbf{j} \times \mathbf{k})$$
$$+ A_zB_x\,(\mathbf{k} \times \mathbf{i}) + A_zB_y\,(\mathbf{k} \times \mathbf{j}) + A_zB_z\,(\mathbf{k} \times \mathbf{k})$$
$$= (A_yB_z - A_zB_y)\,\mathbf{i} + (A_zB_x - A_xB_z)\,\mathbf{j} + (A_xB_y - A_yB_x)\,\mathbf{k} \quad (2\text{-}40)$$

上列的結果，亦可用行列式運算，即 $\mathbf{A} \times \mathbf{B} = \begin{vmatrix} \mathbf{i} & \mathbf{j} & \mathbf{k} \\ A_x & A_y & A_z \\ B_x & B_y & B_z \end{vmatrix}$。

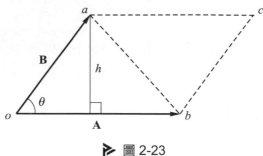

> 圖 2-23

向量積的幾何意義，可證明為兩共點向量所形成平行四邊形的面積。參考圖 2-23，$\mathbf{A}$、$\mathbf{B}$ 兩向量所構成平行四邊形的面積為

$$\text{面積 } oacb = (\text{底邊長}) \times (\text{高}) = |\mathbf{A}|h = |\mathbf{A}|(|\mathbf{B}|\sin\theta) = |\mathbf{A}||\mathbf{B}|\sin\theta = |\mathbf{A} \times \mathbf{B}| \quad (2\text{-}41)$$

至於以向量 $\mathbf{A}$、$\mathbf{B}$ 為兩邊的三角形，其面積為平行四邊形面積的一半，即

$$\text{面積 } oab = \frac{1}{2}|\mathbf{A} \times \mathbf{B}| \quad (2\text{-}42)$$

2-5 三向量的乘積

三個向量的乘法有三種型式：(1)$(\mathbf{A} \cdot \mathbf{B})\,\mathbf{C}$；(2)$\mathbf{A} \cdot (\mathbf{B} \times \mathbf{C})$；(3)$\mathbf{A} \times (\mathbf{B} \times \mathbf{C})$。

$(\mathbf{A} \cdot \mathbf{B})\,\mathbf{C}$ 三向量的乘積，結果為與 $\mathbf{C}$ 平行的向量，此向量的大小為$|\mathbf{C}|$的$(\mathbf{A} \cdot \mathbf{B})$倍；若$(\mathbf{A} \cdot \mathbf{B})$的值為正，則指向與 $\mathbf{C}$ 相同；若$(\mathbf{A} \cdot \mathbf{B})$的值為負，則指向與 $\mathbf{C}$ 相反。

至於 $\mathbf{A}(\mathbf{B} \cdot \mathbf{C})$的結果亦為一向量，其大小為$|\mathbf{A}|$的$(\mathbf{B} \cdot \mathbf{C})$倍，方向與 $\mathbf{A}$ 平行。故$(\mathbf{A} \cdot \mathbf{B})\,\mathbf{C} \neq \mathbf{A}(\mathbf{B} \cdot \mathbf{C})$。

$\mathbf{A} \cdot (\mathbf{B} \times \mathbf{C})$的結果為一純量，稱為三向量的純量積(triple scalar product)，由向量積與純量積的定義

$$\mathbf{A} \cdot (\mathbf{B} \times \mathbf{C}) = (A_x \mathbf{i} + A_y \mathbf{j} + A_z \mathbf{k}) \cdot [(B_y C_z - B_z C_y) \mathbf{i} + (B_z C_x - B_x C_z) \mathbf{j}$$
$$+ (B_x C_y - B_y C_x) \mathbf{k}]$$
$$= A_x B_y C_z + A_y B_z C_x + A_z B_x C_y - A_x B_z C_y - A_y B_x C_z - A_z B_y C_x$$

上列的結果亦可由行列式的運算求得：

$$\mathbf{A} \cdot (\mathbf{B} \times \mathbf{C}) = \begin{vmatrix} A_x & A_y & A_z \\ B_x & B_y & B_z \\ C_x & C_y & C_z \end{vmatrix}$$

$$= A_x B_y C_z + A_y B_z C_x + A_z B_x C_y - A_x B_z C_y - A_y B_x C_z - A_z B_y C_x \quad (2\text{-}43)$$

由三向量的純量積，可證明

$$\mathbf{A} \cdot (\mathbf{B} \times \mathbf{C}) = \mathbf{B} \cdot (\mathbf{C} \times \mathbf{A}) = \mathbf{C} \cdot (\mathbf{A} \times \mathbf{B}) = (\mathbf{B} \times \mathbf{C}) \cdot \mathbf{A}$$

$$= (\mathbf{C} \times \mathbf{A}) \cdot \mathbf{B} = (\mathbf{A} \times \mathbf{B}) \cdot \mathbf{C} \quad (2\text{-}44)$$

三向量純量積的幾何意義，為此三共點向量所形成平行六面體的體積，參考圖 2-24 所示，故又稱為**箱積**(box product)。

　　$\mathbf{A} \times \mathbf{B} \times \mathbf{C}$ 的結果為一向量，此向量在 $\mathbf{B}$、$\mathbf{C}$ 所決定的平面上，故稱為三向量的向量積(triple vector product)，此乘積在動力學中常出現。

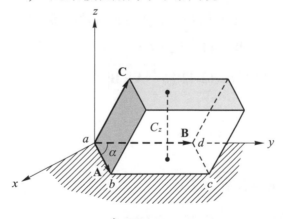

▷ 圖 2-24

例題 2-8 ▶ 兩向量的向量積

已知兩向量 $\mathbf{A} = 2\,\mathbf{i} + 4\,\mathbf{j} - \mathbf{k}$，$\mathbf{B} = \mathbf{i} - 2\,\mathbf{j} + 5\,\mathbf{k}$，試求 $\mathbf{A} \times \mathbf{B}$。

解 ▶ 由公式(2-40)

$\mathbf{A} \times \mathbf{B} = (A_y B_z - A_z B_y)\,\mathbf{i} + (A_z B_x - A_x B_z)\,\mathbf{j} + (A_x B_y - A_y B_x)\,\mathbf{k}$

$\quad\quad = [(4)(5) - (-1)(-2)]\,\mathbf{i} + [(-1)(1) - (2)(5)]\,\mathbf{j} + [(2)(-2) - (4)(1)]\,\mathbf{k}$

$\quad\quad = 18\,\mathbf{i} - 11\,\mathbf{j} - 8\,\mathbf{k}$ ◀

亦可用行列式求解

$\mathbf{A} \times \mathbf{B} = \begin{vmatrix} \mathbf{i} & \mathbf{j} & \mathbf{k} \\ 2 & 4 & -1 \\ 1 & -2 & 5 \end{vmatrix} = 18\,\mathbf{i} - 11\,\mathbf{j} - 8\,\mathbf{k}$ ◀

例題 2-9 ▶ 利用向量積求三角形的面積

已知三角形三頂點的坐標分別為 $O(0，0，0)$，$P(1，2，3)$，$Q(4，5，6)$，試求此三角形的面積？

解 ▶ 令 O 點至 P 點的向量為 $\mathbf{A}$，O 點至 Q 點的向量為 $\mathbf{B}$，則

$\mathbf{A} = \mathbf{i} + 2\,\mathbf{j} + 3\,\mathbf{k}$ ， $\mathbf{B} = 4\,\mathbf{i} + 5\,\mathbf{j} + 6\,\mathbf{k}$

三角形 OPQ 的面積由公式(2-42)為 $\dfrac{1}{2}|\mathbf{A} \times \mathbf{B}|$

$\mathbf{A} \times \mathbf{B} = \begin{vmatrix} \mathbf{i} & \mathbf{j} & \mathbf{k} \\ 1 & 2 & 3 \\ 4 & 5 & 6 \end{vmatrix} = -3\,\mathbf{i} + 6\,\mathbf{j} - 3\,\mathbf{k}$

$|\mathbf{A} \times \mathbf{B}| = \sqrt{(-3)^2 + 6^2 + (-3)^2} = 7.35$

故面積 $OPQ = \dfrac{1}{2}|\mathbf{A} \times \mathbf{B}| = \dfrac{1}{2}(7.35) = 3.68$ ◀

✏️ 觀念題

1. 設 **A**、**B**、**C** 為向量，$m \cdot n$ 為純量，下列有關於向量與純量的運算何者為有意義？且說明結果為純量或向量。

(1) $m(\mathbf{A} \cdot \mathbf{B})$　　　(2) $m(\mathbf{A} \times \mathbf{B})$　　　(3) $\mathbf{A} \cdot (\mathbf{B} \times \mathbf{C})$　　　(4) $(\mathbf{A} \times \mathbf{B}) \times \mathbf{C}$

(5) $(\mathbf{A} \cdot \mathbf{B}) \times \mathbf{C}$　　　(6) $\mathbf{A} \times (\mathbf{B} \cdot \mathbf{C})$　　　(7) $(\mathbf{A} \cdot \mathbf{B}) \cdot \mathbf{C}$　　　(8) $(\mathbf{A} \cdot \mathbf{B})\mathbf{C}$

(9) $(\mathbf{A} \times \mathbf{B}) \cdot m\mathbf{C}$　　　(10) $m(\mathbf{A} + \mathbf{B})$　　　(11) $\mathbf{A} \cdot (m\mathbf{B} + n\mathbf{C})$　　　(12) $\mathbf{A} \times (m\mathbf{B} + n\mathbf{C})$

✏️ 習　題

2-1　在 $x\text{-}y$ 平面上有一向量 **A**，其大小為 800 個單位，已知此向量與 x 軸正方向的夾角 $\alpha = 145°$，與 y 軸正方向的夾角為 $55°$，試用直角坐標系的單位向量 **i**、**j** 表示向量 **A**，並求此向量的單位向量。

　　答 ▶ $\mathbf{A} = -655\,\mathbf{i} + 459\,\mathbf{j}$，$\mathbf{u}_A = -0.819\,\mathbf{i} + 0.574\mathbf{j}$

2-2　有一直線 L，其方向由點(0，0，0)至點(–3，4，2)，試求此直線方向的單位向量。

　　答 ▶ $\mathbf{u} = -0.577\,\mathbf{i} + 0.743\,\mathbf{j} + 0.371\,\mathbf{k}$

2-3　一向量 $\mathbf{A} = 700\,\mathbf{i} + 1500\,\mathbf{j}$，試求向量 **A** 的大小及方向(與 x 軸正方向的夾角)。

　　答 ▶ $A = 1655$，$\alpha = 65.0°$

2-4　一位置向量的大小為 100 個單位，方向餘弦分別為 0.40、029、0.87，試用直角坐標系的單位向量 **i**、**j**、**k** 表示此位置向量，並求此位置向量與 x、y、z 軸正方向的夾角。

　　答 ▶ $\mathbf{r} = 40\,\mathbf{i} + 29\,\mathbf{j} + 87\,\mathbf{k}$，$\alpha = 66.4°$，$\beta = 73.1°$，$\gamma = 29.5°$

2-5 一向量的大小為 50 單位，此向量的作用線通過點 $A(1，-2，-3)$ 及
點 $B(-3，3，0)$，指向由 A 朝向 B，試求此向量在 x、y、z 三軸的分量大小，並
求此向量的方向餘弦？

答 $-28.30\,\mathbf{i} + 35.35\,\mathbf{j} + 21.20\,\mathbf{k}$；$l = -0.566$，$m = 0.707$，$n = 0.424$

2-6 試求圖(1)中所示向量 $\mathbf{A}$ 與 $\mathbf{B}$ 的和；(a)用三角形定律；(b)用直角坐標系的分量
求解。$(A = 12，B = 10)$。

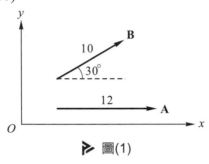

圖(1)

答 $R = 21.3$，$\alpha = 13.6°$(與 x 軸正方向的夾角)

2-7 試求圖(2)中所示兩向量 $\mathbf{A}$ 與 $\mathbf{B}$ 的差：(a)用三角形定律；(b)用直角坐標系的分
量求解$(A = 50，B = 30)$。

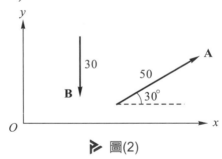

圖(2)

答 $Q = 70$，$\alpha = 51.8°$(與 x 軸正方向的夾角)

2-8 已知向量 $\mathbf{A} = 5\,\mathbf{i} + 10\,\mathbf{j} + 7\,\mathbf{k}$，$\mathbf{B} = 9\,\mathbf{i} - 4\,\mathbf{j} + 2\,\mathbf{k}$，$\mathbf{C}$ 為 xy 面上的一個向量，大
小為 $12\sqrt{2}$，與正 x 軸的夾角為 45°，指向由原點向外；試求此三個向量的和。

答 $R = 26\,\mathbf{i} + 18\,\mathbf{j} + 9\,\mathbf{k}$

2-9　圖(3)中兩向量的大小分別爲 $A = 25$，$B = 52$，試求兩向量的和 $\mathbf{A} + \mathbf{B}$ 及兩向量的差 $\mathbf{A} - \mathbf{B}$。

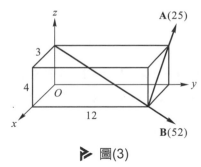

▷ 圖(3)

答▷　$-3\,\mathbf{i} + 48\,\mathbf{j} + 4\,\mathbf{k}$，$-27\,\mathbf{i} - 48\,\mathbf{j} + 36\,\mathbf{k}$

2-10　已知向量 $\mathbf{A} = -2\,\mathbf{i} + 3\,\mathbf{j} - \mathbf{k}$，$\mathbf{B} = -3\,\mathbf{i} + 4\,\mathbf{j} + \mathbf{k}$；試求(a)純量積 $\mathbf{A} \cdot \mathbf{B}$，(b)$\mathbf{A}$ 在 $\mathbf{B}$ 方向的分量大小，(c)$\mathbf{B}$ 在 $\mathbf{A}$ 方向的分量大小。

答▷　(a) 17；(b) 3.33；(c) 4.54。

2-11　兩位置向量 $\mathbf{A}$ 與 $\mathbf{B}$，其中 $\mathbf{A}$ 爲原點至點(3，–6，2)，$\mathbf{B}$ 爲原點至點(–4，8，m)，若兩位置向量互相垂直，試求 m 的值。

答▷　$m = 30$

2-12　兩向量 $\mathbf{A} = 2\,\mathbf{i} - 2\,\mathbf{j} - \mathbf{k}$，$\mathbf{B} = 6\,\mathbf{i} - 3\,\mathbf{j} + 2\mathbf{k}$，試求兩向量的夾角。

答▷　40.4°

2-13　已知兩向量 $\mathbf{A}$、$\mathbf{B}$，及一純量 m，試判斷下列運算是否有意義？
(a) $m\mathbf{A}$；(b) $m \cdot \mathbf{A}$；(c) $m \times \mathbf{A}$；(d) $\mathbf{A}\mathbf{B}$；(e) $\mathbf{A} \cdot \mathbf{B}$；(f) $\mathbf{A} \times \mathbf{B}$。

答▷　(b)(c)(d)無意義

2-14　兩向量 $\mathbf{A} = 3\,\mathbf{i} - 2\,\mathbf{j} + 4\,\mathbf{k}$，$\mathbf{B} = \mathbf{i} + \mathbf{j} - \mathbf{k}$，試求一單位向量，使其與 $\mathbf{A}$、$\mathbf{B}$ 兩向量所決定的平面垂直。

答▷　$\mathbf{u} = -0.226\,\mathbf{i} + 0.793\,\mathbf{j} + 0.566\,\mathbf{k}$。

2-15 已知空間中一三角形的三頂點為(2，1，–3)、(1，–2，3)及(1，2，4)，試求此三角形的面積。

答 13.66

2-16 已知三向量 $\mathbf{A} = 3\,\mathbf{i} + 5\,\mathbf{j} + 7\,\mathbf{k}$，$\mathbf{B} = 8\,\mathbf{i} - 4\,\mathbf{j} + 2\,\mathbf{k}$，$\mathbf{C} = 5\,\mathbf{i} + 11\,\mathbf{j} - 2\mathbf{k}$，試求 (a)$3\mathbf{A} \cdot 2\mathbf{B}$；(b) $(\mathbf{A} \cdot \mathbf{B})\mathbf{C}$；(c) $(\mathbf{A} \times \mathbf{B}) \cdot \mathbf{C}$；(d) $(\mathbf{A} \times \mathbf{B}) \times \mathbf{C}$。

答 (a) 108；(b) $90\,\mathbf{i} + 198\,\mathbf{j} - 36\,\mathbf{k}$；(c) 844；(d) $472\,\mathbf{i} - 184\,\mathbf{j} + 168\,\mathbf{k}$。

3 力系的合成

3-1 // 共點力的相加

◆平面上共點力的相加

　　力爲向量，兩共點力的相加可用第二章中 2-2 節的平行四邊形定律求得。設已知兩共點力 F_1 與 F_2 的大小及方向，今以 F_1 與 F_2 爲兩邊作一平行四邊形，如圖 3-1(a) 所示，則通過兩力共點的對角線所代表的向量 R，即爲兩共點力的合力。同樣，以三角形定律，亦可得到相同的結果，如圖 3-1(b)所示。

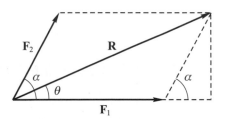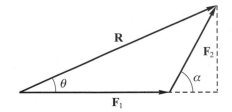

▷ 圖 3-1

合力的大小，可由三角形的餘弦定律求得，即

$$R = \sqrt{F_1^2 + F_2^2 + 2F_1F_2\cos\alpha} \tag{3-1}$$

其中 α 為 $\mathbf{F}_1$ 與 $\mathbf{F}_2$ 的夾角。至於合力 $\mathbf{R}$ 的方向，通常以 $\mathbf{R}$ 與 $\mathbf{F}_1$ 的夾角 θ 表示，由圖 3-1 中的三角關係可得

$$\tan\theta = \frac{F_2\sin\alpha}{F_1 + F_2\cos\alpha} \tag{3-2}$$

另外，θ 角亦可用三角形的正弦定律求得，參考圖 3-1(b)

$$\frac{F_2}{\sin\theta} = \frac{R}{\sin(\pi-\alpha)} \quad , \quad \frac{F_2}{\sin\theta} = \frac{R}{\sin\alpha} \tag{3-3}$$

上述兩共點力由平行四邊形定律相加得合力 $\mathbf{R}$，相反地，圖 3-1 亦可視為一單力 $\mathbf{R}$ 分解為(1)(2)兩方向分力 $\mathbf{F}_1$ 與 $\mathbf{F}_2$ 的和，即 $\mathbf{R} = \mathbf{F}_1 + \mathbf{F}_2$。由於一力的分力可再分解為二個分力，因此一力可任意分解為二個以上分力的和。將一力分解為二個或二個以上的分力，結果對質點所生的外效應仍保持不變。

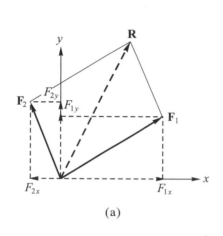

(a)

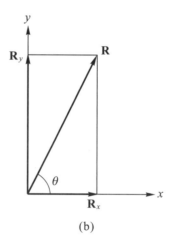

(b)

▶ 圖 3-2

◆用直角分量求合力

兩共點力的合力，可用直角坐標系的分量和求得。參考圖 3-2(a)，將 $\mathbf{F}_1$ 與 $\mathbf{F}_2$ 以直角分量表示，即

$$\mathbf{F}_1 = \mathbf{F}_{1x}\mathbf{i} + \mathbf{F}_{1y}\mathbf{j} \quad , \quad \mathbf{F}_2 = \mathbf{F}_{2x}\mathbf{i} + \mathbf{F}_{2y}\mathbf{j}$$

則兩力在 x 軸及 y 軸方向的分量和為

$$R_x = F_{1x} + F_{2x} \quad , \quad R_y = F_{1y} + F_{2y}$$

注意，圖 3-2(a)中 F_{2x} 應為負值。

合力的大小及方向，參考圖 3-2(b)

$$R = \sqrt{R_x^2 + R_y^2} \tag{3-4}$$

$$\tan\theta = \frac{R_y}{R_x} \tag{3-5}$$

　　至於平面上數個共點力的相加，參考圖 3-3 中的三個共點力 $\mathbf{F_1}$、$\mathbf{F_2}$ 與 $\mathbf{F_3}$，若欲用平行四邊形定律求三力的合力，先求 $\mathbf{F_1}$ 與 $\mathbf{F_2}$ 之合力 $\mathbf{R_1}$，再用平行四邊形定律求 $\mathbf{R_1}$ 與 $\mathbf{F_3}$ 的合力，最後便可求得三力的合力 $\mathbf{R}$，此分析過程相當複雜，故用直角分量相加較為方便，即將各力分解為 x 軸及 y 軸的分量，得 x 方向與 y 方向的分量和為

$$R_x = F_{1x} + F_{2x} + F_{3x} + \cdots\cdots = \sum F_x$$

$$R_y = F_{1y} + F_{2y} + F_{3y} + \cdots\cdots = \sum F_y$$

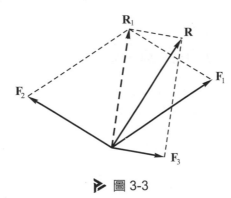

> 圖 3-3

合力 R 的大小與方向 θ，同樣由公式(3-4)及(3-5)求得，參考例題 3-3 的說明。

例題 3-1 ▶ 兩力的合力

圖中的魚眼支座，承受 F_1 及 F_2 兩力作用，試求兩力的合力。

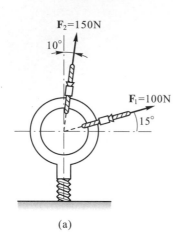

(a)

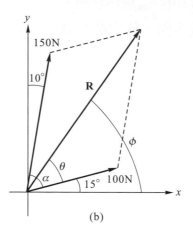

(b)

解 ▶ F_1 與 F_2 的夾角 $\alpha = 90° - 10° - 15° = 65°$，則合力 R 的大小由公式(3-4)

$$R = \sqrt{100^2 + 150^2 + 2(100)(150)\cos 65°} = 212.5 \text{ N} ◀$$

R 與 F_1 的夾角 θ，參考(b)圖，由正弦定律

$$\frac{150}{\sin\theta} = \frac{212.6}{\sin 115°}$$

$$\sin\theta = 0.639 \quad , \quad \theta = 39.7$$

則 R 與 x 軸的夾角 $\phi = \theta + 15° = 54.7° ◀$

【另解】

將 F_1 與 F_2 以直角分量表示

$F_1 = F_{1x} \, i + F_{1y} \, j = (100\cos 15°) \, i + (100\sin 15° \, j)$

$F_2 = F_{2x} \, i + F_{2y} \, j = (150\sin 10°) \, i + (100\cos 10° \, j)$

則 $R_x = F_{1x} + F_{2x} = 100\cos 15° + 150\sin 10° = 122.6 \text{ N}$

$\quad R_y = F_{1y} + F_{2y} = 100\sin 15° + 150\cos 10° = 173.6 \text{ N}$

合力 R 的大小及方向，由公式(3-4)及(3-5)

$$R = \sqrt{R_x^2 + R_y^2} = \sqrt{(122.6)^2 + (173.6)^2} = 212.5 \text{ N} ◀$$

$$\phi = \tan^{-1}\left(\frac{R_y}{R_x}\right) = \tan^{-1}\frac{173.6}{122.6} = 54.7° ◀$$

例題 3-2　兩力的合力

　　圖中的環首螺栓上承受 F_1 及 F_2 兩力作用，其中 F_1 與垂直方向的夾角爲 20°。若已知兩力的合力大小爲 1 kN，方向垂直向下，(1)若 $\theta = 30°$，試求 F_1 與 F_2 的大小。(2)若欲使 F_2 的量值爲最小，試求 F_1 與 F_2 的大小。

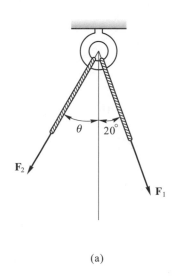

(a)

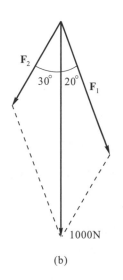

(b)

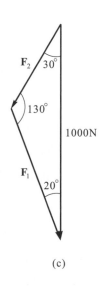

(c)

解　(1)由平行四邊形定律或三角形定律，F_1 與 F_2 相加的向量圖如(b)、(c)兩圖所示，由正弦定律

$$\frac{F_1}{\sin 30°} = \frac{F_2}{\sin 20°} = \frac{1000}{\sin 130°}$$

得 $F_1 = 653\ N$ ， $F_2 = 447\ N$ ◀

(2) F_2 與 F_1 相加得合力 $R = 1000\ N(\downarrow)$ 的各種可能情形如(d)圖所示，其中當 F_2 與 F_1 垂直時 F_2 的量值爲最小，此時 $\theta = 70°$，因此可得 F_1 與 F_2 相加的向量圖如(e)圖所示，則

$F_1 = 1000 \cos 20° = 940\ N$ ◀

$F_2 = 1000 \sin 20° = 342\ N$ ◀

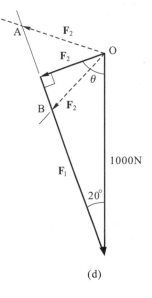

(d)

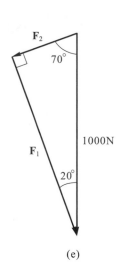

(e)

例題 3-3 ▶ 平面上共點力的合力

試求圖中三力的合力。

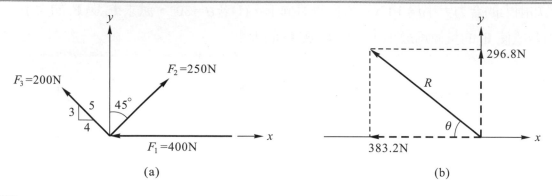

(a)　　　　　　　　　　　　　　　(b)

解 ▶ 首先將各力分解為直角分量，並求 x 方向及 y 方向的分量和

$R_x = -400 + 250\sin 45° - 200(0.8) = -383.2\ \text{N}$ ，

或 $R_x = 383.2\ \text{N}(\leftarrow)$

$R_y = 0 + 250\cos 45° + 200(0.6) = 296.8\ \text{N}(\uparrow)$

故合力 R 的大小及方向，參考(b)圖

$R = \sqrt{(-383.2)^2 + (296.8)^2} = 485\ \text{N} \blacktriangleleft$

$\tan\theta = \dfrac{296.8}{383.2}$ ， $\theta = 37.8° \blacktriangleleft$

例題 3-4 ▶ 力的分解

圖中，$F = 500\,\text{N}$，試將 **F** 分解為沿 AB 及 AC 兩方向的分量和。

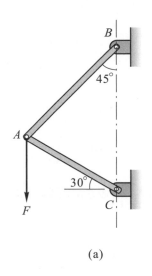

(a)

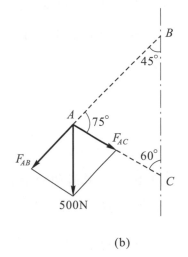

(b)

解 ▶ 逆用平行四邊形定律，以 F 為對角線，AB 與 AC 為兩邊繪平行四邊形，

如(b)圖所示，由正弦定律

$$\frac{F_{AC}}{\sin 45°} = \frac{F_{AB}}{\sin 60°} = \frac{500}{\sin 75°} = 5176$$

$$F_{AC} = 366.0\,\text{N} \quad , \quad F_{AB} = 448.3\,\text{N} \blacktriangleleft$$

◆空間中共點力的相加

空間中共點的兩力或數力相加時，先將各力分解為直角分量，即

$\mathbf{F} = F_x\mathbf{i} + F_y\mathbf{j} + F_z\mathbf{k}$，然後分別求 x、y、z 三個方向分量之和，即

$$R_x = \sum F_x = F_{1x} + F_{2x} + F_{3x} + \cdots\cdots$$

$$R_y = \sum F_y = F_{1y} + F_{2y} + F_{3y} + \cdots\cdots$$

$$R_z = \sum F_z = F_{1z} + F_{2z} + F_{3z} + \cdots\cdots$$

合力 R 的大小為

$$R = \sqrt{R_x^2 + R_y^2 + R_z^2} \tag{3-6}$$

合力 R 的方向可用 R 的單位向量 $\mathbf{u}_R$ 表示

$$\mathbf{u}_R = \frac{\mathbf{R}}{R} = \frac{R_x\mathbf{i} + R_y\mathbf{j} + R_z\mathbf{k}}{R} \tag{3-7}$$

合力 R 的方向亦可用 $\mathbf{R}$ 與 x、y、z 三軸的夾角 θ_x、θ_y、θ_z 表示，即

$$\cos\theta_x = \frac{R_x}{R} \quad , \quad \cos\theta_y = \frac{R_y}{R} \quad , \quad \cos\theta_z = \frac{R_z}{R} \tag{3-8}$$

　　空間中任一力 $\mathbf{F}$ 欲求其直角分量(F_x、F_y、F_z)，須視所給的條件而定。若已知 $\mathbf{F}$ 與 x、y、z 軸的夾角 α、β、γ，參考圖 3-4，則

$$F_x = F\cos\alpha \quad , \quad F_y = F\cos\beta \quad , \quad F_z = F\cos\gamma \tag{3-9}$$

$$故 \ \mathbf{F} = F_x\mathbf{i} + F_y\mathbf{j} + F_z\mathbf{k} = F(\cos\alpha\,\mathbf{i} + \cos\beta\,\mathbf{j} + \cos\gamma\,\mathbf{k}) \tag{3-10}$$

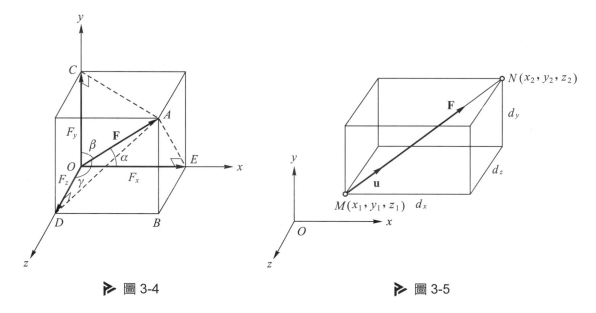

▶ 圖 3-4　　　　　　　　　　　　　　　　　▶ 圖 3-5

　　若已知力 $\mathbf{F}$ 作用線上 $M(x_1，y_1，z_1)$ 與 $N(x_2，y_2，z_2)$ 兩點的坐標，參考圖 3-5 所示，設向量 $\overrightarrow{MN}$ 的單位向量為 $\mathbf{u}$，則

$$\mathbf{u} = \frac{\overrightarrow{MN}}{\overline{MN}} = \frac{d_x\mathbf{i} + d_y\mathbf{j} + d_z\mathbf{k}}{d} \tag{3-11}$$

其中 $d_x = x_2 - x_1$，$d_y = y_2 - y_1$，$d_z = z_2 - z_1$

且

$$d = \sqrt{d_x^2 + d_y^2 + d_z^2} = M \text{ 至 } N \text{ 之長度} \tag{3-12}$$

由於 $\mathbf{F}$ 等於 F 與 $\mathbf{u}$ 之乘積，即

$$\mathbf{F} = F\mathbf{u} = \frac{F}{d}(d_x\mathbf{i} + d_y\mathbf{j} + d_z\mathbf{k}) \tag{3-13}$$

故可得 $\mathbf{F}$ 之三個直角分量為

$$F_x = F\frac{d_x}{d} \quad , \quad F_y = F\frac{d_y}{d} \quad , \quad F_z = F\frac{d_z}{d} \tag{3-14}$$

例題 3-5 ▶ 力的直角分量

試求圖中力 $\mathbf{F}$ 的直角分量。$F = 100$ N。

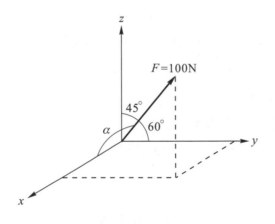

解 ▶ 已知 $\mathbf{F}$ 與 y 軸及 z 軸的夾角，$\beta = 60°$，$\gamma = 45°$

由於 $\cos^2\alpha + \cos^2\beta + \cos^2\gamma = 1$，將 β 及 γ 代入

$\cos^2\alpha + \cos^260° + \cos^245° = 1$ ， 得 $\cos\alpha = \pm 0.5$

即 $\alpha = 60°$，或 $\alpha = 120°$。觀察題目的圖，可知 $\alpha < 90°$，故 $\alpha = 60°$。

$\mathbf{F}$ 的直角分量，由公式(3-10)

$\mathbf{F} = 100(\cos60° \, \mathbf{i} + \cos60° \, \mathbf{j} + \cos45° \, \mathbf{k}) = 50 \, \mathbf{i} + 50 \, \mathbf{j} + 70.7 \, \mathbf{k} \text{ N} ◀$

例題 3-6 ▶ 力的直角分量

試求圖中力 **F** 之直角分量，並求 **F** 與三軸(x、y、z 軸) 的夾角。$F = 200$ N。

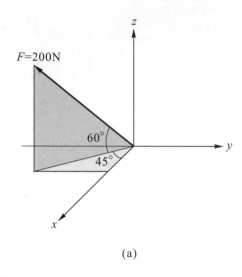

(a)

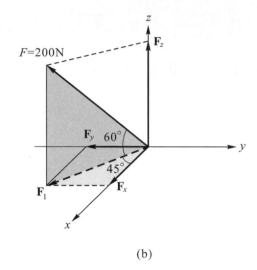

(b)

解▶ 先將 **F** 分解為 xy 平面上的分量 F_1 及 z 方向的分量 F_z，

再將 **F**$_1$ 分解為 x 方向及 y 方向的分量(F_x，F_y)，故 **F** 的三個直角分量為

$F_x = F_1\cos45° = (F\cos60°)\,\cos45° = 200(0.5)(0.707) = 70.7$ N

$F_y = -F_1\sin45° = -(F\cos60°)\,\sin45° = -200(0.5)(0.707) = -70.7$ N

$F_z = F\sin60° = 200(0.866) = 173$ N

故 **F** 以直角分量表示為

F $= 70.7\,$**i** $- 70.7\,$**j** $+ 173\,$**k** N ◀

F 與三軸(x、y、z 軸)的夾角，由公式(3-9)

$\cos\alpha = \dfrac{F_x}{F} = \dfrac{70.7}{200} = 0.354$ ，　$\alpha = 69.3°$ ◀

$\cos\beta = \dfrac{F_y}{F} = \dfrac{-70.7}{200} = -0.354$ ，　$\beta = 110.7°$ ◀

$\cos\gamma = \dfrac{F_z}{F} = \dfrac{173}{200} = 0.866$ ，　$\gamma = 30.0°$ ◀

例題 3-7 ▶ 力的直角分量

圖中鋼索 AB 以鬆緊螺施扣鎖緊後張力 $T = 420N$，試求作用在 A 點張力 $\mathbf{T}$ 的直角分量

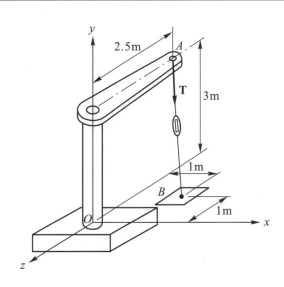

解 ▶ 張力 $\mathbf{T}$ 作用線上 A、B 兩點之坐標為 $A(0，3，-2.5)$ m，$B(1，0，-1)$ m

向量 $\mathbf{AB}$ 的直角分量為

$d_x = x_B - x_A = 1 - 0 = 1$ m

$d_y = y_B - y_A = 0 - 3 = -3$ m

$d_z = z_B - z_A = -1 - (-2.5) = 1.5$ m

$\mathbf{AB}$ 的長度為 $d = \sqrt{d_x^2 + d_y^2 + d_z^2} = \sqrt{1^2 + (-3)^2 + 1.5^2} = 3.5$ m

由公式(3-14)可得張力 $\mathbf{T}$ 的直角分量

$T_x = \dfrac{d_x}{d} T = \dfrac{1}{3.5}(420) = 120$ N ◀

$T_y = \dfrac{d_y}{d} T = \dfrac{-3}{3.5}(420) = -360$ N ◀

$T_z = \dfrac{d_z}{d} T = \dfrac{1.5}{3.5}(420) = 180$ N ◀

例題 3-8　空間共點力的合力

試求圖中 $\mathbf{F}_1$ 與 $\mathbf{F}_2$ 兩力的合力。

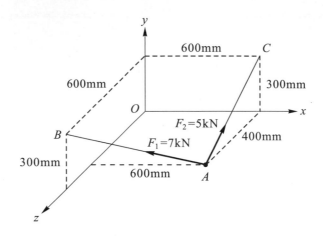

解　先求 $\mathbf{F}_1$ 與 $\mathbf{F}_2$ 的直角分量。設 $\mathbf{F}_1$ 方向的單位向量為 $\mathbf{u}_1$，

$\mathbf{F}_2$ 方向的單位向量為 $\mathbf{u}_2$，則

$$\mathbf{F}_1 = F_1\mathbf{u}_1 = F_1\frac{\mathbf{AB}}{AB} = (7)\frac{-600\mathbf{i}+300\mathbf{j}+200\mathbf{k}}{\sqrt{(-600)^2+300^2+200^2}} = -6\,\mathbf{i}+3\,\mathbf{j}+2\,\mathbf{k}\ \text{kN}$$

$$\mathbf{F}_2 = F_2\mathbf{u}_2 = F_2\frac{\mathbf{AC}}{AC} = (5)\frac{300\mathbf{j}-400\mathbf{k}}{\sqrt{300^2+(-400)^2}} = 3\,\mathbf{j}-4\,\mathbf{k}\ \text{kN}$$

故 $\mathbf{F}_1$ 與 $\mathbf{F}_2$ 之合力

$$\mathbf{R} = \mathbf{F}_1 + \mathbf{F}_2 = -6\,\mathbf{i}+6\,\mathbf{j}-2\,\mathbf{k}\ \text{kN} \blacktriangleleft$$

習　題

3-1　二力相交於 O 點，夾角為 $120°$，如圖(1)所示，試求合力的大小及方向(與 $\mathbf{F}_1$ 之夾 θ)。

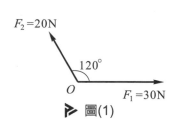

▶ 圖(1)

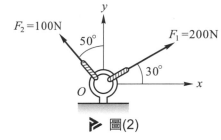

▶ 圖(2)

答▶ $R = 26.46$ N，$\theta = 40.9°$

3-2　試求圖(2)中 $\mathbf{F}_1$ 與 $\mathbf{F}_2$ 合力的大小及方向(與 x 軸之夾角)

答▶ $R = 190.6$ N，$\theta = 59.5°$

3-3　試求圖(3)中兩力的合力大小及方向。(與 $+x$ 方向之夾角)。

答▶ $R = 747$ N，$\theta = 85.5°$

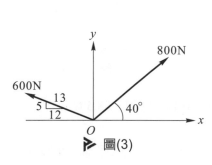

▶ 圖(3)

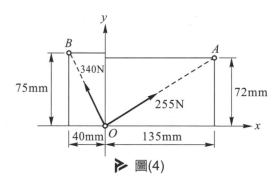

▶ 圖(4)

3-4　試求圖(4)中兩力的合力(以直角分量表示)。

答▶ $\mathbf{R} = 65\,\mathbf{i} + 420\,\mathbf{j}$ N

3-5 將圖(5)中斜面上物體的重量($W = 100$N)分解為沿斜面與垂直於斜面的分力。

答▶ $W_x = -60$ N，$W_y = -80$N

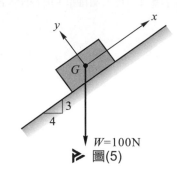

圖(5)

3-6 圖(6)中力 $F = 100$N 作用在角牽板(bracket)上，試將此力分解為下列兩方向的分量和，(a) x 及 y 方向；(b) x' 及 y' 方向；(c) x' 及 y 方向。

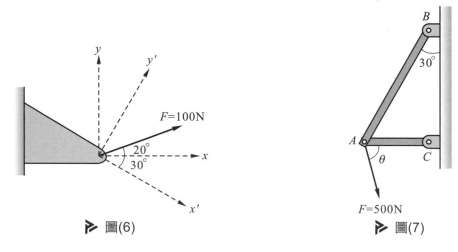

圖(6)   圖(7)

答▶ (a) 94.0 N，34.2 N；(b) 64.3 N，76.6 N；(c) 108.5 N，88.5 N

3-7 一力 $F = 500$ N 作用在圖(7)中桁架的 A 點，今將 F 分解為沿 AB 及 AC 兩方向的分量 F_{AB} 及 F_{AC}，若 $F_{AC} = 400$N，則 θ 的角度為何？

答▶ $\theta = 76.1°$

3-8　圖(8)中環首螺栓承受兩力作用，(a)當 $\theta = 30°$ 時兩力的合力恰沿水平向右的方向，試求 F_B 的大小及合力 R。(b)若合力的大小爲 2.50 kN，方向爲水平向右，試求 F_B 的大小及 θ 角的方向。

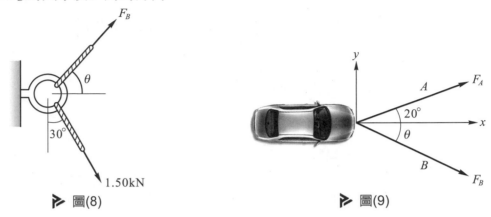

▷ 圖(8)　　　　　　　　　　▷ 圖(9)

答▷ (a)F_B = 2.60 kN，R = 3.00 kN，(b)F_B = 2.18 kN，θ = 36.6°

3-9　圖(9)中汽車用兩條鋼繩拖拉，(a)當 $\theta = 50°$ 時，合力大小爲 950 N，方向朝 x 方向，試求兩鋼繩上的拉力 F_A 及 F_B。(b)設兩力的合力仍爲 950 N，方向朝 x 方向，若欲使 F_B 的拉力爲最小值，則 θ 角應爲若干？並求此時 F_A 及 F_B 的大小。

答▷ (a)F_A = 774 N，F_B = 346 N，(b) θ = 70°，F_A = 893 N，F_B = 325 N

3-10 試求圖(10)中三力的合力大小及方向(與+x 方向之夾角)。

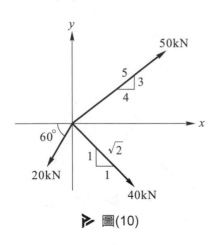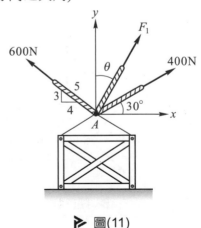

▷ 圖(10)　　　　　　　　　　▷ 圖(11)

答▷ R = 60.3 kN，θ = 15.0°(順時針)

3-11 已知圖(11)中三力的合力大小為 800 N，方向垂直向上，試求 F_1 的大小及方向 θ。

答 $F_1 = 275$ N，$\theta = 29.1°$

3-12 試求圖(12)中四力合力的大小及方向(與+x 方向之夾角)。

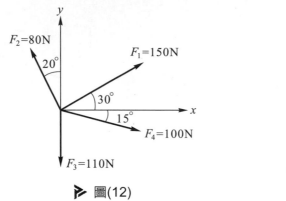

圖(12)

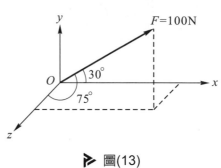

圖(13)

答 $R = 199.6$ N，$\theta = 4.1°$(逆時針)

3-13 試求圖(13)中力 **F** 的直角分量。

答 **F** = 86.6 **i** + 42.8 **j** + 25.9 **k** N

3-14 圖(14)中 $F_1 = 360$ N，$F_2 = 140$ N，試求兩力的直角分量。

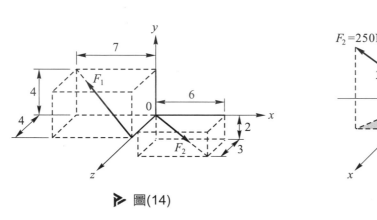

圖(14)

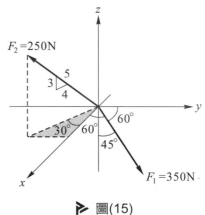

圖(15)

答 $\mathbf{F_1}$ = −280 **i** + 160 **j** − 160 **k** N，$\mathbf{F_2}$ = 120 **i** − 40 **j** + 60 **k** N

3-15 試求圖(15)中 $\mathbf{F}_1$ 與 $\mathbf{F}_2$ 合力的大小及方向(以 $\mathbf{R}$ 與坐標軸的夾角表示)

答 $R = 369 \text{ N}$，$\theta_x = 19.5°$，$\theta_y = 78.3°$，$\theta_z = 105°$

3-16 試求圖(16)中作用於 A 點三力的合力(以直角分量表示)。B、C、D 三點均在 xz 平面上。

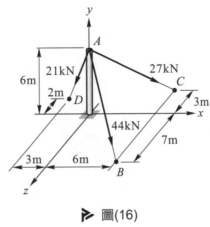

圖(16)

答 $\mathbf{R} = 33\,\mathbf{i} - 60\,\mathbf{j} + 13\,\mathbf{k}$ kN

3-2 // 力 矩

　　力作用在物體上，除了可以使物體沿施力方向產生移動外，並可以使物體繞任一軸轉動，只要力的作用線與轉軸不相交也不平行，轉動便可產生。這種使物體產生轉動的傾向稱為力矩(moment)。

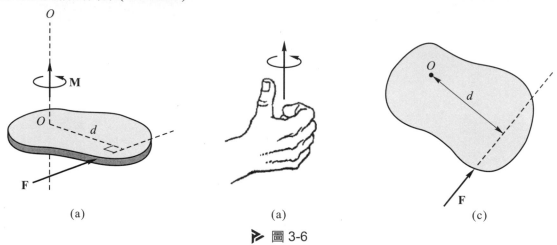

▶ 圖 3-6

　　參考圖 3-6(a)中的板狀物體，力 **F** 作用於物體的平面上，若欲使物體繞垂直於物體平面的 *O-O* 軸產生轉動，由經驗可知，**F** 愈大或 **F** 至 *O-O* 軸的垂直距離 *d* 愈大，則轉動傾向愈大，即力矩愈大，故力矩的大小定義為 **F** 的大小與 **F** 至 *O* 點垂直距離 *d* 的乘積，即

$$M = Fd \tag{3-15}$$

其中 *d* 稱為力臂(moment arm)。

充電站

力矩一定，力臂較大則施力較小

物體的轉動方向不同，其運動效果便不相同，故力矩需表明方向，其方向沿著轉軸指向由右手定則決定，如圖 3-6 所示，四指順著 **F** 繞 *O-O* 軸旋轉，拇指的指向即為力矩的方向。表示力矩時需指明轉軸，而將力矩向量表示在轉軸上，故轉軸即為力矩的作用線。因此力矩為一滑動向量，其大小 $M = Fd$，作用線沿著轉軸，指向由右手定則決定。

力矩的單位在 SI 單位中為 N-m(牛頓-米)，在美國慣用單位中為 ft-lb(呎-磅)，至於在公制重力單位中則用 kg-m(公斤-米)。

習慣上常說力 **F** 對某點 *O* 所生的力矩，實際上是對通過 *O* 點而與 **F** 及 *O* 點所定平面垂直的軸所生的力矩。圖 3-6(c)中，**F** 對 *O* 點的力矩，其大小為 $M_O = Fd$，方向為逆時針方向。平面上的力對某點所生的力矩，沒有必要以向量表示，因為這些力矩不是指出紙面(逆時針方向)就是指入紙面(順時針方向)，對於互相平行的向量，其相加可用純量的代數和運算，故運算中通常以逆時針方向或順時針方向代表力矩的方向，至於何者為正方向則視方便可任意制定。

充電站

手握位置距離轉動中心愈遠，愈能轉動螺旋。

◆ 萬律農定律(力矩原理)

力學中有一個常用的定理，稱為**萬律農定律**(Varignon theorem)，或稱為**力矩原理**(principle of moments)，是由法國數學家萬律農所提出，此定理敘述平面上一力對任一點之力矩等於該力的分力對同一點的力矩和。此定理的證明參考圖 3-7，一力 **R** 作用於 *A* 點，**P**、**Q** 為 **R** 的分力，*O* 為平面上的一點，**P**、**Q**、**R** 三力至 *O* 點的垂直距離分別為 p、q、r，而與 *OA* 線之夾角分別為 α、β、γ，因 $\overline{ac} = \overline{bd}$，可得

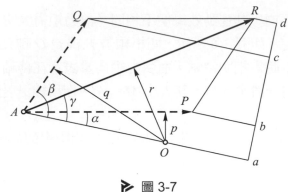

> 圖 3-7

$$\overline{ad} = \overline{ab} + \overline{bd} = \overline{ab} + \overline{ac}$$

或 $R\sin\gamma = P\sin\alpha + Q\sin\beta$

將上式兩邊各乘以 $\overline{AO}$ 的長度，得

$$R(\overline{AO}\sin\gamma) = P(\overline{AO}\sin\alpha) + Q(\overline{AO}\sin\beta)$$

即 $Rr = Pp + Qq$

上式表示 **R** 對 A 點的力矩等於其分力 **P** 及 **Q** 對 A 點的力矩和。力矩原理不只限於二個分力的情形，二個以上的分力仍可適用，因可將數個分力合成只有二個分力的情形，用上面同樣的過程便可證明。

有時在求一力所生的力矩，力臂不易求得，此時可利用<u>萬律農定律</u>，將力分解為互相垂直的兩個分力，由分力的力矩和便可輕易求得。參考圖 3-8(a)中，欲求作用於 A 點的力 **F** 對 O 點的力矩，由於力臂 d 不易求得，因此將力 **F** 分解為直角分量 (F_x, F_y)，則 **F** 對 O 點的力矩為

$$M_O = F_y x_A - F_x y_A \,(取逆時針方向為正)$$

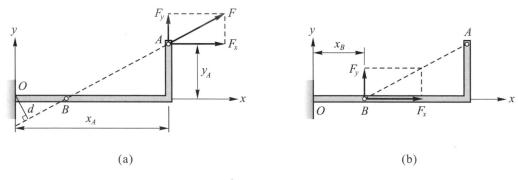

(a)   (b)

> 圖 3-8

力的可移性原理亦可用於計算一力所生的力矩，因力臂僅與力的作用線有關，與作用線上的點無關，故計算一力所生的力矩時，可將力沿其作用線任意移動，並不會影響所生的力矩。參考圖 3-8(b)中，計算力 $\mathbf{F}$ 對 O 點的力矩，可將 $\mathbf{F}$ 沿其作用線移動至 B 點，再分解爲直角分量，則力 $\mathbf{F}$ 對 O 點的力矩爲

$$M_O = F_y x_B \text{（取逆時針方向爲正）}$$

◆用向量求空間一力對一點的力矩

　　空間中一力 $\mathbf{F}$ 對任一點 O 所生的力矩 $\mathbf{M}_O$，由上述定義，力矩 $\mathbf{M}_O$ 的大小爲 Fd，其中 d 爲 $\mathbf{F}$ 至 O 點的垂直距離，而 $\mathbf{M}_O$ 的方向與 O 及 $\mathbf{F}$ 所決定的平面垂直，指向由右手定則決定。但空間中求 $\mathbf{F}$ 至 O 點的垂直距離甚爲不易且方向亦很難確定，因此空間中求一力對任一點所生的力矩以向量積的運算較爲方便。

　　參考圖 3-9(a)，$\mathbf{r}$ 爲 O 點至 $\mathbf{F}$ 作用線上任一點的位置向量，$\mathbf{r}$ 與 $\mathbf{F}$ 的向量積（$\mathbf{r} \times \mathbf{F}$）所得的向量，其幾何意義說明如下：
（$\mathbf{r} \times \mathbf{F}$）的大小爲 $|\mathbf{r} \times \mathbf{F}| = |\mathbf{r}||\mathbf{F}|\sin\alpha = F(r\sin\alpha) = Fd$，至於（$\mathbf{r} \times \mathbf{F}$）所得向量的方向，由 2-4 節中向量積的定義可知與力矩的方向相同，如圖 3-9(b)所示。故向量積（$\mathbf{r} \times \mathbf{F}$）所得的向量即爲 $\mathbf{F}$ 對 O 點所生的力矩 $\mathbf{M}_O$，因此

$$\mathbf{M}_O = \mathbf{r} \times \mathbf{F} \tag{3-16}$$

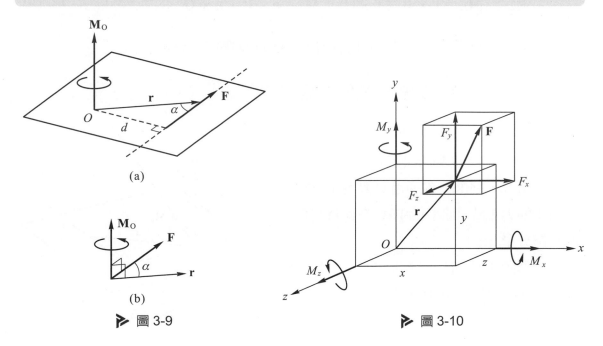

(a)

(b)

▶ 圖 3-9

▶ 圖 3-10

若將 **r** 與 **F** 以直角分量表示，即 **r** = x**i** + y**j** + z**k**，**F** = F_x**i** + F_y**j** + F_z**k**，如圖 3-10 所示，則

$$\mathbf{M}_O = \mathbf{r} \times \mathbf{F} = \begin{vmatrix} \mathbf{i} & \mathbf{j} & \mathbf{k} \\ x & y & z \\ F_x & F_y & F_z \end{vmatrix}$$

$$= (yF_z - zF_y)\,\mathbf{i} + (zF_x - xF_z)\,\mathbf{j} + (xF_y - yF_x)\,\mathbf{k} \qquad (3\text{-}17)$$

經仔細分析圖 3-10，$\mathbf{M}_O$ 的三個分量其意義就更加明顯。例如 $\mathbf{M}_O$ 的 **i** 方向分量為 F_y 及 F_z 對 x 軸的力矩和(F_x 與 x 軸平行，不生力矩)，亦即 $\mathbf{M}_O$ 的 **i** 方向分量為 **F** 對 x 軸的力矩 M_x，同理，$\mathbf{M}_O$ 的 **j** 方向及 **k** 方向分量分別為 **F** 對 y 軸及 z 軸的力矩，故

$$\mathbf{M}_O = \mathbf{r} \times \mathbf{F} = M_x\,\mathbf{i} + M_y\,\mathbf{j} + M_z\,\mathbf{k}$$

$$= (\mathbf{F} \text{ 對 } x \text{ 軸的力矩})\,\mathbf{i} + (\mathbf{F} \text{ 對 } y \text{ 軸的力矩})\,\mathbf{j} + (\mathbf{F} \text{ 對 } z \text{ 軸的力矩})\,\mathbf{k} \quad (3\text{-}18)$$

空間中求一力所生的力矩亦可使用力矩原理，此關係可用向量積的加法分配律獲得證明。設將力 **R** 分解為 **P**、**Q** 兩分力，及即 **R** = **P** + **Q**，則 **R** 對 O 點的力矩 $\mathbf{M}_O$ 為

$$\mathbf{M}_O = \mathbf{r} \times \mathbf{R} = \mathbf{r} \times (\mathbf{P} + \mathbf{Q}) = \mathbf{r} \times \mathbf{P} + \mathbf{r} \times \mathbf{Q} \qquad (3\text{-}19)$$

上式表示 **R** 對 O 點的力矩等於其兩分力 **P**、**Q** 對 O 點的力矩和。

◆用向量求空間一力對一軸的力矩

前面在求力 **F** 對 O 點的力矩時，力矩或轉軸總是與 **F** 及 O 點所決定的平面垂直，但在某些情況，欲求 **F** 對通過 O 點的某一特定軸所生的力矩時，則需用到 $\mathbf{M}_O$ 在此特定軸上的投影分量。

參考圖 3-11 所示，欲求空間中力 **F** 對特定軸 a-a 所生的力矩 M_a，需先求 **F** 對 a-a 軸上任一點 O 的力矩 $\mathbf{M}_O$，且 $\mathbf{M}_O = \mathbf{r} \times \mathbf{F}$，其中

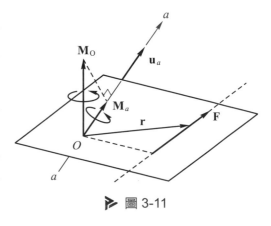

▷ 圖 3-11

r 為 $a\text{-}a$ 軸的 O 點至 $\mathbf{F}$ 作用線上任一點的位置向量。$\mathbf{M}_O$ 的方向與 $\mathbf{r}$ 及 $\mathbf{F}$ 所決定的平面垂直，如圖 3-11 所示，則 $\mathbf{M}_O$ 在 $a\text{-}a$ 軸上的投影分量，即為 $\mathbf{F}$ 對 $a\text{-}a$ 軸的力矩 $\mathbf{M}_a$，故

$$M_a = \mathbf{M}_O \cdot \mathbf{u}_a = (\mathbf{r} \times \mathbf{F}) \cdot \mathbf{u}_a \tag{3-20}$$

其中 $\mathbf{u}_a$ 為 $a\text{-}a$ 軸的單位向量。若以向量表示，則

$$\mathbf{M}_a = [(\mathbf{r} \times \mathbf{F}) \cdot \mathbf{u}_a]\, \mathbf{u}_a$$

若 $\mathbf{r}$、$\mathbf{F}$ 及 $\mathbf{u}_a$ 以直角分量表示，即 $\mathbf{r} = x\mathbf{i} + y\mathbf{j} + z\mathbf{k}$，$\mathbf{F} = F_x\mathbf{i} + F_y\mathbf{j} + F_z\mathbf{k}$，$\mathbf{u}_a = l\,\mathbf{i} + m\mathbf{j} + n\mathbf{k}$，其中 $(l，m，n)$ 為 $\mathbf{u}_a$ 的方向餘弦，且 $\sqrt{l^2 + m^2 + n^2} = 1$，則 M_a 可用行列式計算，即

$$M_a = (\mathbf{r} \times \mathbf{F}) \cdot \mathbf{u}_a = \begin{vmatrix} x & y & z \\ F_x & F_y & F_z \\ l & m & n \end{vmatrix} \tag{3-21}$$

充電站

力臂愈大愈能鎖緊螺栓

例題 3-9 ▶ 平面上一力對一點的力矩

試求圖中力 **F** 對 O 點的力矩。

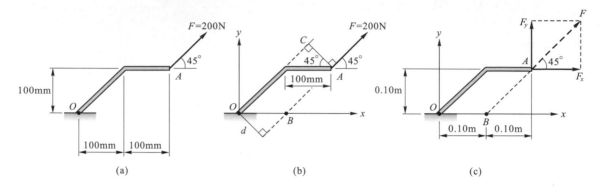

(a)   (b)   (c)

解 力矩的定義

由定義，**F** 對 O 點的力矩，等於 F 與 O 點至 **F** 垂直距離 d 的乘積，

即 $M_O = Fd$，參考(b)圖，其中力臂為 $d = 100\cos45° = 70.7$ mm $= 0.0707$ m，

故 $M_O = Fd = (200\ \text{N})(0.0707\ \text{m}) = 14.14$ N-m (逆時針方向)◀

【另解】

力矩原理

將 **F** 分解為 x 軸及 y 軸方向的分量$(F_x，F_y)$，如(c)圖所示，由力矩原理，

F 對 A 點的力矩等於其分量 F_x 及 F_y 對 A 點的力矩和。

設取逆時針方向為正，則

$M_O = F_y x_A - F_x y_A = (200\sin45°)(0.20)$

$\quad - (200\cos45°)(0.10) = 14.14$ N-m(逆時針方向) ◀

【另解】 力的可移性原理

將 **F** 沿其作用線移動至 B 點，再分解為直角分量$(F_x，F_y)$，

其中 F_x 通過 O 點不生力矩，故

$M_O = F_y x_B = (200\sin45°)(0.10) = 14.14$ N-m(逆時針方向)◀

例題 3-10 ── 空間一力對一點的力矩

圖中 $\mathbf{F} = 140$ N，試求 $\mathbf{F}$ 對 x、y、z 三軸以及 O 點的力矩。

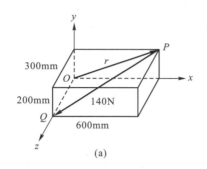

(a)

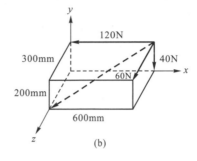

(b)

解 ▶ 向量分析法

取 O 點至 $\mathbf{F}$ 上 P 點的位置向量 $\mathbf{r}$，並將力 $\mathbf{F}$ 分解為直角分量

$\mathbf{r} = 0.6\,\mathbf{i} + 0.2\,\mathbf{j}$ m

$$\mathbf{F} = 140\left[\frac{-600\mathbf{i} - 200\mathbf{j} + 300\mathbf{k}}{\sqrt{(-600)^2 + (-200)^2 + 300^2}}\right] = -120\mathbf{i} - 40\mathbf{j} + 60\mathbf{k} \text{ N}$$

則 $\mathbf{F}$ 對 O 點的力矩為

$$\mathbf{M}_O = \mathbf{r} \times \mathbf{F} = \begin{vmatrix} \mathbf{i} & \mathbf{j} & \mathbf{k} \\ 0.6 & 0.2 & 0 \\ -120 & -40 & 60 \end{vmatrix} = 12\,\mathbf{i} - 36\,\mathbf{j} + 0\,\mathbf{k} \text{ N-m} ◀$$

$$M_O = |\mathbf{M}_O| = \sqrt{12^2 + (-36)^2 + (0)^2} = 37.9 \text{ N-m}$$

$\mathbf{F}$ 對 x、y、z 三軸的力矩等於 $\mathbf{M}_O$ 在該三軸的分量，即

$M_x = 12$ N-m　，　$M_y = -36$ N-m　，　$M_z = 0$ ◀

【另解】

純量分析法

將 $\mathbf{F}$ 分解為 x、y、z 三軸的分量，如(b)圖所示，三軸分量的大小分別為

$F_x = 120$ N，$F_y = 40$ N，$F_z = 60$ N。則 $\mathbf{F}$ 對任一軸的力矩，由力矩原理，

等於其三個分量對同一軸的力矩和。

$\mathbf{F}$ 對 x 軸的力矩，因 F_x 與 x 軸平行，無力矩產生。F_y 與 x 軸相交，

亦無力矩產生。F_z 與 x 軸的垂直距離為 0.2 m，則

$M_x = +(60)(0.2) = +12\ \text{N} \cdot \text{m}$◀

由右手定則確定 F_x 對 x 軸的力矩是朝$+x$ 方向。同理

$M_y = -(60)(0.6) = -36\ \text{N} \cdot \text{m}$(負號表示力矩朝$-y$ 軸方向)◀

$M_z = -(40)(0.6) + 120(0.2) = 0$◀

$\mathbf{F}$ 對原點 O 的力矩，由公式(3-18)

$\mathbf{M}_O = 12\ \mathbf{i} - 36\ \mathbf{j}\ \text{N-m}$◀

$M_O = |\mathbf{M}_O| = \sqrt{12^2 + (-36)^2 + (0)^2} = 37.9\ \text{N-m}$

【註】用向量法分析時，亦可取 O 至 Q 的位置向量 $\mathbf{r} = 0.3\ \mathbf{k}\ \text{m}$，再代入公式

$\mathbf{M}_O = \mathbf{r} \times \mathbf{F}$，所得結果相同，且計算過程較為簡單。

例題 3-11 ▶ 空間一力對一軸的力矩

圖中 $F = 270\ \text{N}$，試求 F 對 a-b 軸的力矩。

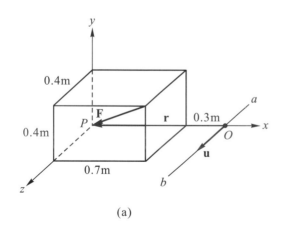

(a)

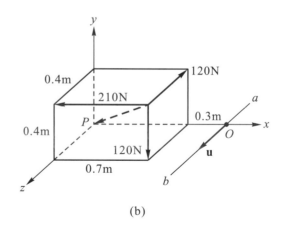

(b)

解 向量分析法

取 ab 軸上 O 點至 $\mathbf{F}$ 作用線上 P 點的位置向量 $\mathbf{r}$，得 $\mathbf{r} = -1.0\,\mathbf{i}$ m。

將 $\mathbf{F}$ 分解為直角分量

$$\mathbf{F} = 270\left[\frac{-0.7\mathbf{i} - 0.4\mathbf{j} - 0.4\mathbf{k}}{\sqrt{(-0.7)^2 + (-0.4)^2 + (-0.4)^2}}\right] = -210\,\mathbf{i} - 120\,\mathbf{j} - 120\,\mathbf{k} \text{ N}$$

$a\text{-}b$ 軸的單位向量 $\mathbf{u} = +\mathbf{k}$，如(a)圖所示，則 $\mathbf{F}$ 對 $a\text{-}b$ 軸的力矩，由公式(3-21)

$$M_{ab} = (\mathbf{r} \times \mathbf{F}) \cdot \mathbf{u} = \begin{vmatrix} -1.0 & 0 & 0 \\ -210 & -120 & -120 \\ 0 & 0 & 1 \end{vmatrix} = 120 \text{ N-m}$$

故 $\mathbf{M}_{ab} = M_{ab}\mathbf{u} = 120\,\mathbf{k}$ N-m◀

【另解】

純量分析法：力矩原理

將 $\mathbf{F}$ 分解直角分量，大小分別為 $F_x = 210$ N，$F_y = 120$ N，$F_z = 120$ N，
如(b)圖所示。

由力矩原理，$\mathbf{F}$ 對 $a\text{-}b$ 軸的力矩，等於其三個分力(F_x，F_y，F_z)對 $a\text{-}b$ 軸的力矩和。
其中 F_x 至 $a\text{-}b$ 軸的距離為 0.4 m，所生力矩方向為 a 至 b 方向(+$\mathbf{k}$ 方向)。F_y 至 $a\text{-}b$
軸的距離為 0.3 m，所生力矩方向亦為 a 至 b 方向。而 F_z 與 $a\text{-}b$ 軸
平行，無力矩產生。故

$$M_{ab} = (210)(0.4) + (120)(0.3) = 120 \text{ N-m}$$

$\mathbf{M}_{ab} = M_{ab}\mathbf{u} = 120\,\mathbf{k}$ N-m◀

例題 3-12 ── 空間一力對一軸的力矩 ──

圖中 $F = 1400$ N，試求 $\mathbf{F}$ 對(a)AB 軸，及(b)AC 軸的力矩。

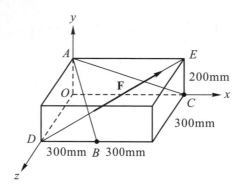

解 (a)將 $\mathbf{F}$ 以直角分量表示

$$\mathbf{F} = 1400 \left[\frac{0.6\mathbf{i} + 0.2\mathbf{j} - 0.3\mathbf{k}}{\sqrt{0.6^2 + 0.2^2 + (-0.3)^2}} \right] = (1200\ \mathbf{i} + 400\ \mathbf{j} - 600\ \mathbf{k})\ \text{N}$$

AB 方向的單位向量為

$$\mathbf{u}_{AB} = \frac{0.3\mathbf{i} - 0.2\mathbf{j} + 0.3\mathbf{k}}{\sqrt{0.3^2 + (-0.2)^2 + 0.3^2}} = \frac{1}{\sqrt{22}} (3\ \mathbf{i} - 2\ \mathbf{j} + 3\ \mathbf{k})$$

AB 軸上 A 點至 $\mathbf{F}$ 作用線上 E 點的位置向量 $\mathbf{r}_{AE} = (0.6\ \mathbf{i})$ m

則 $\mathbf{F}$ 對 AB 軸的力矩大小 M_{AB} 為

$$M_{AB} = (\mathbf{r}_{AE} \times \mathbf{F}) \cdot \mathbf{u}_{AB} = \begin{vmatrix} 0.6 & 0 & 0 \\ 1200 & 400 & -600 \\ \dfrac{3}{\sqrt{22}} & \dfrac{-2}{\sqrt{22}} & \dfrac{3}{\sqrt{22}} \end{vmatrix} = 0 \blacktriangleleft$$

即 $\mathbf{F}$ 恰與 AB 軸相交。

(b)AC 方向的單位向量為

$$\mathbf{u}_{AC} = \frac{0.6\mathbf{i} - 0.2\mathbf{j}}{\sqrt{0.6^2 + (-0.2)^2}} = \frac{1}{\sqrt{10}}(3\mathbf{i} - \mathbf{j})$$

AC 軸上 A 點至 $\mathbf{F}$ 作用線上 E 點的位置向量 $\mathbf{r}_{AE} = (0.6\,\mathbf{i})$ m

則 $\mathbf{F}$ 對 AC 軸的力矩大小 M_{AC} 為

$$M_{AC} = (\mathbf{r}_{AE} \times \mathbf{F}) \cdot \mathbf{u}_{AC} = \begin{vmatrix} 0.6 & 0 & 0 \\ 1200 & 400 & -600 \\ \dfrac{3}{\sqrt{10}} & \dfrac{-1}{\sqrt{10}} & 0 \end{vmatrix} = -\frac{360}{\sqrt{10}} \text{ N-m}$$

故 $\mathbf{M}_{AC} = M_{AC}\mathbf{u}_{AC} = \left(-\frac{360}{\sqrt{10}}\right)\left(\frac{3\mathbf{i} - \mathbf{j}}{\sqrt{10}}\right) = (-108\,\mathbf{i} + 36\,\mathbf{j})$ N-m ◄

觀念題

1. 在計算一力 $\mathbf{F}$ 對 O 點所生之力矩 $\mathbf{M}_O$ 時，可用向量積 $\mathbf{M}_O = \mathbf{r} \times \mathbf{F}$ 求得，其中向量 $\mathbf{r}$ 為何？

2. 作用於 A 點之力 $\mathbf{F}$，對 O 點所生之力矩 $\mathbf{M}_O$，若將 $\mathbf{F}$ 沿其作用線移至 B 點，對 O 點之力矩 $\mathbf{M}_O$ 是否會改變？

3. 空間中有一力 $\mathbf{F}$ 及一軸(a-a 軸)，軸之單位向量為 $\mathbf{n}$，則在下列三種情況下如何求得 $\mathbf{F}$ 對 a-a 軸之力矩？
   (1)$\mathbf{F}$ 與 a-a 軸相交，(2)$\mathbf{F}$ 與 a-a 軸平行，(3)$\mathbf{F}$ 與 a-a 軸不相交且不平行。

4. 平面上作用於 A 點之 $\mathbf{F}$ 可朝任意方向，則 $\mathbf{F}$ 對平面上另一點 O 之力矩在何種情況下可達最大值？

✏️ 習　題

3-17 圖(17)中 **F** 的水平分量為 360 N，試求(a)**F** 對 A 點力矩；(b)A 點至 **F** 的垂直距離。

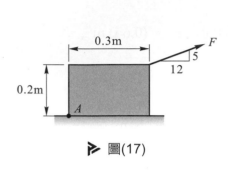

▷ 圖(17)

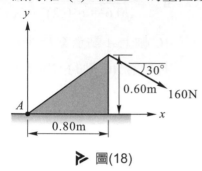

▷ 圖(18)

答 (a)270 N-m(cw)；(b)69.2 mm

3-18 (a)試求圖(18)中 160 N 的力對 A 點力矩，(b)160 N 的力與 y 軸交點坐標。

答 (a)147 N-m(cw)，(b)1.06 m

3-19 試求圖(19)中 130 N 的力對 O 點力矩

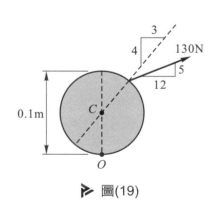

▷ 圖(19)

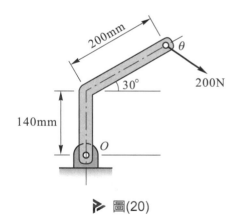

▷ 圖(20)

答 9.3 N-m(cw)

3-20 圖(20)中 200 N 的作用力對 O 點力矩為最大時，其角度 θ 應為若干？並求此最大力矩。

答 $\theta = 65.8°$；$M_{max} = 59.2$ N-m(cw)

3-21 試求圖(21)中三力對 O 點的力矩和。

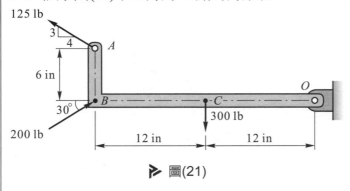

圖(21)

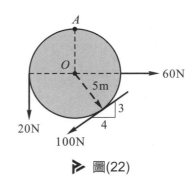

圖(22)

答 0

3-22 試求圖(22)中三力對 A 點的力矩和。

答 500 N-m(cw)

3-23 試求圖(23)中兩力(2.6 kN，9.1 kN)對 A 點的力矩和。

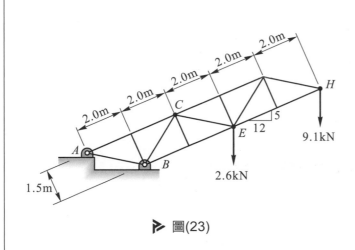

圖(23)

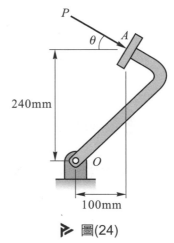

圖(24)

答 105.15 kN-m(cw)

3-24 圖(24)中所示為煞車踏板，已知力 **P** 對 O 點力矩為 104 N-m，試求使 **P** 為最小值的方向 θ，並求 P 的最小值。

答 $\theta = 22.6°$，$P_{\min} = 400$ N

3-25 圖(25)中 400 N 的力作用在控制桿把手上的 A 點,試求此力對 O 點的力矩大小。

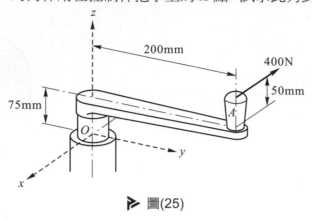

▶ 圖(25)

答 $M_O = 94.3$ N-m

3-26 試求圖(26)中 280 N 的力對 ab 軸的力矩。

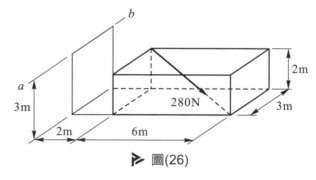

▶ 圖(26)

答 80 N-m,ba 方向

3-27 圖(27)中 $T = 1.2$ kN,試求 $\mathbf{T}$ 對 O 點的力矩大小。

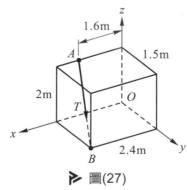

▶ 圖(27)

答 $M_O = 2.81$ kN-m

3-28 試求圖(28)中力 **F** 對 C 點的力矩大小。

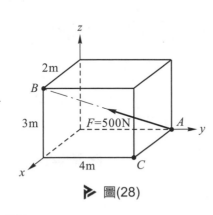

> 圖(28)

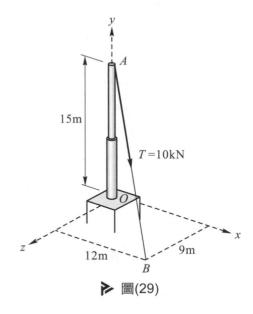

> 圖(29)

答 928.5 N-m

3-29 試求圖(29)中作用於 A 點的張力 **T** 對 z 軸力矩。

答 84.9 kN-m

3-30 圖(30)中 $F = 700$ N，試求 **F** 對 AB 軸的力矩(以直角分量表示)。

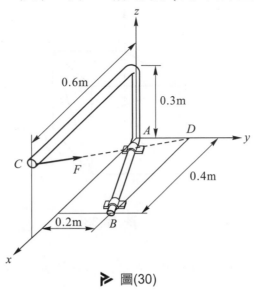

> 圖(30)

答 $\mathbf{M}_{AB} = -48.0\,\mathbf{i} - 24.0\,\mathbf{j}$ N-m

3-31 試求圖(31)中 110 N 的力對 AB 軸的力矩大小。

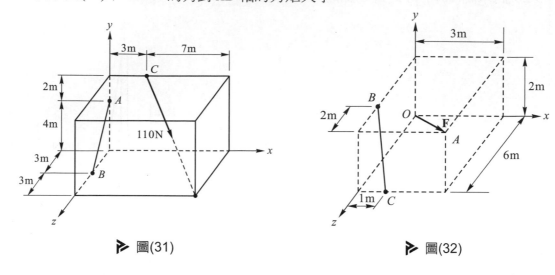

 圖(31)　　　　　　　　　　　　　　　 圖(32)

答 $M_{AB} = 48$ N-m

3-32 圖(32)中力 $\mathbf{F}$ 對 BC 軸的力矩大小為 300 N-m，試求力 $\mathbf{F}$ 的大小。

答 196.9 N

3-33 圖(33)中立方體的邊長為 a，試求力 $\mathbf{F}$ 對(a)A 點，(b)AB 軸，(c)AG 軸的力矩。

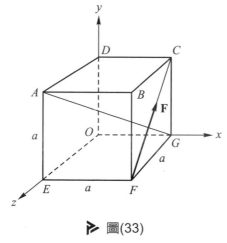

 圖(33)

答 (a) $(aF/\sqrt{2})(\mathbf{i} + \mathbf{j} + \mathbf{k})$，(b) $aF/\sqrt{2}$，(c) $aF/\sqrt{6}$

3-3 // 力偶與力偶矩

一組大小相等方向相反而作用線不同的兩平行力，稱為力偶（couple），如圖 3-12 所示，此兩力 **F** 及(**–F**)稱為力偶力，而兩力間的垂直距離 d 稱為力偶臂。顯然，此兩力的合力等於零，但對任一點的力矩和卻不等於零，故力偶作用於物體時，不能使物體改變移動運動狀態，唯有的外效應是使物體改變轉動運動狀態或使物體產生反力矩。

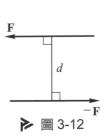

▶ 圖 3-12

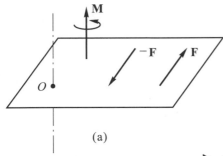

(a)

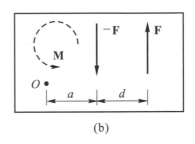

(b)

▶ 圖 3-13

充電站

兩手握方向盤反向施力形成一組力偶，即可轉動方向盤。

一組力偶對任一點所生的力矩，稱為該組力偶的力偶矩（couple moment），參考圖 3-13

$$M = F (a + d) - Fa = Fd \qquad (3-22)$$

故力偶矩的大小等於力偶力與力偶臂的乘積，而力偶矩的方向，與力矩的定義相同，即與力偶的作用面垂直，指向由右手定則決定，參考圖 3-13(a)所示。對於平面上的力偶，其力偶矩的方向以順時針或逆時針方向表示較為方便。

一力偶的力偶矩 $\mathbf{M}$，不因力矩中心點 O 的不同而改變，即力偶矩與 O 點的位置無關，故力偶矩為一自由向量。表示力偶矩向量 $\mathbf{M}$ 時，只要使 $\mathbf{M}$ 與力偶的作用面垂直即可，並以右手定則確定指向，而不必限定要通過力偶作用面上的某一點。

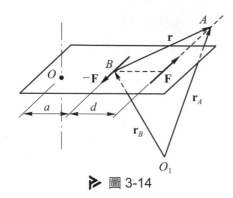

▷ 圖 3-14

一力偶的力偶矩，亦可用向量積計算，參考圖 3-14 所示，A、B 分別為兩力偶力上的任意點，兩點相對於任一點 O_1 的位置向量為 $\mathbf{r}_A$ 及 $\mathbf{r}_B$，則力偶對 O_1 點的力矩為

$$\mathbf{M} = \mathbf{r}_A \times \mathbf{F} + \mathbf{r}_B \times (-\mathbf{F}) = (\mathbf{r}_A - \mathbf{r}_B) \times F = \mathbf{r} \times \mathbf{F}$$

其中 $\mathbf{r}$ 為 $(-\mathbf{F})$ 上任一點 B 至 $\mathbf{F}$ 上任一點 A 的位置向量。則力偶矩 $\mathbf{M}$ 的大小為

$$\left|\mathbf{M}\right| = \left|\mathbf{r} \times \mathbf{F}\right| = \left|\mathbf{r}\right|\left|\mathbf{F}\right|\sin\theta = F(r\sin\theta)$$

其中 $r\sin\theta$ 為兩力偶力間的垂直距離 d，即 $r\sin\theta = d$，故

$$\left|\mathbf{M}\right| = M = Fd$$

因向量積 $\mathbf{r} \times \mathbf{F}$ 所得力矩 $\mathbf{M}$ 的方向與上述對力偶的定義相同，故一力偶的力偶矩可用向量積計算，即

$$\mathbf{M} = \mathbf{r} \times \mathbf{F} \tag{3-23}$$

力偶所生的外效應，視(1)力偶矩的大小，(2)力偶旋轉的指向，與(3)力偶作用面的方位而定，此三者稱為力偶的特性(characterastics)。互相平行的平面，方位相同。當兩力偶的力偶矩大小相等，旋轉的指向相同，且位於互相平行的平面上，則兩力偶所產生的外效應完全相同，稱為等值力偶(equivalent couple)，而將一力偶改為另一等值力偶，稱為力偶的變換(transformation)。

參考圖 3-15 所示，立方塊受到四個不同的力偶作用，但四個力偶所產生的力偶矩均相同，即此四個力偶為等值，且可互相交換。故任一力偶可在下列三種情況下，變換為另一等值的力偶，而不改變其所生的外效應；

(1) 力偶可在其作用面上任意移動或旋轉。

(2) 力偶可任意移至互相平行的另一平面上。

(3) 維持力偶矩的大小及方向不變，力偶力的大小及力偶臂可任意變更。

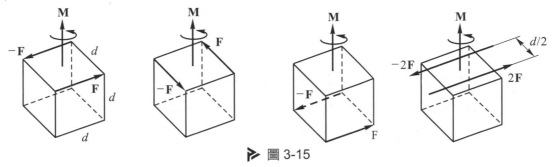

▶ 圖 3-15

◆分解一力為另一力及一力偶

力學中經常需要將一力移動至不在同一作用線上的另一點，而不改變此力對物體所生的外效應。

參考圖 3-16(a)所示，$\mathbf{F}$ 作用於平面上的 A 點，今在平面上的另一點 B 作用一組與 $\mathbf{F}$ 大小相等方向相反的共線力，如圖 3-16(b)所示。由於 B 點上的兩共線力互相抵銷，故不改變原來的外效應。但作用在 A 點的 $\mathbf{F}$ 與作用在 B 點的 $(-\mathbf{F})$ 形成一組力偶，如圖 3-16(c)所示，故作用於 A 點的單力 $\mathbf{F}$ 可分解為作用於 B 點之另一單力 $\mathbf{F}$ 及一力偶，此力偶的力偶矩等於原作用於 A 點的單力 $\mathbf{F}$ 對 B 點的力矩，而分解後的另一單力與原單力的大小相等方向相同但作用線不同。亦即作用於 A 點的力 $\mathbf{F}$ 移至 B 點時，會產生一力偶，此力偶的力偶矩等於 A 點的力 $\mathbf{F}$ 對 B 點的力矩。

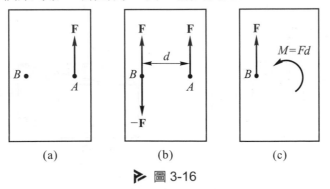

▶ 圖 3-16

上面的敘述可舉一例說明之：參考圖 3-17，若用手握持一水平放置的桿子，設桿重不計，當一力 **F** 垂直向下作用於桿端時，此力將在握持端產生兩種效應，即握持端受有向下的作用力及順時針方向的力矩，此力矩可視為將 **F** 移至握持端時所生的力偶矩，且力偶矩等於 **F** 對握持端的力矩。

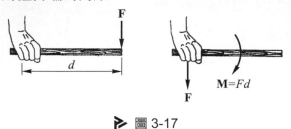

> 圖 3-17

一力及一力偶亦可循相反的過程合成為另一單力，但此力必須與力偶的作用面平行，或與力偶的力偶矩向量垂直。通常將一力及一力偶合成的目的是將此力的作用線移至另一平行的位置，而力的大小及方向保持不變。

例題 3-13 力偶的合成

將圖中兩力偶($M_1 = 200\ N \times 0.4\ m$ 及 $M_2 = 300\ N \times 0.2\ m$)以一等值的力偶取代之(即求兩力偶的合成)。

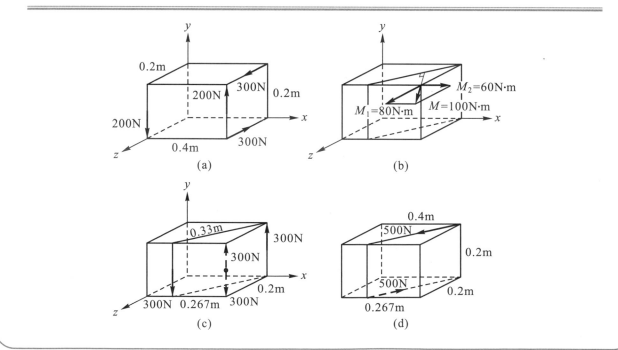

兩力偶的力偶矩為

$M_1 = (200)(0.4)\, \mathbf{k} = 80\, \mathbf{k}$ N-m，$M_2 = (300)(0.2)\, \mathbf{i} = 60\, \mathbf{i}$ N-m

力偶矩為向量，可用平行四邊定律求合力偶矩，如(b)圖所示，則

$\mathbf{M} = \mathbf{M}_1 + \mathbf{M}_2 = 60\, \mathbf{i} + 80\, \mathbf{k}$ N-m，$|\mathbf{M}| = \sqrt{60^2 + 80^2} = 100$ N-m

此合力偶矩 $\mathbf{M}$ 亦可用一組力偶表示，參考(c)圖所示，設力偶力為 300 N，

則力偶臂為 $d = \dfrac{M}{F} = \dfrac{100}{300} = 0.333$ m

若等值力偶的力偶臂為 0.2 m，則力偶力為 500 N，如(d)圖所示。

註：(c)圖中將力偶 M_1(200 N × 0.4m)的力偶力變換為 300 N，則變換後之力偶臂

d_1' 為 $d_1' = \dfrac{200 \times 0.4}{300} = 0.267$ m，因此 $d = \sqrt{0.267^2 + 0.2^2} = 0.333$ m

---

例題 3-14　平面上一力分為另一力及一力偶

圖中的樑在 A 點承受 200 N 的水平力 $\mathbf{F}$，試將此力以作用在 B 點的等效單力及力偶取代。

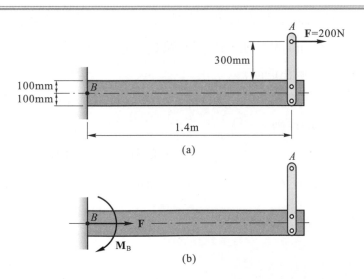

(a)

(b)

A 點的力 $\mathbf{F}$ 在 B 點的等效力系為一單力及一力偶，此單力的大小及方向與 $\mathbf{F}$ 相同(但作用點不同)，而力偶的力偶矩等於 A 點的力 $\mathbf{F}$ 對 B 點的力矩，即

$\mathbf{F} = 200$ N($\rightarrow$)，$\mathbf{M}_B = (200\ \text{N})(0.4\ \text{m}) = 80$ N-m (順時針方向)◀

例題 3-15 ▶ 平面上一力及一力偶合成為另一單力

將(a)圖中的力系以一等效的單力取代。

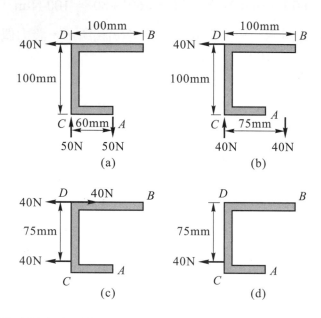

解 ▶ 本題的觀念是根據同平面的力及一力偶可合成為另一作用線上的單力。

首先將 50 N × 60 mm 的力偶,維持力偶矩不變,改變其力偶力與力偶臂為 40 N × 75 mm,如圖(b)所示。

將改變後的等值力偶變換至(c)圖所示的位置,使其中的一個力偶力與原作用在 D 點的單力互相抵銷。

用在 D 點的兩力互相抵銷後,僅餘 40 N 的作用力在 D 點下方 75 mm 處,其大小及方向與原在 D 點的單力相同,如(d)圖所示。

【另解】

由於原力系(同平面的一力及一力偶)與合成後的單力有相同的外效應，
即合力及合力矩相等。

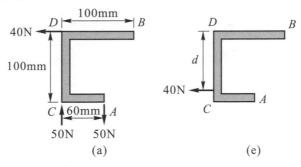

由合力相等可判斷合成後的單力爲 40 N(向左)。

因原力系對 D 點的力矩朝順時針方向，由合力矩相等可判斷合成後之單力在
D 點下方，且與 D 點的距離 d 爲

$$d = \frac{M_D}{F} = \frac{50 \times 60}{40} = 75 \text{ mm}$$

✏️ 觀念題

1. 一組力偶對物體所生之外效應決定於此力偶所生之力偶矩，此力偶矩爲固定向量
   或滑動向量或自由向量？

2. 有三組力偶之力偶力、力偶臂及力偶作用面都不相同，但力偶矩相同，則此三組
   力偶對物體所生之外效應是否相同。

3. 下列有關對力偶的處理，何者不會改變力偶所生之外效應？

 (1) 將力偶在其作用面上任意移動

 (2) 將力偶在其作用面上任意移動並旋轉

 (3) 將力偶移至任意平面上

 (4) 任意改變力偶力的大小及力偶臂

3-34 試求圖(34)中所示力偶的力偶矩。

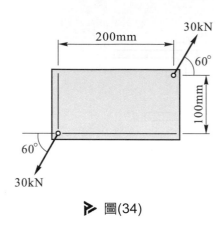

▶ 圖(34)

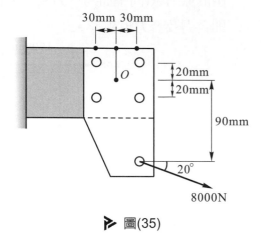

▶ 圖(35)

答 3.696 kN-m (ccw)

3-35 將圖(35)中 8000 N 的力以作用在 O 點的力 **F** 及力偶矩 M_O 取代。

答 **F** = 8000 N，M_O = 594.5 N-m (ccw)

3-36 將圖(36)中力偶(400 N × 0.2 m)以作用於(a)A、B 兩點，(b)D、E 兩點的等值力偶取代，並使力偶力爲最小。

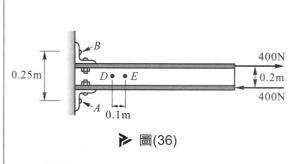

▶ 圖(36)

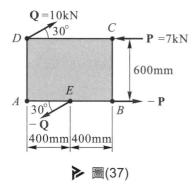

▶ 圖(37)

答 (a) 320 N，(b) 800 N

3-37 圖(37)中平板承受兩組力偶作用，(a)試求兩力偶的合力偶矩，(b)將此兩組力偶以作用於 A、C 兩點的等值力偶取代，並使力偶力爲最小。

答 (a) 3.0 kN-m(cw)，(b) F = 3.0 kN

3-38 圖(38)中單力(300 N)及力偶(37.5 N-m)以作用於 B 點的等效單力取代，則距離 x 應爲若干？

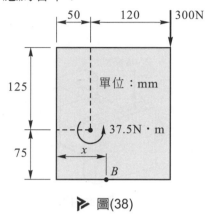

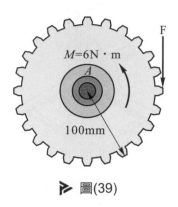

▷ 圖(38)

▷ 圖(39)

答 45 mm

3-39 圖(39)中的力 F 及力偶 M = 6 kN-m 可用作用於 A 點的單力取代，試求力 F 的大小。

答 F = 60 N

3-40 將圖(40)中的力(4kN)及力偶(2 kN × 300 mm)以一等效的單力取代。

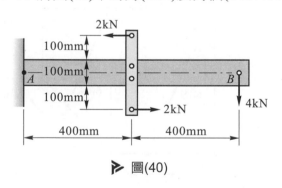

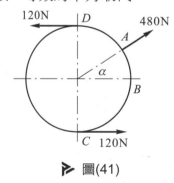

▷ 圖(40)

▷ 圖(41)

答 F = 4 kN(↓)在 B 點左側 150 mm

3-41 圖(41)中直徑爲 200 mm 的圓盤，受一力(480 N)及一力偶(120 N × 200 mm)作用。若欲用大小同樣爲 480 N 且通過 B 點的等效單力取代，則角度 α 應爲若干？

答 30°

3-42 圖(42)中三個力偶可用一等效的力偶取代，試求此等效力偶的力偶矩大小。

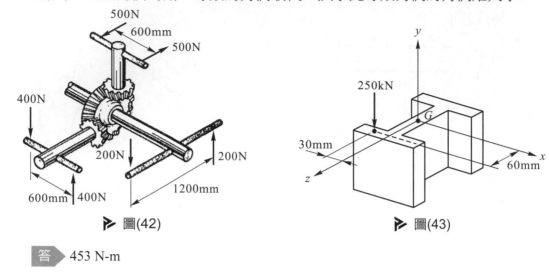

圖(42)

圖(43)

答 453 N-m

3-43 將圖(43)中 250 kN 的力以作用於 G 點的等效力 F 及力偶 M 取代。

答 $\mathbf{F} = -250\,\mathbf{j}$ kN，$\mathbf{M} = 15\,\mathbf{i} + 7.5\,\mathbf{k}$ kN-m

3-44 將圖(44)中兩力偶用一等效的力偶取代，試求此等效力偶的力偶矩大小。

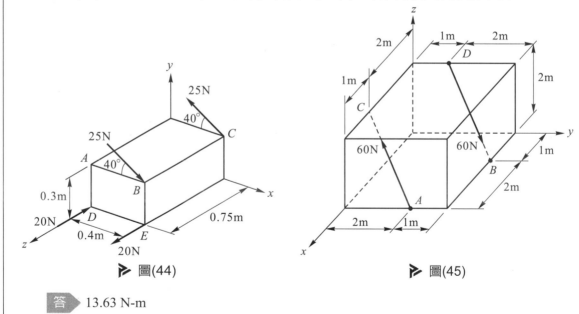

圖(44)

圖(45)

答 13.63 N-m

3-45 試求圖(45)中所示力偶的力偶矩(以直角分量表示)。

答 $(-40\,\mathbf{i} - 80\,\mathbf{j} - 100\,\mathbf{k})$ N-m

3-4 // 平面力系的合成

　　兩個或兩個以上的力同時作用於物體時，這些作用力稱為力系(force system)。兩個不相同的力系，分別作用在同一物體上，若所產生的外效應相同，則此兩力系稱為等值力系(cquivalent force system)。若兩力系欲產生相同的外效應，則必須滿足下列兩個條件：

(1)　兩力系的合力必須相等，即兩力系使物體有相同的平移運動。

(2)　兩力系對同一點的力矩和必須相等，即兩力系使物體繞該點有相同的轉動效應。

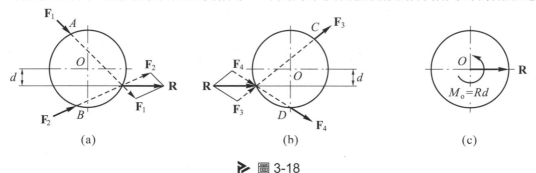

(a)　　　　　　　　　　(b)　　　　　　　　　　(c)

▷ 圖 3-18

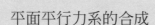充電站

平面平行力系的合成

　　一力系包含有很多力，等值力系並不需要每個力都對應相等，只要兩力系的合力及合力矩相等即可。參考圖 3-18 所示，作用在圓盤上 A、B 兩點的力系 $\mathbf{F}_1$ 及 $\mathbf{F}_2$，與作用在 C、D 兩點的力系 $\mathbf{F}_3$ 及 $\mathbf{F}_4$，兩力系的合力都等於 $\mathbf{R}$，且對 O 點有相等的力矩，$M_O = Rd$，雖然兩力系中的各力並不相同，但所生的外效應相同，故力系($\mathbf{F}_1$、$\mathbf{F}_2$)及力系($\mathbf{F}_3$、$\mathbf{F}_4$)兩者為等值力系。

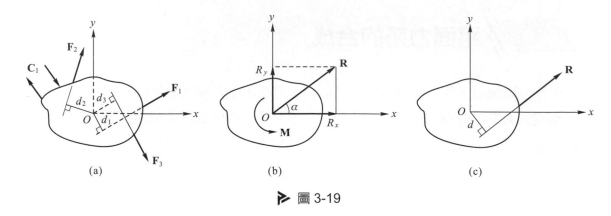

(a)　　　　　　　　　(b)　　　　　　　　　(c)

▶ 圖 3-19

　　一力系的合成(resultant)為該力系最簡單的等值力系。平面上任何一個複雜的力系，如圖 3-19(a)所示，若欲求此力系(共面的 F_i 與 C_i)的合成，須將所有的力與力偶移至參考點 O，任一力 F_i 移至 O 點時，在 O 點得到一等值的單力 F_i (大小方向與原 F_i 相同但作用點為 O)及力偶 M_i (力偶矩為 $F_i d_i$，d_i 為 F_i 與 O 點的垂直距離)，而力偶 C_i 可在其作用面上任意移動或轉動(力偶矩 C_i 保持不變)，故可在 O 點得到與原力系等值的合力 R 及合力偶矩 M，如圖 3-19(b)所示，且

$$R = R_x \mathbf{i} + R_y \mathbf{j} \tag{3-24}$$

充電站

共點力系的合成

R_x 與 R_y 為力系中的各力在 x 及 y 方向的分量和，即

$$R_x = \sum F_{ix} = F_{1x} + F_{2x} + F_{3x} + \cdots\cdots$$

$$R_y = \sum F_{iy} = F_{1y} + F_{2y} + F_{3y} + \cdots\cdots \tag{3-25}$$

其中 F_{1x} 及 F_{1y} 為 $\mathbf{F}_1$ 在 x 及 y 方向的分量。

$$\mathbf{M} = (\sum M_O)\,\mathbf{k} = [\sum (F_i d_i) + \sum C_i\,]\,\mathbf{k}$$

$$= [(F_1 d_1 + F_2 d_2 + F_3 d_3 + \cdots\cdots) + (C_1 + C_2 + \cdots\cdots)]\,\mathbf{k} \tag{3-26}$$

其中 d_1、d_2、d_3、$\cdots\cdots$為力系中的各力至參考點 O 的垂直距離。$\mathbf{M}$ 為共面力系中各力及力偶對 O 點的力矩和。

因 $\mathbf{R}$ 及 $\mathbf{M}$ 均有可能等於零或不等於零，故力系的合成有下列幾種可能情形：

(1) $\mathbf{R} = 0$，且 $\mathbf{M} = 0$，則力系的合成為零，即力系在平衡狀態。作用在物體上的力系不會改變物體的運動狀態時，稱此力系為平衡力系。平衡力系的合力及合力矩都等於零，故所有的平衡力系彼此均互為等值力系。

(2) $\mathbf{R} = 0$，$\mathbf{M} \neq 0$，則力系的合成為一力偶，其力偶矩為原力系對平面上任一點的力矩和，即

$$\mathbf{M} = [\sum (F_i d_i) + \sum C_i\,]\,\mathbf{k}$$

(3) $\mathbf{R} \neq 0$，但 $\mathbf{M} = 0$，力系的合成為通過 O 點的單力 $\mathbf{R}$，合力的大小為

$$R = \sqrt{R_x^2 + R_y^2} \tag{3-27}$$

合力的方向由 $\mathbf{R}$ 與 x 軸正方向的夾角 α 表示，如圖 3-19(b)所示

$$\alpha = \tan^{-1} \frac{R_y}{R_x} \tag{3-28}$$

(4) $\mathbf{R} \neq 0$，且 $\mathbf{M} \neq 0$，則力系的合成為一單力及一力偶，但同平面的單力及力偶可合成為另一作用線上的單力，如圖 3-19(c)所示。故 $\mathbf{R} \neq 0$ 且 $\mathbf{M} \neq 0$ 時，力系的最簡單合成為一單力，其大小及方向同樣由公式(3-27)及(3-28)求得，但其作用線不通過 O 點，而在距離 O 點為 d 處的位置。由力矩原理

$$Rd = \sum M_O = \sum (F_i d_i) + \sum C_i$$

$$= (F_1 d_1 + F_2 d_2 + F_3 d_3) + (C_1 + C_2 + \cdots\cdots) \tag{3-29}$$

$$d = \frac{\sum M_O}{R} = \frac{\sum (F_i d_i) + \sum C_i}{R} \tag{3-30}$$

因此，對於平面上非共點非平行力系，其最簡單的等值力系可能為(1)一特定作用線上的單力，(2)力偶，或(3)零，三種情形。

　　對於平面上的平行力系，其合成的方法與上述相同，將所有的力與力偶移至參考點 O，設所有的力與 y 軸平行，則可在 O 點得到與原力系等值的合力 $\mathbf{R} = \mathbf{R}_y = (\sum F_{iy})\mathbf{j}$ 及合力偶矩 $\mathbf{M} = (\sum M_O)\mathbf{k}$，同樣 $\mathbf{R}$ 及 $\mathbf{M}$ 均有可能等於零或不等於零，故力系的合成有三種可能情形，即(1)一特定作用線上的單力，(2)力偶，或(3)零。

　　至於平面上的共點力系，其合成的方法與 3-1 節相同，$\mathbf{R} = (\sum F_{ix})\mathbf{i} + (\sum F_{iy})\mathbf{j}$，$\mathbf{R}$ 有可能等於零或不等於零，故力系的合成有二種可能情形，即(1)通過力系共點的單力，或(2)零。

例題 3-16　平面力系的合成

試求圖中平面力系的合成。(圖中每格寬度爲 1m)

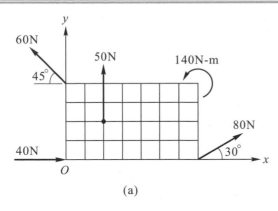

(a)

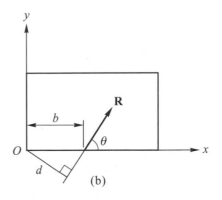

(b)

解▶ 將力系移至 O 點，在 O 點可得與原力系等值的單力 $\mathbf{R}$ 及力偶矩 $\mathbf{M}$，

其中 $\mathbf{R}$ 爲力系的合力，而 $\mathbf{M}$ 爲力系對 O 點的力矩和。

力系的合力

$R_x = 80 \cos30° + 40 - 60 \cos45° = 66.9 \text{ N}$

$R_y = 80 \sin30° + 50 + 60 \sin45° = 132.4 \text{ N}$

合力的大小 R 及方向 θ(與 x 方向夾角)爲

$R = \sqrt{R_x^2 + R_y^2} = \sqrt{66.9^2 + 132.4^2} = 148.3 \text{ N}◀$

$\tan\theta = \dfrac{R_y}{R_x} = \dfrac{132.4}{66.9}$ ，$\theta = 63.2°◀$

力系對 O 點的力矩和

$M = \Sigma M_O = 60\cos45°(4) + 50(2) + 80\sin30°(7) + 140 = 689.6 \text{ N-m}$(逆時針方向)

由力矩原理：$Rd = \Sigma M_O$，因 $\mathbf{R}$ 朝向右上方，對 O 點的力矩等於 M，且朝逆

時針方向，故 $\mathbf{R}$ 應在 O 點的右側，如(b)圖所示，與 O 點的距離 d 爲

$d = \dfrac{M}{R} = \dfrac{689.6}{148.3} = 4.65 \text{ m}◀$

因此，力系的合成爲一單力，大小爲 $R = 148.3 \text{ N}$，方向與 +x 方向的夾角爲

$\theta = 63.2°$，作用線在 O 點右側與 O 點的垂直距離爲 4.65 m。

註：合力作用線的位置，亦可用 R 與 x 軸的交點表示，參考(b)圖所示，由力矩原理

$R_y b = \Sigma M_O = M$ ，　$b = \dfrac{M}{R_y} = \dfrac{689.6}{132.4} = 5.21 \text{ m}◀$

例題 3-17 平面上平行力系的合成

試求圖中所示四個共面平行力的合成。

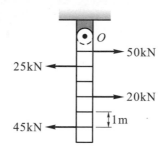

解 將力系中的各力移至 O 點，得原力系在 O 點的等值單力 **R** 及力偶矩 **M** 為

$R = \Sigma F = 50 - 25 + 20 - 45 = 0$

$M = \Sigma M_O = 45(6) - 20(4) + 25(2) - 50(1) = 190$ kN-m (順時針方向) ◀

因 $R = 0$，$M \neq 0$，故力系的合成為一力偶，

其力偶矩為 190 kN-m(順時針方向)。

✏️ 觀念題

1. 平面共點力系的合成可能為下列哪些情形？

 (1) 一單力及一力偶

 (2) 一單力

 (3) 一力偶

 (4) 零(平衡狀態)

2. 平面上有共點之三力(相交於 O 點)及一力偶，A 為平面上除 O 點外之任一點，則此力系在 A 點合成後可能為下列哪些情形？

 (1) 一單力及一力偶

 (2) 一單力

 (3) 一力偶

3. 平面上有一組平行力系，A、B 為此平面上不同之兩點，若此平行力系之合成為一力偶，則此平行力系對 A 點及 B 點之力矩 $\mathbf{M}_A$ 及 $\mathbf{M}_B$ 有何關係？

習 題

3-46 圖(46)中扳鉗承受 200 N 及 P 兩力作用，若此兩力在 O 點的等效單力及力偶分別為 **R** 及 **M**，已知 **M** = 20 N-m (逆時針方向)，試求 P 及 R，以及兩力的合力至 O 點的垂直距離。

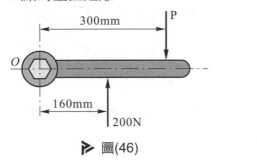

▶ 圖(46)

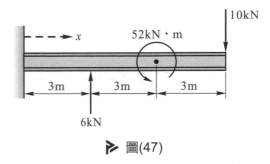

▶ 圖(47)

答 P = 40 N，R = 160 N，x = 125 mm

3-47 試求圖(47)中共面平行力系的合力及其作用線的位置。

答 R = 4 kN，$\bar{x}$ = 5 m

3-48 試求圖(48)中平行力系的合成。

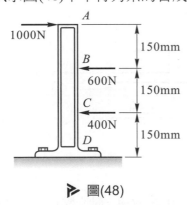

▶ 圖(48)

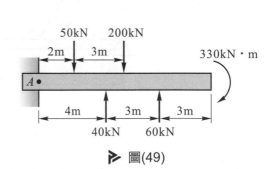

▶ 圖(49)

答 M = 210 N-m (順時針方向)

3-49 試求圖(49)中平行力系的合成。

答 R = 150 kN(↓)，A 點右方 5.67 m

3-50 試求圖(50)中平面力系的合力與 y 軸交點的位置。

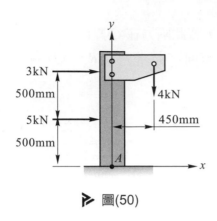

圖(50)

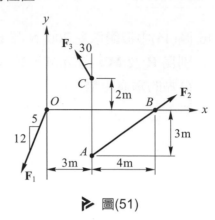

圖(51)

答 $y = 0.913$ m

3-51 圖(51)中所示的共面力系，$F_1 = 130$ kN，$F_2 = 200$ kN，$F_3 = 100$ kN，試求此力系的合力大小，並求合力作用線與 O 點的距離。

答 $R = 105.4$ kN，$d = 11.39$ m

3-52 圖(52)中 AE 樑承受共面力系作用，試求此力系合力的大小、方向及位置。

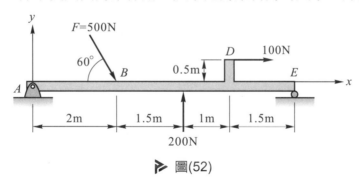

圖(52)

答 $R = 420.5$ N，$\alpha = 33.7°$(與樑之夾角)，$x = 0.93$ m(與 x 軸交點)

3-53 圖(53)中共面三力的合力作用線通過支點 O，試求 $\mathbf{F}$ 的大小。

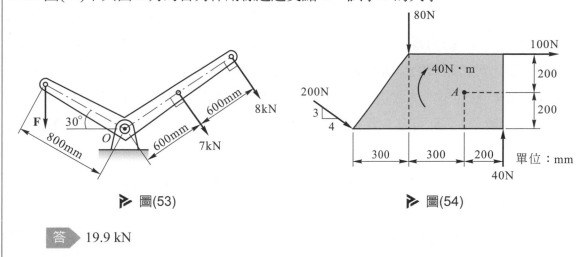

▷ 圖(53)

▷ 圖(54)

答 19.9 kN

3-54 試求圖(54)中共面力系合力的作用線與 A 點的垂直距離。

答 0.249 m

3-55 圖(55)中共面力系的合成為一力偶，其力偶矩為 500 lb-in(逆時針方向)，試求 P、Q 兩力的大小及力偶矩 C。

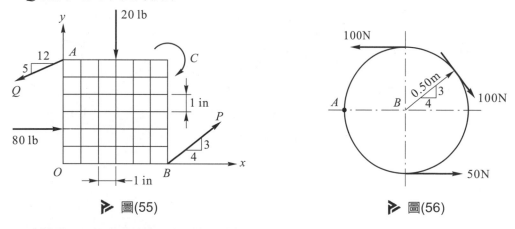

▷ 圖(55)

▷ 圖(56)

答 $P = 200$ lb，$Q = 260$ lb，$C = 1440$ lb-in

3-56 圖(56)中所示的三力及通過 B 點的第四力 F_4(大小及方向未知)，已知四力的合力垂直通過 A 點，試求 F_4 及合力 R 的大小。

答 $F_4 = 31.6$ N，$R = 50$ N

3-5 // 空間力系的合成

空間中的一組力系(非共點亦非平行)，如圖 3-20(a)所示，欲求其合成後的最簡單等值力系，可將所有的作用力 $\mathbf{F}_i$ 及力偶矩 $\mathbf{C}_i$ 移至參考點 O，任一力 $\mathbf{F}_i$ 移至 O 點可形成作用於 O 點的單力 $\mathbf{F}_i$ 及力偶矩 $\mathbf{M}_i$，而力偶矩 $\mathbf{C}_i$ 為自由向量，可直接移至 O 點，如圖 3-20(b)所示，因此可在 O 點得到一組與原力系等值的合力 $\mathbf{R}$ 及合力偶矩 $\mathbf{M}_O$，如圖 3-20(c)所示。且

$$\mathbf{R} = R_x \mathbf{i} + R_y \mathbf{j} + R_z \mathbf{k} = \sum \mathbf{F}_i = \left(\sum F_{ix}\right) \mathbf{i} + \left(\sum F_{iy}\right) \mathbf{j} + \left(\sum F_{iz}\right) \mathbf{k} \tag{3-31}$$

$$R = \sqrt{R_x^2 + R_y^2 + R_z^2} \tag{3-32}$$

$$\cos\theta_x = \frac{R_x}{R} \quad , \quad \cos\theta_y = \frac{R_y}{R} \quad , \quad \cos\theta_z = \frac{R_z}{R} \tag{3-33}$$

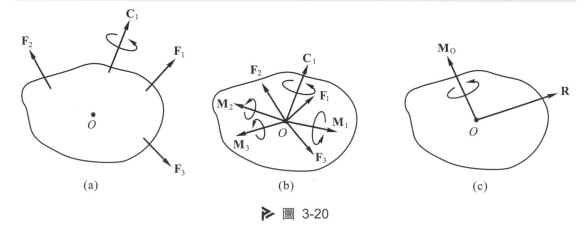

(a) (b) (c)

▷ 圖 3-20

⚡充電站

空間力系的合成

其中 θ_x、θ_y、θ_z 為合力 $\mathbf{R}$ 與直角坐標系中 x、y、z 三軸的夾角。

$$\mathbf{M}_O = M_x\,\mathbf{i} + M_y\,\mathbf{j} + M_z\,\mathbf{k} = \sum\mathbf{M}_i + \sum\mathbf{C}_i = \sum(\,\mathbf{r}_i \times \mathbf{F}_i\,) + \sum\mathbf{C}_i$$

$$= (\,\sum M_{ix}\,)\,\mathbf{i} + (\sum M_{iy})\,\mathbf{j} + (\sum M_{iz})\,\mathbf{k} \tag{3-34}$$

$\mathbf{M}_i$ 為任一力 $\mathbf{F}_i$ 移至 O 點所生的力矩，且 $\mathbf{M}_i = \mathbf{r}_i \times \mathbf{F}_i$，其中 $\mathbf{r}_i$ 為 O 點至 $\mathbf{F}_i$ 上任一點的位置向量。至於 $\sum M_{ix}$、$\sum M_{iy}$、$\sum M_{iz}$ 分別為力系對 x、y、z 軸的力矩和。

$$M_O = \sqrt{M_x^2 + M_y^2 + M_z^2}$$

$$= \sqrt{\left(\sum M_{ix}\right)^2 + \left(\sum M_{iy}\right)^2 + \left(\sum M_{iz}\right)^2} \tag{3-35}$$

$$\cos\theta_x' = \frac{M_x}{M}\;,\quad \cos\theta_y' = \frac{M_y}{M}\;,\quad \cos\theta_z' = \frac{M_z}{M} \tag{3-36}$$

其中 θ_x'、θ_y'、θ_z' 為力偶矩 $\mathbf{M}_O$ 與直角坐標中 x、y、z 三軸的夾角。

因 $\mathbf{R}$ 及 $\mathbf{M}_O$ 都有可能等於零或不等於零，故空間力系合成後的最簡單值力系有四種可能情形：

(1) $\mathbf{R} = 0$，且 $\mathbf{M}_O = 0$，力系的合成為零，即力系在平衡狀態。

(2) $\mathbf{R} = 0$，且 $\mathbf{M}_O \neq 0$，力系的合成為一力偶矩 $\mathbf{M}_O$。

(3) $\mathbf{R} \neq 0$，且 $\mathbf{M}_O = 0$，力系的合成為通過 O 點的單力。

(4) $\mathbf{R} \neq 0$，且 $\mathbf{M}_O \neq 0$，力系的合成為單力 $\mathbf{R}$ 及力偶矩 $\mathbf{M}_O$，但 $\mathbf{R}$ 與 $\mathbf{M}_O$ 不能互相垂直，因 $\mathbf{R}$ 與 $\mathbf{M}_O$ 垂直時，兩者可再合成為另一特定作用線上的單力。

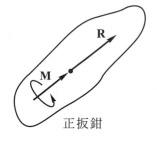
正扳鉗

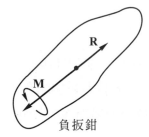
負扳鉗

▷ 圖 3-21

◆扳 鉗

扳鉗為一組共線的單力 **R** 及力偶矩 **M**,此力系可使物體繞該直線轉動並沿該直線的方向移動,若 **R** 與 **M** 方向相同,稱為正扳鉗,方向相反則稱為負扳鉗,如圖 3-21 所示。

當力系的合成為單力 **R** 及力偶矩 **M**(**R** 與 **M** 不互相垂直)時,可再簡化為扳鉗力系。參考圖 3-22,首先將 **M** 分解為互相垂直的兩個分向量,其中 **M₁** 與 **R** 平行,而 **M₂** 與 **R** 垂直,如圖 3-22(b)所示。**R** 與 **M₂** 互相垂直,可合成為另一作用線上的單力 **R**,如圖 2-22(c)所示;而力偶矩 **M₁** 為自由向量且與 **R** 平行,可移至 **R** 的作用線上,而最後形成如圖 3-22(d)所示的扳鉗力系。

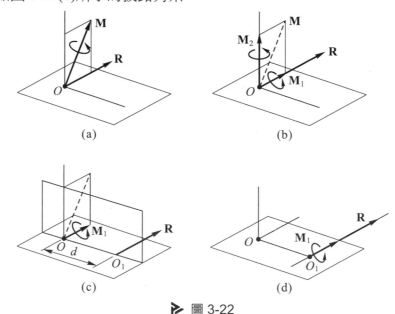

(a)　　　　　　　　　　　　(b)

(c)　　　　　　　　　　　　(d)

▶ 圖 3-22

◆空間平行力系的合成

圖 3-23(a)中所示為與 y 軸平行的空間力系,其中 **C** 為力偶,其作用面與 y 軸平行。今欲求此力系的合成,先將力系中的各力及力偶移至坐標原點 O,而在 O 點得到與原力系等值的合力 **R** 及合力偶矩 $\mathbf{M}_O$,如圖 3-23(b)所示,則

$$\mathbf{R} = \Sigma\mathbf{F}_y = \mathbf{F}_1 + \mathbf{F}_2 + \mathbf{F}_3 + \cdots\cdots = (\,F_1 + F_2 + F_3 + \cdots\cdots\,)\,\mathbf{j} \tag{3-37}$$

$$\mathbf{M}_O = (\Sigma M_x)\,\mathbf{i} + (\Sigma M_z)\,\mathbf{k} \tag{3-38}$$

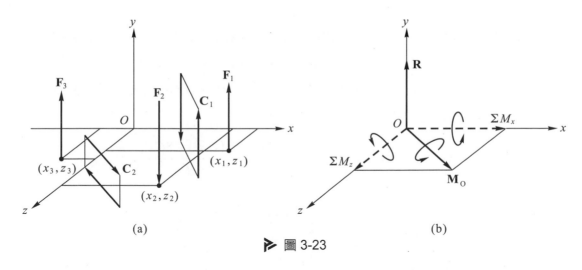

(a)   (b)

> 圖 3-23

$\mathbf{M}_O$ 為力系對 O 點的力矩和，ΣM_x 與 ΣM_z 為力系對 x 軸與 z 軸的力矩和，且

$$\Sigma M_x = \Sigma\,(\,F_i z_i\,) + \Sigma C_{ix}$$

$$= (\,F_1 z_1 + F_2 z_2 + F_3 z_3 + \cdots\cdots\,) + (C_{1x} + C_{2x} + \cdots\cdots\,) \quad (3\text{-}39)$$

$$\Sigma M_z = \Sigma\,(\,F_i x_i\,) + \Sigma C_{iz}$$

$$= (\,F_1 x_1 + F_2 x_2 + F_3 x_3 + \cdots\cdots\,) + (C_{1z} + C_{2z} + \cdots\cdots\,) \quad (3\text{-}40)$$

因 $\mathbf{R}$ 及 $\mathbf{M}_O$ 都有可能等於或不等於零，故力系的合成有下列幾種可能情形：

(1) $\mathbf{R} = 0$，$\mathbf{M}_O = 0$，力系的合成為零，即力系在平衡狀態。

(2) $\mathbf{R} = 0$，$\mathbf{M}_O \neq 0$，力系的合成為力偶矩 $\mathbf{M}$。力偶矩 $\mathbf{M}_O$ 亦可用力偶表示，如圖 3-24 所示，此力偶的作用面與 y 軸平行且與力偶矩 $\mathbf{M}_O$ 垂直。

(3) $\mathbf{R} \neq 0$，$\mathbf{M}_O = 0$，力系的合成為通過 O 點的單力。

(4) $\mathbf{R} \neq 0$，$\mathbf{M}_O \neq 0$，力系的合成爲互相垂直的單力 $\mathbf{R}$ 及力偶矩 $\mathbf{M}_O$，且可再合成爲另一作用線上的單力，如圖 3-25 所示。故 $\mathbf{R} \neq 0$ 且 $\mathbf{M}_O \neq 0$ 時，力系的最簡單合成亦爲一單力，但其作用線不通過 O 點。設合力的作用線通過 xz 平面上的點($\bar{x}$，$\bar{z}$)，則由力矩原理

$$R \bar{x} = \Sigma M_z = \Sigma(F_i x_i) + \Sigma C_{iz} \quad , \quad \bar{x} = \frac{\Sigma M_z}{R} = \frac{\Sigma(F_i x_i) + \Sigma C_{iz}}{R} \tag{3-41}$$

$$R \bar{z} = \Sigma M_x = \Sigma(F_i z_i) + \Sigma C_{ix} \quad , \quad \bar{z} = \frac{\Sigma M_x}{R} = \frac{\Sigma(F_i z_i) + \Sigma C_{ix}}{R} \tag{3-42}$$

因此空間平行力系的最簡單等值力系有三種可能情形：(1)一特定作用線上之單力，(2)力偶矩，或(3)零。

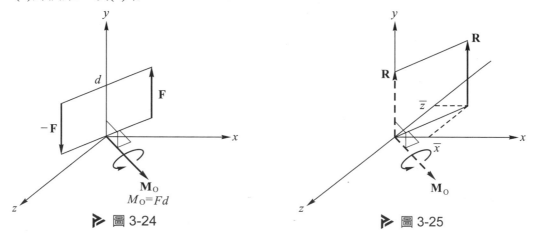

▶ 圖 3-24　　　　　　　　　　　　▶ 圖 3-25

◆ 空間共點力系的合成

對於空間共點力系，欲求力系的合成，求法與 3-1 節相同，不必將力移動，直接將各力分解即可相加，故合成後僅有合力 $\mathbf{R}$，不會產生合力偶矩。

因合力 $\mathbf{R}$ 有可能等於零或不等於零，故空間共點力系的合有兩種可能情形：

(1) $\mathbf{R} \neq 0$，力系的合成爲單力。

(2) $\mathbf{R} = 0$，力系的合成爲零，即力系在平衡狀態。

例題 3-18 ▶ 空間平行力系的合成

試求圖中平行力系的合成。(圖中每格寬度為 1 m)

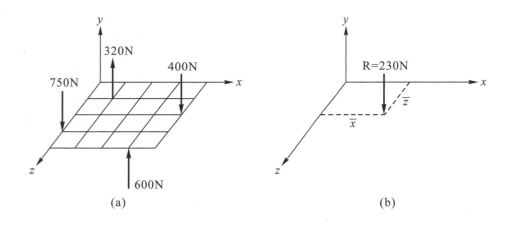

(a)

(b)

解 ▶ 先求力系的合力

$R = \Sigma F_y = 320 + 600 - 400 - 700 = -230$ N ◀

設合力作用線與 xz 平面的交點坐標為 $(\bar{x}, \bar{z})$，如(b)圖所示，則由力矩原理：

$R\bar{x} = \Sigma M_z$ ， $-230\bar{x} = 400(4) - 320(1) - 600(3)$ ， $\bar{x} = -2.26$ m ◀

$R\bar{z} = \Sigma M_x$ ， $230\bar{z} = 400(2) + 750(3) - 320(1) - 600(4)$ ， $\bar{z} = 1.435$m ◀

故合力作用線的正確位置如(c)圖所示

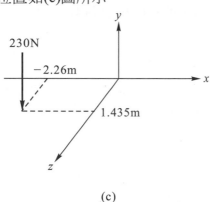

(c)

例題 3-19 ▶ 空間平行力系的合成

試求圖中所示四個平行力的合成。

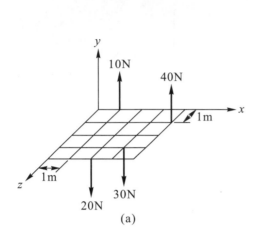

(a)

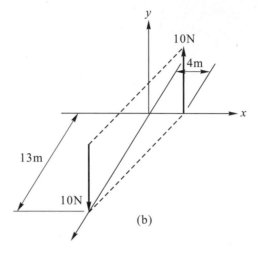

(b)

解 ▶ 將力系中的各力移至原點 O，則原力系在 O 點的等值合力 **R** 及合力矩 **M**$_O$ 為

$R = \Sigma F_i = 10 + 40 - 20 - 30 = 0$

$\Sigma M_x = \Sigma (F_i z_i) = 20(4) + 30(3) - 40(1) - 10(0) = 130$ N-m

$\Sigma M_z = \Sigma (F_i z_i) = 10(1) + 40(4) - 20(2) - 30(3) = 40$ N-m

因 **R** = 0，**M**$_O$ ≠ 0，故力系的合成為力偶矩

M = 130 **i** + 40 **k** N-m

$M_O = \sqrt{130^2 + 40^2} = 136.2$ N-m ◀

力系的合成也可用力偶表示，如(b)圖所示。注意，力偶力與力偶臂可任意選定，只要維持力偶矩不變即可。

例題 3-20 空間力系的合成

試求圖中空間力系之合成。

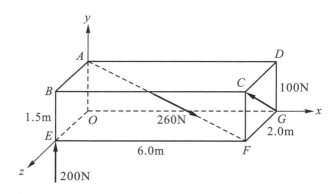

解 將力系移至 O 點，在 O 點可得與原力系等值的單力 $\mathbf{R}$ 及力偶矩 $\mathbf{M}_O$，

其中 $\mathbf{R}$ 爲力系的合力，而 $\mathbf{M}_O$ 爲力系對 O 點的力矩和。

設 $\mathbf{F}_1 = 200\,\mathbf{j}$ N

$$\mathbf{F}_2 = 260\left[\frac{6\mathbf{i}-1.5\mathbf{j}+2.0\mathbf{k}}{\sqrt{6^2+1.5^2+2.0^2}}\right] = 240\,\mathbf{i} - 60\,\mathbf{j} + 80\,\mathbf{k}\ \text{N}$$

$$\mathbf{F}_3 = 100\left[\frac{1.5\mathbf{j}+2.0\mathbf{k}}{\sqrt{1.5^2+2.0^2}}\right] = 60\,\mathbf{j} + 80\,\mathbf{k}\ \text{N}$$

則 $\mathbf{R} = \mathbf{F}_1 + \mathbf{F}_2 + \mathbf{F}_3 = 240\,\mathbf{i} + 200\,\mathbf{j} + 160\,\mathbf{k}$ N

$$\mathbf{M}_O = \mathbf{r}_{OE} \times \mathbf{F}_1 + \mathbf{r}_{OA} \times \mathbf{F}_2 + \mathbf{r}_{OG} \times \mathbf{F}_3$$

$$= \begin{vmatrix} \mathbf{i} & \mathbf{j} & \mathbf{k} \\ 0 & 0 & 2.0 \\ 0 & 200 & 0 \end{vmatrix} + \begin{vmatrix} \mathbf{i} & \mathbf{j} & \mathbf{k} \\ 0 & 1.5 & 0 \\ 240 & -60 & 80 \end{vmatrix} + \begin{vmatrix} \mathbf{i} & \mathbf{j} & \mathbf{k} \\ 6.0 & 0 & 0 \\ 0 & 60 & 80 \end{vmatrix} = -280\,\mathbf{i} - 480\,\mathbf{j}\ \text{N-m}$$

因 $\mathbf{R} \cdot \mathbf{M}_O \neq 0$，$\mathbf{R}$ 與 $\mathbf{M}_O$ 不垂直，不能再簡化爲一單力。

故此力系的合成爲通過 O 點的單力 $\mathbf{R}$ 及力偶矩 $\mathbf{M}_O$，且

$\mathbf{R} = 240\,\mathbf{i} + 200\,\mathbf{j} + 160\,\mathbf{k}$ N ◀

$\mathbf{M}_O = -280\,\mathbf{i} - 480\,\mathbf{j}$ N-m ◀

静力學

觀念題

1. 空間平行力系可在任一點 O 合成一單力 **R** 及一力偶矩 **M**，此單力 **R** 及力偶矩 **M** 是否為扳鉗力系？為何？

習　題

3-57 圖(57)中方形的混凝土基礎承受四個壓力，試求合力大小及作用線的位置。

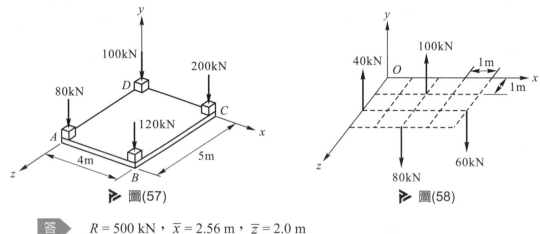

▶ 圖(57)

▶ 圖(58)

答　$R = 500$ kN，$\overline{x} = 2.56$ m，$\overline{z} = 2.0$ m

3-58 試求圖(58)中平行力系的合成。

答　$\mathbf{M} = 180\,\mathbf{i} - 200\,\mathbf{k}$ kN-m

3-59 圖(59)中平行力系，試求合力作用線的位置。

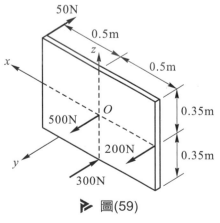

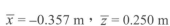

▶ 圖(59)

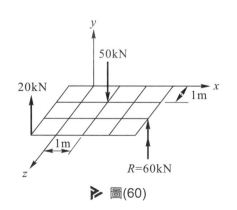

▶ 圖(60)

答　$\overline{x} = -0.357$ m，$\overline{z} = 0.250$ m

3-60 圖(60)中 $R = 60$ kN 爲三個平行力的合成，已知其中二力(50 kN 與 20 kN)，試求第三力的大小及作用線的位置。

答　　$F_3 = 90$ kN ($\uparrow$)，$x_3 = 2.78$ m，$z_3 = 1.22$ m

3-61 圖(61)中邊長爲 a 的方形鋼板承受四個垂直負荷，今欲加上另一最小的垂直荷重，恰使五個垂直負荷的合力通過鋼板的中心，試求此最小垂直荷重的大小及作用點的位置。

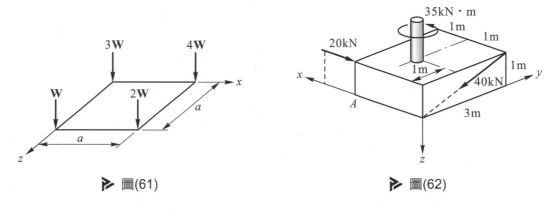

▷ 圖(61)　　　　　　　　　　　　　▷ 圖(62)

答　　$F_5 = 4\,W$($\downarrow$)，$x_5 = a/4$，$z_5 = a$

3-62 將圖(62)中力系以 A 點的等值單力 $\mathbf{R}$ 及力偶矩 $\mathbf{M}_A$ 取代。

答　　$\mathbf{R} = -20\,\mathbf{i} - 37.9\,\mathbf{j} + 12.65\,\mathbf{k}$ kN，$\mathbf{M}_A = 45.3\mathbf{j} + 40.9\mathbf{k}$ kN-m

3-63 將圖(63)中力系以 O 點的等值單力 $\mathbf{R}$ 及力偶矩 $\mathbf{M}_O$ 取代。

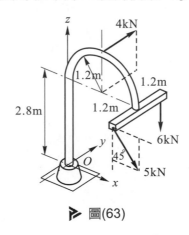

▷ 圖(63)

答　　$R = 10.93$ kN，$M_O = 38.9$ kN-m

3-64 圖(64)中所示的力系，$F_1 = 20$ kN，$F_2 = 80$ kN，$F_3 = 57$ kN，$F_4 = 36$ kN，試將此力系以 O 點之等值單力 $\mathbf{R}$ 及力偶矩 $\mathbf{M}_O$ 取代。

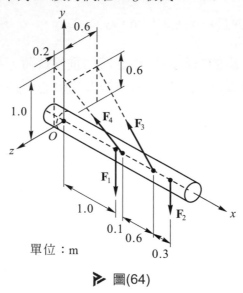

▷ 圖(64)

答 $\mathbf{R} = -77.4\,\mathbf{i} - 58\,\mathbf{j} - 13.2\,\mathbf{k}$ kN，$\mathbf{M} = 25.32\,\mathbf{j} - 123\,\mathbf{k}$ kN-m

4 剛體的平衡

4-1 平衡的意義及平衡條件

　　剛體承受力系作用時，若力系的合成等於零，則稱此力系爲平衡(equilibrium)。處於平衡狀態的力系，稱爲平衡力系(balanced force system)。在第三章中討論了各種力系的合力，而力系合成等於零的情況，包含不加速移動且不加速轉動兩種效應，即原爲靜止的剛體恆保持靜止，而原爲運動的剛體則恆作相同的等速度運動，故平衡的剛體其運動狀態恆保持不變。

　　在 3-4 及 3-5 節中的討論可知平衡力系的充要條件爲：(1)力系的合力爲零，(2)力系對任一點的力矩和爲零。本章將分別對承受平面力系及空間力系的剛體(或結構)分析其平衡的相關問題。

/// **支承反力與分離體圖**

　　為了要研究作用於物體上的平衡力系，首先需要瞭解作用於物體上的各個力量，這些力量不論是已知或是未知必完全清楚，然後方可確定物體所受力系的種類及力系中未知量的數目。對物體所受的力系，忽略任一存在的力或隨便加上未存在的力，都是造成研究靜力學產生困難的主要原因，故正確判定物體所受的力系為靜力學的重要基礎。

◆支承反力(二維)

　　物體受外力作用而能保持平衡，是由於該物體受到其他物體的拘束所致。例如茶杯放在桌面上，桌面對茶杯所生的反作用力，拘束茶杯，而與茶杯的重力保持平衡。又如懸吊在天花板的美術燈，吊索對燈架所施的張力，拘束美術燈，而與美術燈的重量保持平衡。故凡是與受力的物體接觸而能拘束該物體者稱為支承(support)，支承所生的拘束力稱為反作用力，簡稱為反力。反力的情形與支承本身的構造以及支承與物體接觸的情形有關，本節先討論平面結構的支承及其所相當的反力，通常可分為下列三種情形：

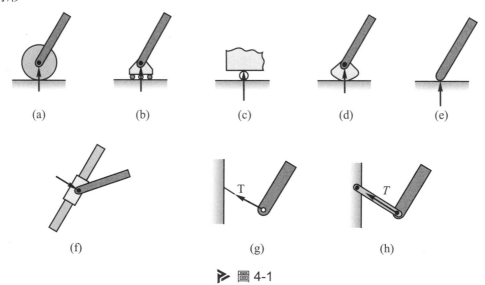

(a)　　　　(b)　　　　(c)　　　　(d)　　　　(e)

(f)　　　　　　(g)　　　　　　(h)

▶ 圖 4-1

充電站

| 滾支承 | 鉸支承 | 固定支承 |

1. 反力的作用線已知但大小未知的支承

此類支承如圖 4-1 所示，包括滾支承 [(a) ～ (d)圖]、光滑接觸面 [(e)圖]、光滑導件 [(f)圖]、繩索 [(g)圖] 及連桿 [(h)圖]，這些支承都只能在一個方向抵抗物體的運動，圖中表示出這些支承所生的反力，其中滾支承與光滑接觸面的反力都與接觸面垂直。所有反力都只有一個未知量，即反力的大小(反力的作用線為已知)。注意，繩索只能承受拉力，而連桿可承受拉力或壓力。

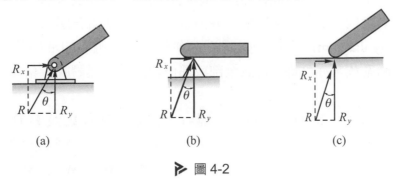

(a) (b) (c)

▷ 圖 4-2

2. 反力的大小及方向都未知的支承

此類支承如圖 4-2 所示，包括鉸支承(hinge support)或鉸鏈 [(a)圖] 及粗糙接觸面 [(c)圖]，至於(b)圖為鉸支承的簡圖。鉸支承是將構件以光滑銷子連接在固定支座上。這些支承能抵抗任意方向的移動，但不能抵抗繞接點的轉動，故支承反力有 2 個未知量，包括反力的大小 R 及方向 θ，或以互相垂直的分量 R_x 及 R_y 表示。

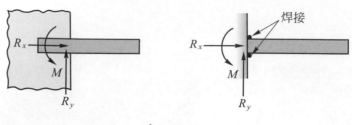

▶ 圖 4-3

3. 反力(大小及方向)與反力矩都未知的固定支承

此類支承如圖 4-3 所示,能抵抗任意方向的移動,且能抵抗繞支點的轉動,故支承反力有 3 個未知量,包括反力的兩個分量(R_x 與 R_y)及反力矩 M。

在分析結構的支承反力時,有時候反力的作用線已知,但無法確定其指向,此時可先任意設定指向,待解出反力後便可確定,若為正值表示原假設的指向正確,若為負值則表示正確的指向與原假設相反。

◆ 分離體圖(二維)

物體或結構物承受外力作用而處於平衡狀態時,欲分析其支承所生的反力,必須將物體或結構物取出,此單獨取出的部份稱為分離體或自由體(free body)。取出分離體時,需將分離體上的支承或其他物體對分離體的拘束全部移去,而以該支承或拘束物體所相當的反力取代,並將分離體所受外力全部繪出,所得分離體的力系圖,稱為分離體圖(free-body diagram),有關分離體圖的繪法請參考例題 4-1 的說明。對於數個物體所組成的平衡系統,亦可將系統的全部或部份取出繪分離體圖,藉以分析各部份間的受力與支承反力。

圖 4-4(a)中所示為二圓柱 A、B 放在容器 C 內,並受外力 $\mathbf{F}_1$ 及 $\mathbf{F}_2$ 作用而靜置於桌面上,此物體系統包括有圓柱 A、B 及容器 C。圖 4-4(b)是取物體系統全部的分離體圖,其中 $\mathbf{R}_4$ 及 $\mathbf{R}_5$ 為桌面對分離體的拘束反力,而 $\mathbf{F}_1$、$\mathbf{F}_2$、$\mathbf{W}_A$、$\mathbf{W}_B$ 及 $\mathbf{W}_C$ 為分離體所受的外力。圖 4-4(c)中只取圓柱 A、B 的分離體圖,其中 $\mathbf{R}_1$、$\mathbf{R}_2$ 及 $\mathbf{F}_{BA}$ 分別為容器 C 及圓柱 B 對圓柱 A 的拘束反力,而 $\mathbf{F}_1$ 及 $\mathbf{W}_A$ 為圓柱 A 所受的外力,圓柱 B 的分離體圖與圓柱 A 類似。至於圖 4-4(d)中所示為圓柱 A 與 B 合為一體的分離體圖,須注意此時兩圓柱間的作用力 $\mathbf{F}_{BA}$ 與 $\mathbf{F}_{AB}$ 為分離體的內力。

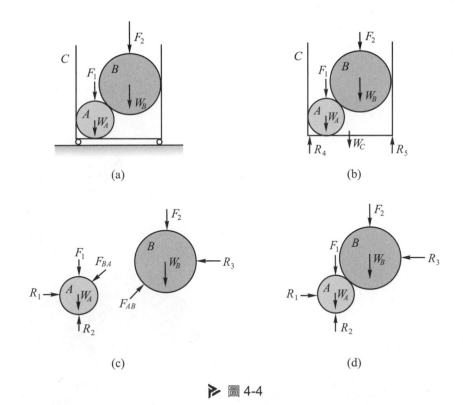

▶ 圖 4-4

工程中經常有用到以滑輪支撐荷重，圖 4-5(a)中所示為定滑輪，圖 4-5(b)中所示為此滑輪的分離體圖，圖中繩索對滑輪的作用力為張力，滑輪中心的支座即為鉸支承，對滑輪的反力為兩互相垂直的分量(R_x 與 R_y)。由滑輪中心 O 的力矩平衡方程式，可得 $T_1 = T_2$。因此，當滑輪的轉軸無察擦，且滑輪在平衡狀態，則滑輪上繩索兩端的張力必相等，此觀念在分析滑輪組的平衡時甚為重要。

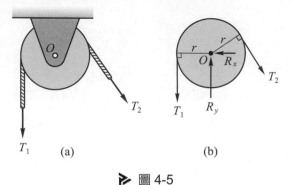

▶ 圖 4-5

充電站

分離體圖

(a)飛機

(b)引擎

(c)吊架

(d)圓筒

4-3 // 共面力系的平衡方程式

共面力系的最簡單合成爲一單力 $\mathbf{R}$ 或一力偶矩 $\mathbf{M}$，若 $\mathbf{R} = 0$ 且 $\mathbf{M} = 0$ 時，則力系的合成爲零(平衡力系)，故在 xy 平面上的共面力系，其平衡條件爲：

$$\mathbf{R} = (\textstyle\sum F_x)\mathbf{i} + (\textstyle\sum F_y)\mathbf{j} = 0 \quad , \quad \mathbf{M} = (\textstyle\sum M_O)\mathbf{k} = 0 \qquad (4\text{-}1)$$

其中 $\sum M_O$ 爲共面力系對平面上任意一點 O 的力矩和。因此，承受共面力系的剛體，平衡時所需的充分且必要條件可用三個純量方程式表示爲

$$\textstyle\sum F_x = 0 \quad , \quad \sum F_y = 0 \quad , \quad \sum M_O = 0 \qquad (4\text{-}2)$$

公式(4-2)爲共面平衡力系最常用的一組純量方程式。在平衡力系的平面上任意選取不同方位的坐標軸，亦可獲得力系在該方向分量平衡的純量方程式，甚至對力系平面上的其他各點亦可獲得力矩平衡的純量方程式，而這些不衡方程式都是公式(4-2)中三個方程式的相依方程式，即這些相依方程式爲公式(4-2)中三個方程式相加或相減所得的結果，對求解力系中的未知量並無效用。故共面的平衡力系，雖然可列出無窮多個平衡方程式，但僅有三個是獨立的方程式，其餘都是相依方程式。因此，共面平衡力系中的未知量最多只能有三個，方可用靜力學的平衡方程式求解。

由於公式(4-2)的三個平衡方程式與其他相依方程式間並無矛盾之處，故公式(4-2)中的任一個方程式可由另外的相依方程式取代，因此，共面平衡力系的另一組純量方程式可爲

$$\textstyle\sum F_x = 0 \quad , \quad \sum M_A = 0 \quad , \quad \sum M_B = 0 \qquad (4\text{-}3)$$

其中 $\sum M_A$ 及 $\sum M_B$ 爲力系對其平面上任意二點的力矩和，但 A、B 兩點的連線不得與 x 軸垂直，否則 $\sum M_A = 0$ 與 $\sum M_B = 0$ 將爲相依方程式。參考圖 4-6 所示，若共面力系滿足 $\sum M_A = 0$，僅此條件無法確定力系爲平衡，因可能此力系的合成恰爲通過 A 點的單力 $\mathbf{R}$，如圖 4-6(a)所示，若再滿足 $\sum F_x = 0$ 的條件，此二個條件仍然無法確定力系爲平衡，因力系的合成可能爲通過 A 點且與 x 軸垂直的單力 $\mathbf{R}$，如圖 4-6(b)所示，若力系還有第三個條件 $\sum M_B = 0$ 可以滿足，且 B 點不在通過 A 點且與 x 軸垂直的直線上，則可確定 $\mathbf{R} = 0$，即力系爲平衡，因此公式(4-3)中 A、B 兩點的連線不得與 x 軸垂直。

參考圖 4-7 中的樑，若欲求鉸支承 A 及滾支承 B 之反力(R_{Ax}、R_{Ay}、R_{By})，若用 $\sum M_A = 0$，$\sum M_B = 0$ 及 $\sum F_y = 0$ 三個平衡方程式求解，因 y 方向與 A、B 兩點的連線垂直，故只能解出 R_{Ay} 及 R_{By}，無法解出 R_{Ax}。

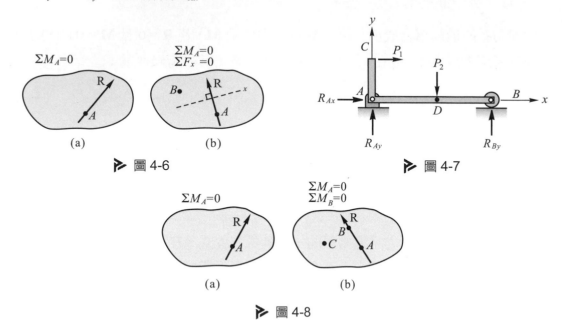

▶ 圖 4-6

▶ 圖 4-7

▶ 圖 4-8

共面平衡力系的第三組純量方程式為

$$\sum M_A = 0 \quad , \quad \sum M_B = 0 \quad , \quad \sum M_C = 0 \tag{4-4}$$

其中 A、B、C 三點不得在同一直線上，否則第三個方程式將為前二個方程式的相依方程式。參考圖 4-8 所示，若共面力系只滿足 $\sum M_A = 0$，僅此條件無法確定力系為平衡，因力系的合成可能為通過 A 點的單力 $\mathbf{R}$，如圖 4-8(a)所示。若再滿足 $\sum M_B = 0$ 的條件，此二個條件仍然無法確定力系為平衡，因力系的合成可能為通過 A、B 兩點的單力 $\mathbf{R}$，如圖 4-8(b)所示。若力系還有第三個條件 $\sum M_C = 0$ 可以滿足，且 C 點不在 A、B 兩點的連線上，則可確定 $\mathbf{R} = 0$，即力系為平衡，因此，公式(4-4)中 A、B、C 三點不得共線。圖 4-7 中若欲用 $\sum M_A = 0$，$\sum M_B = 0$ 及 $\sum M_D = 0$ 三個平衡方程式解支承的三個未知反力(R_{Ax}、R_{Ay}、R_{By})，由於 A、B、D 三點共線，故無法解出 R_{Ax}。

◆共面共點力系的平衡方程式

共面共點力系的最簡單合成為一單力 $\mathbf{R}$，且 $\mathbf{R} = (\sum F_x)\,\mathbf{i} + (\sum F_y)\,\mathbf{j}$，若合力 $\mathbf{R} = 0$，則力系為平衡，故共面共點力系有二個獨立的平衡方程式為

$$\sum F_x = 0 \quad , \quad \sum F_y = 0 \tag{4-5}$$

公式(4-5)亦可用其他的相依方程式取代，故共面共點力系另有兩組獨立的平衡方程式，即

$$\sum F_x = 0 \quad , \quad \sum M_A = 0 \tag{4-6}$$

其中 A 點與力系共點的連線不得與 x 軸垂直。

$$\text{或 } \sum M_A = 0 \quad , \quad \sum M_B = 0 \tag{4-7}$$

其中 A、B 兩點的連線不得通過力系的共點。

◆共面平行力系的平衡方程式

共面平行力系的最簡單合成為一單力 $\mathbf{R}$ 或一力偶矩 $\mathbf{M}$，且 $\mathbf{R} = (\sum F_y)\mathbf{j}$，$\mathbf{M} = (\sum M_O)\mathbf{k}$。若 $\mathbf{R} = 0$ 且 $\mathbf{M} = 0$，則力系在平衡狀態，故共面平行力系的二個獨立平衡方程式為

$$\sum F_y = 0 \quad , \quad \sum M_O = 0 \tag{4-8}$$

其中 $\sum M_O$ 為力系對平面上任一點 O 的力矩和。

公式(4-8)中的兩個平衡方程式亦可用其他的相依方程式來取代，故另外的一組平衡方程式為

$$\sum M_A = 0 \quad , \quad \sum M_B = 0 \tag{4-9}$$

其中 A、B 兩點的連線不得與力系平行。

◆二力構件的平衡

物體或構件只在兩點承受有作用力者,稱爲二力構件(two-force member)。二力構件平衡時,在兩點的作用力必沿該兩點的連線,且兩力的大小相等方向相反。

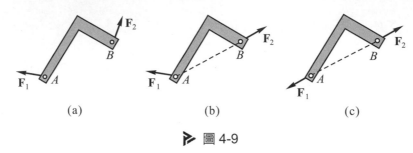

(a)　　　　　　　　(b)　　　　　　　　(c)

▷ 圖 4-9

參考圖 4-9(a)的構件,只在 A、B 兩點承受 $\mathbf{F}_1$ 及 $\mathbf{F}_2$ 作用,若構件在平衡狀態,則 $\mathbf{F}_1$ 與 $\mathbf{F}_2$ 對任一點的力矩和必等於零。首先對 A 點取力矩,由於 $\sum M_A = 0$,其中 $\mathbf{F}_1$ 通過 A 點,對 A 點無力矩,故 $\mathbf{F}_2$ 對 A 點的力矩爲零,因此 $\mathbf{F}_2$ 的作用線必通過 A 點,如圖 4-9(b)所示。同理,對 B 點取力矩,由於 $\sum M_B = 0$,同樣可得 $\mathbf{F}_1$ 必通過 B 點的結果,如圖 4-9(c)所示。由上述的分析可知,$\mathbf{F}_1$ 及 $\mathbf{F}_2$ 的作用線必在該兩力作用點的連線上。又平衡的兩力,合力爲零,故 $\mathbf{F}_1$ 與 $\mathbf{F}_2$ 必大小相等方向相反。

◆三力構件的平衡

物體或構件只在三點承受有共面的作用力者,稱爲三力構件 (three-force member)。三力構件平衡時,三力的作用線必相交於一點,或互相平行。

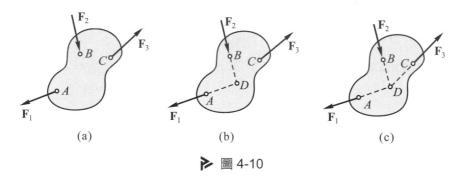

(a)　　　　　　　　(b)　　　　　　　　(c)

▷ 圖 4-10

參考圖 4-10(a)之物體,僅在 A、B 及 C 三點承受 $\mathbf{F}_1$、$\mathbf{F}_2$ 及 $\mathbf{F}_3$ 三力作用,設三力不平行,若物體在平衡狀態,則三力對任何一點的力矩和必爲零。今對 $\mathbf{F}_1$ 與 $\mathbf{F}_2$ 的交點 D 取力矩和,因 $\mathbf{F}_1$ 及 $\mathbf{F}_2$ 對 D 點無力矩,而 $\sum M_D = 0$,故 $\mathbf{F}_3$ 對 D 點的力矩必須爲

零,即 $\mathbf{F}_3$ 必通過 D 點,因此三力必會共同相交於 D 點。若其中二力平行,其交點在無窮遠處,則第三力必須與其他二力平行,而相交在無窮遠處。

◆結構支承的靜定性及穩定性

📲充電站

飛機重心位於前後輪間,在無側向風力作用下,飛機即可保持靜定穩定平衡。

　　結構的支承若可以使結構在任何外力作用下都不會產生移動,此種情況稱為被完全拘束(completely constrained)。對於被完全拘束的結構若其未知反力可用平衡方程式求解者,稱為靜力學可解決的結構(statically determinate structure),簡稱為靜定結構。參考圖 4-11(a)中的結構,其分離體圖如(b)圖所示,其中含三個未知反力(R_{Ax},R_{Ay},R_{Bx}),分離體圖上的力系為平面非共點非平行力系,有三個平衡方程式,恰可解出全部的未知反力,故為靜定結構。

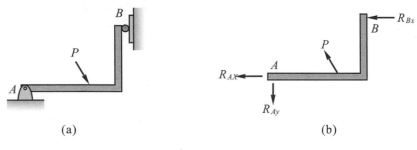

(a)　　　　　　　　　　　　　　　　(b)

▷ 圖 4-11

　　有些被完全拘束的結構，其支承的未知反力數多於平衡方程式，則不能由靜力學的平衡方程式解出全部的未知反力，此種結構稱爲靜不定(statically indeterminate)結構。因此靜不定結構的產生主要是由於結構有多餘的拘束(redundant constraints)。參考圖 4-12(a)中的樑，其分離體圖如(b)圖所示，其中含五個未知量(R_{Ax}，R_{Ay}，M_A，R_{By}，R_{Cy})，但只有三個平衡方程式，無法解出全部的支承反力，故爲靜不定結構，其中 B、C 兩處的滾支承可視爲多餘的拘束，因爲移除這兩個滾支承所剩的固定支承(懸臂樑)仍可將樑完全拘束。至於靜不定結構的支承反力必須配合材料力學中變形的相容方程式方可全部解出。

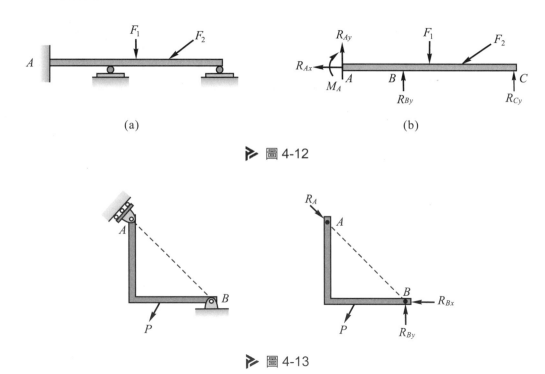

圖 4-12

圖 4-13

某些情況雖然剛體或結構的未知反力與平衡方程式的數目相同，但因支承的不當拘束(improper constraining)而產生不穩定現象，使剛體或結構在外力作用下無法保持平衡，參考圖 4-13 的結構，所有支承反力相交於同一點，由分離體圖可看出，力系對 B 點的力矩和不為零，在外力 **P** 作用下結構會對 B 點產生轉動。另一個不當的拘束而造成剛體或結構為不穩定的情形，是所有的支承反力都互相平行，如圖 4-14 所示的樑，當樑上承受斜向負荷 P 作用時，水平方向的分量和不等於零，即水平方向無法保持平衡而產生移動。

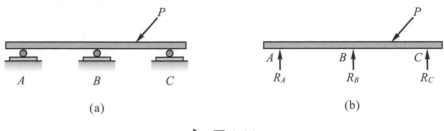

(a)　　　　　　　　　　　　　　　　(b)

▷ 圖 4-14

　　另外一種不穩定現象是剛體或結構的未知反力少於必需滿足的平衡方程式，此種情形稱為部份拘束(partially constrained)，參考圖 4-15 的構件與其分離體圖，此時 $\sum F_x = 0$ 在任何水平外力下均無法滿足，因此水平方向無法保持平衡。

　　因此，平面靜定結構的支承只能有三個未知反力，且此三個未知反力不能相交或互相平行。

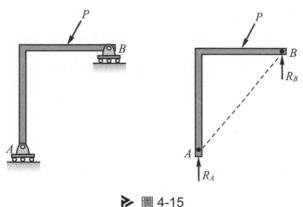

▷ 圖 4-15

◆解平衡問題的步驟

研究力學中的平衡問題，應具有推理及循序演算的能力，有這種能力，便可瞭解演算進行的步驟，只要循序進行，對任何平衡問題都可迎刃而解。一般解平衡問題的步驟如下：

(1) 瞭解所欲求解的平衡問題中，何者為已知量，何者為未知量。

(2) 適當選取與未知量有關的分離體圖，並將作用在分離體圖上所有的已知力與未知力繪出。若未知力的方向無法確定，可任意設定。

(3) 觀察並判斷作用於分離體圖上力系的種類，依平衡條件列出該力系獨立的平衡方程式。

　　若獨立方程式與分離體圖上未知量的個數相等，則未知量即可由聯立方程式求解。為了避免解一些繁雜的聯立方程式，取力矩方程式 $\sum M_O = 0$ 時，其中 O 點儘量選擇在兩個或三個未知力的交點，使力矩方程式中只含一個未知量，可先解得一個未知量，而簡化解題的過程。另外運用平衡方程式 $\sum F_x = 0$ 及 $\sum F_y = 0$ 時，x 軸及 y 軸方向的選定也是以未知分量最少為原則，而 x 軸及 y 軸的選擇也不一定要互相垂直。

(4) 對於數個剛體連結的平衡系統，若所取分離體圖上的未知量多於獨立的平衡方程式，通常此分離圖的未知量無法全部解出。正常的情況，可再取另一分離體圖，但第二個分離體圖上的部份未知量，需與第一個分離體圖上的部份未知量相同。若兩個分離體圖上全部的未知量與所有獨立的平衡方程式的數量相等，便可解出所有的未知量。

例題 4-1　分離體圖

試繪下列各物體的分離體圖。

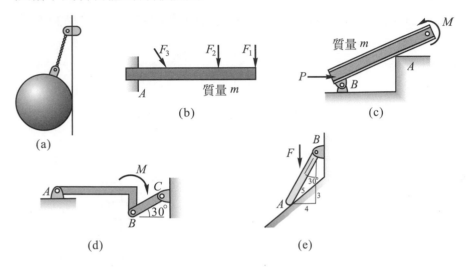

(a)

(b)

質量 m

(c)

質量 m

(d)

(e)

(a) 圓球，以繩索吊掛在光滑牆壁上

(b) 懸臂樑，A 為固定端，樑的質量為 m。

(c) 樑，B 為鉸支承，A 處為光滑接觸面，樑的質量為 m。

(d) 構件 AB，A、C 為鉸支承，BC 為連桿，B 點為鉸接。構件重量忽略不計。

(e) 桿件 AB，B 為鉸支承，A 端置於光滑斜面上。桿件重量忽略不計。

解

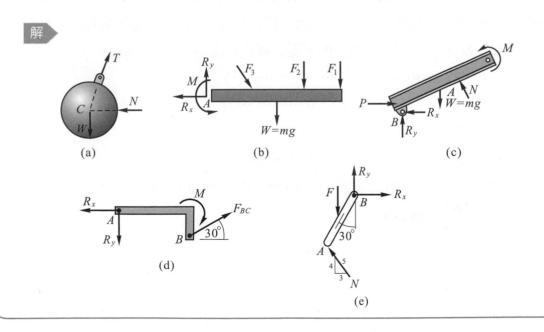

(a)

(b)

(c)

(d)

(e)

例題 4-2 ▶ 平面共點力系的平衡

質量為 10 kg 的物體，以兩繩索支撐，如(a)圖所示；繩索 AD 為水平，繩索 ABC 繞過一光滑的滑輪，並懸吊質量為 m 的物體 C，試求繩索 AD 的張力及物體 C 的質量 m。

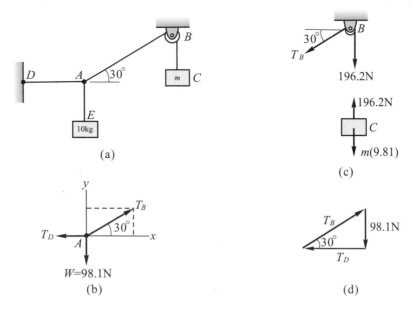

(a)

(b)

(c)

(d)

解 ▶ 繩索 AD 中的張力 $\mathbf{T}_D$，繩索 ABC 中的張力 $\mathbf{T}_B$ 與物體 E 的重量 $\mathbf{W}$ 三力作用在 A 點保持平衡，取 A 點的分離體圖，如(b)圖所示，圖中為一平面共點力系，有兩個未知量 T_B 及 T_D，恰有二個獨立的平衡方程式可求解，由公式(4-5)

$\sum F_x = 0$; $T_B \cos 30° - T_D = 0$ ⋯⋯⋯⋯⋯⋯⋯(1)

$\sum F_y = 0$; $T_B \sin 30° - (10)(9.81) = 0$ ⋯⋯⋯⋯⋯(2)

由(1)(2)解得 $T_B = 196.2 \text{ N}$，$T_D = 169.9 \text{ N}$◀

因繩索 ABC 繞過光滑的滑輪，故滑輪兩端繩索中的張力相等，

且等於物體 C 的重量，如(c)圖所示，故 $mg = T_B = 196.2 \text{ N}$，得

$m = \dfrac{196.2}{g} = \dfrac{196.2}{9.8} = 20 \text{ kg}$◀

【另解】

(b)圖中 A 點承受 $\mathbf{T}_D$、$\mathbf{T}_B$ 及 $\mathbf{W}$ 三力呈平衡，三力的合力為零，

故三力可構成一個封閉的直角三角形，如(d)圖所示，則由三角關係

$$T_D = \frac{W}{\tan 30°} = \frac{98.1}{\tan 30°} = 169.9 \text{ N}$$

$$T_B = \frac{W}{\sin 30°} = \frac{98.1}{\sin 30°} = 196.2 \text{ N}$$

例題 4-3　平面一般力系的平衡

圖中的樑 AB，試求在支承的反力大小。設樑的重量忽略不計。

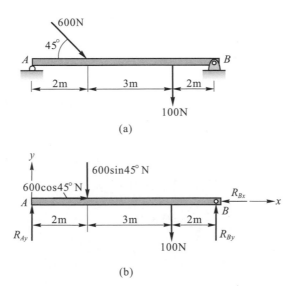

(a)

(b)

解 繪樑的分離體圖，如(b)圖所示，其中 A 為滾支承有一垂直反力 R_{Ay}，

B 為鉸支承有水平及垂直反力(R_{Bx}，R_{By})，總共有三個未知反力，

而分離體圖為一共面非共點非平行力系，正好有三個獨立的平衡方程式可求

解。由公式(4-2)

$\sum M_B = 0$ ，　$R_{Ay}(7) - 600\sin 45°(5) - 100(2) = 0$ 　，　$R_{Ay} = 332 \text{ N}$ ◀

$\sum F_x = 0$ ，　$R_{Bx} = 600\cos 45° = 424 \text{ N}$

$\sum F_y = 0$ ，　$R_{By} + R_{Ay} - 600\sin 45° - 100 = 0$ 　，　$R_{By} = 192 \text{ N}$

$R_B = \sqrt{424^2 + 192^2} = 465 \text{ N}$ ◀

例題 4-4 ▶ 三力構件的平衡

　　質量 2 kg 半徑 140 mm 的均質細圓環，以長為 125 mm 的繩索 AB 支撐而靠在光滑的牆壁上，試求(a)距離 d，(b)繩中的張力，(c)牆壁的反力。

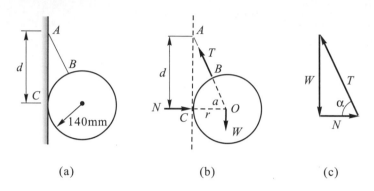

(a)　　　　　　　(b)　　　　　　　(c)

解 ▶ 圓環共受有三力作用，$\mathbf{W}$、$\mathbf{N}$ 及 $\mathbf{T}$，其中 $\mathbf{N}$ 與牆壁面垂直(光滑面)而通過圓心 O，且均質細圓環的重心在圓心，故三力平衡相交於 O 點，得圓環的分離體圖如(b)圖所示。

由(b)圖，$\overline{CO} = 140$ mm，$\overline{AO} = \overline{AB} + \overline{BO} = 125 + 140 = 265$ mm

則 $d = \overline{AC} = \sqrt{\overline{AO}^2 - \overline{CO}^2} = \sqrt{265^2 - 140^2} = 225$ m ◀

兩未知力 N 及 T 的大小可由下列三種方法求解：

(1)平面共點力系的平衡方程式：$\sum F_x = 0$，$\sum F_y = 0$

　　參考(b)圖，$\sin\alpha = \dfrac{\overline{AC}}{AO} = \dfrac{225}{265} = 0.850$，

　　$\cos\alpha = \dfrac{\overline{CO}}{AO} = \dfrac{140}{265} = 0.258$，$\tan\alpha = \dfrac{\overline{AC}}{CO} = \dfrac{225}{140} = 1.607$

　　$\sum F_y = 0$　，　$T\sin\alpha - W = 0$　，　$T = \dfrac{W}{\sin\alpha} = \dfrac{2 \times 9.81}{0.850} = 23.1$ N ◀

　　$\sum F_x = 0$　，　$N - T\cos\alpha = 0$　，　$N = T\cos\alpha = 23.1(0.528) = 12.2$ N ◀

(2)平面共點力系的平衡方程式：$\sum M_A = 0$，$\sum M_C = 0$ (A、C 兩點不通過力系的共點 O)

$$\sum M_A = 0 \quad , \quad N(d) - W(r) = 0 \quad , \quad N = \frac{W \cdot r}{d} = \frac{(2 \times 9.8)(140)}{225} = 12.2 \text{ N} \blacktriangleleft$$

$$\sum M_C = 0 \quad , \quad T\sin\alpha(r) - W(r) = 0 \quad , \quad T = \frac{W}{\sin\alpha} = \frac{2 \times 9.81}{0.850} = 23.1 \text{ N} \blacktriangleleft$$

(3)三力共點平衡時，三力可構成一個封閉的三角形，如(c)圖所示，

由三角關係

$$T = \frac{W}{\sin\alpha} = \frac{2 \times 9.81}{0.850} = 23.1 \text{ N} \blacktriangleleft$$

$$N = \frac{W}{\tan\alpha} = \frac{2 \times 9.81}{1.607} = 12.2 \text{ N} \blacktriangleleft$$

例題 4-5 ▶ ── 三力構件的平衡 ─────

一圓柱形滾子質量為 25 kg，半徑為 250 mm，今欲將滾子拉上 100 mm 高的台階，如(a)圖所示，試求(1)當 $\theta = 30°$ 時所需的作用力 P？(2)若欲使拉力 P 為最小，則仰角 θ 應為若干？且最小拉力為何？

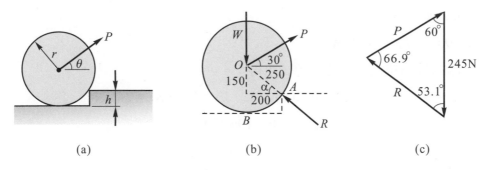

| (a) | (b) | (c) |

解 ▶ (1)將圓柱拉上台階所需的作用力 **P**，必須將圓柱拉到即將滾上台階，此時圓柱恰脫離地面(B 點)，僅在 A 點與台階角落接觸而有一反力 **R**，在此臨動狀態，圓柱僅受三力作用(**W**、**P** 及 **R**)，此三力平衡必交於圓心 O 點，其分離體圖如(b)圖所示。

由(b)圖，$\sin\alpha = \dfrac{150}{250} = 0.6$，$\cos\alpha = \dfrac{200}{250} = 0.8$，$\alpha = 36.9°$

$\sum M_A = 0$ ， $P\cos 30°(150) + P\sin 30°(200) - (25 \times 9.81)(200) = 0$

$P = 213 \text{ N} \blacktriangleleft$

或由三力平衡所構成的封閉三角形求解

$$\dfrac{P}{\sin 53.1°} = \dfrac{245}{\sin 66.9°} \quad , \quad P = 213 \text{ N} \blacktriangleleft$$

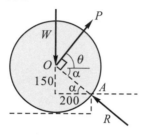 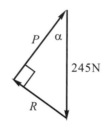

(c)

(2)將圓柱拉上台階所需克服的力矩為重力 **W** 對 A 點的力矩，若欲使施力 **P** 最小，則施力臂要最大，因施力點在 O 點，支點為 A 點，最大力臂為 $\overline{AO}$ (即滾子半徑 r)，故 **P** 與 $\overline{AO}$ 垂直時 **P** 值為最小，參考(c)圖所示，此時 $\theta = 90° - \alpha$，即

$\theta = 90° - 36.9° = 53.1° \blacktriangleleft$

所需的最小拉力由平衡方程式求得：

$\sum M_A = 0$ ， $P \cdot \overline{AO} = W(200)$ ， $W = 25 \times 9.81 = 245 \text{ N}$

$P(250) = (25 \times 9.81)(200)$ ， $P = 196 \text{ N} \blacktriangleleft$

或由三力平衡所構成的封閉三角形求解，參考(c)圖

$P = 245\cos\alpha = 196 \text{ N} \blacktriangleleft$

註：本題(1)(2)兩種情況在 A 點的反力 **R**，讀者可用平衡方程式求得：

   (1)$R = 231 \text{ N}$，(2)$R = 147 \text{ N}$。

例題 4-6　平面剛體系統的平衡

　　二均質圓柱置於一光滑的長方形凹槽內，如圖所示，W_1 重 25 N，W_2 重 75 N，試求(1)W_1 作用於 W_2 上之力，及(2)圓柱作用於凹槽二側壁與地板之力。$r_1 = 50$ cm，$r_2 = 75$ cm。

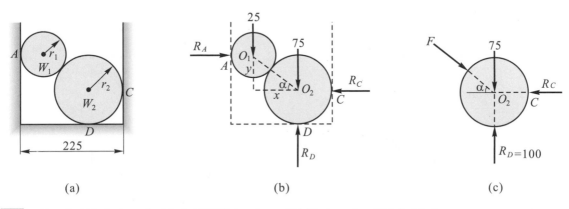

(a)　　　　　　　　(b)　　　　　　　　(c)

解　將兩圓柱合在一起繪分離體圖，如(b)圖所示，由平衡方程式：

$\sum F_y = 0$ ，　$R_D = 25+75 = 100$ N ◄

(b)圖中，$x = 225-50-75 = 100$ cm，$y = \sqrt{(50+75)^2 - 100^2} = 75$ cm

$\tan\alpha = \dfrac{y}{x} = \dfrac{75}{100} = \dfrac{3}{4}$ ，　則 $\sin\alpha = 0.6$ ，$\cos\alpha = 0.8$

再取圓柱 W_2 的分離體圖，如(c)圖所示，由共點力系的平衡方程式：

$\sum F_y = 0$ ，　$R_D - 75 - F\sin\alpha = 0$

$100 - 75 - F(0.6) = 0$ ，　$F = 41.7$ N ◄

$\sum F_x = 0$ ，　$R_C = F\cos\alpha = 41.7(0.8) = 33.3$ N ◄

再由(b)圖之分離體圖：

$\sum F_x = 0$ ，　$R_A = R_C = 33.3$ N ◄

註 1：本題可將兩圓柱單獨取出繪自由體圖，而由兩自由體圖之四個平衡方程式
　　　(二個平面共點力系)解得 $\mathbf{R}_A$、$\mathbf{R}_C$、$\mathbf{R}_D$ 及 $\mathbf{F}$ 四個未知數，讀者可自行練習。

註 2：R_A 亦可由(b)圖利用對 O_2 點的力矩方程式求解，即

$\qquad \sum M_{O2} = 0$ ，　$R_A(y) - 25(x) = 0$ ，　得 $R_A = \dfrac{x}{y}(25) = \dfrac{100}{75}(25) = 33.3$ N

例題 4-7 ▶ 平面剛體系統的平衡(含二力構件)

　　曲桿 ABC 在 A 點鉸支，並在 B 點與 BD 桿以光滑銷子連接，如圖所示，BD 桿在 D 點亦為鉸支；今在曲桿上 C 點施加一水平力 400 N，試求 A、D 兩點的反力，設桿重忽略不計。

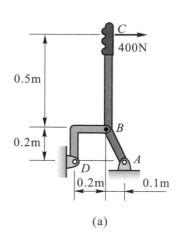

(a)

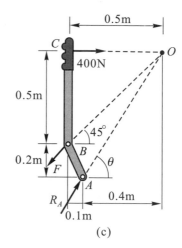

(c)

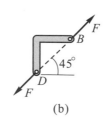

(b)

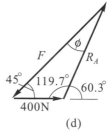

(d)

解 ▶ 先取 BD 桿的分離體圖，因桿重忽略不計，且只在 B、D 兩點受力，故 BD 桿為二力構件，則 B、D 兩點的作用力大小相等方向相反並沿 B、D 兩點的連線，如(b)圖所示。

再取曲桿 ABC 的分離體圖，因桿重忽略不計，曲桿僅在 A、B、C 三點有受力，為三力構件。已知 C 點的作用力 400 N 為水平方向，B 點的受力沿 BD 連線，則此兩力的交點 O 為三力的共點，故 A 點的受力 R_A 必須通過 O 點，如(c)圖所示，而 R_A 與水平的夾角 θ 為

$$\theta = \tan^{-1}\left(\frac{0.7}{0.4}\right) = 60.3°$$

三力平衡可構成一個封閉的三角形，如(d)圖所示，

其中 $\phi = 180° - 119.7° - 45° = 15.3°$，則由正弦定律

$$\frac{R_A}{\sin 45°} = \frac{F}{\sin 119.7°} = \frac{400}{\sin 15.3°}$$

得 $R_A = \frac{\sin 45°}{\sin 15.3°}(400) = 1072 \text{ N}◀$ ， $F = \frac{\sin 119.7°}{\sin 15.3°}(400) = 1320 \text{ N}◀$

【另解】

取曲桿 ABC 的分離體圖時，不用三力構件的封閉三角形，也可用平衡方程式求解。已知量有 C 點的水平力 400 N 及 B 點的作用力沿 BD 連線，A 點的鉸支承以相當的水平及垂直反力取代，則分離體圖如(e)圖所示，圖中含有三個未知量 F，R_{Ax} 及 R_{Ay}，恰好共面力系有三個平衡方程式可以求解，即

$\sum M_A = 0$ ； $400(0.7) - (0.707F)(0.3) = 0$ ·························· (1)

$\sum F_x = 0$ ， $R_{Ax} - 0.707F + 400 = 0$ ························· (2)

$\sum F_y = 0$ ， $R_{Ay} - 0.707F = 0$ ······························· (3)

由(1)式解得 $F = 1320 \text{ N}◀$，代入(2)(3)得

$R_{Ax} = 533.3 \text{ N}$ ； $R_{Ay} = 933.3 \text{ N}$

故 $R_A = \sqrt{(533.3)^2 + (933.3)^2} = 1072 \text{ N}◀$

R_A 與水平方向的夾角 θ 為

$$\theta = \tan^{-1}\left(\frac{R_{Ay}}{R_{Ax}}\right) = \tan^{-1}\left(\frac{933.3}{533.3}\right) = 60.3°$$

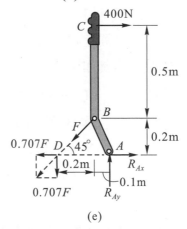

(e)

例題 4-8 ▶ 平面剛體的平衡

質量為 75 kg 的人站在質量為 5 kg 的均質梯子中點 G，如圖所示，設牆壁與地板都是光滑面，梯子以繩索 DE 繫住以防止滑動，試求繩索的張力以及牆壁與地板的反力。

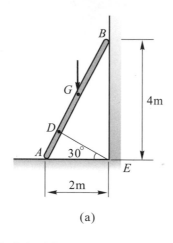

(a)

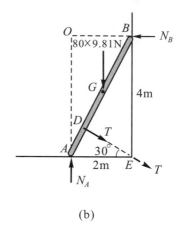

(b)

解 ▶ 欲求牆壁與地板作用於梯子的反力，以及繩索作用於梯子的張力，須取梯子的分離體圖，如(b)圖所示，顯示為一共面非共點非平行力系，其中含 N_A、N_B 及 T 三個未知量，恰有三個平衡方程式$\sum M = 0$，$\sum F_x = 0$ 及 $\sum F_y = 0$ 可以求解。為簡化聯立方程式，取 $\mathbf{N}_A$ 及 $\mathbf{N}_B$ 的交點 O 列力矩方程式，並將 D 點的張力沿其作用線移至 E 點，則

$\sum M_O = 0$ ； $(T\sin 30°)(2) - (T\cos 30°)(4) + (80 \times 9.81)(1) = 0 \cdots\cdots(1)$

$\sum F_x = 0$ ； $T\cos 30° - N_B = 0 \ \cdots\cdots\cdots\cdots\cdots\cdots\cdots\cdots\cdots(2)$

$\sum F_y = 0$ ； $N_A - T\sin 30° - (80 \times 9.81) = 0\cdots\cdots\cdots\cdots\cdots\cdots\cdots(3)$

由(1)式解得：$T = 318$ N ◀，

代入(2)(3)式，

得 $N_A = 943$ N ◀，$N_B = 275$ N ◀

例題 4-9 ▶ 平面剛體系統的平衡

AB 樑在 A 端為鉸支承，支持 115 N 的荷重，並在樑上放置一質量為 50 kg 的物體 C，如圖所示，此物體繫一繩索，繞過光滑的滑輪 D，而固定在樑的 B 端。今調整繩索的長度，使樑在水平位置保持平衡，試求(a)支承 A 的反力；(b)物體 C 與樑 AB 間的作用力。

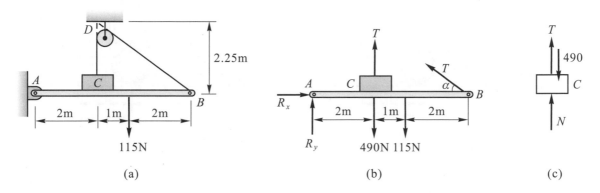

(a)　　　　　　　　　(b)　　　　　　　　　(c)

解 ▶ 將 AB 樑及物體 C 合為一體繪分離體圖，如(b)圖所示，為共面的非共點非平行力系，有三個獨立的平衡方程式，可解 T、R_x 及 R_y 三個未知力。

$\sum M_A = 0$；　$(T\sin\alpha)(5.00) + T(2.00) - 490(2.00) - 115(3.00) = 0 \cdots\cdots(1)$

式中　$\tan\alpha = \dfrac{2.25}{3.00} = 0.75$，$\sin\alpha = 0.6$，$\cos\alpha = 0.8$

代入(1)式得：$T = 265$ N

$\sum F_x = 0$，　$R_x - 0.8T = 0$　，　$R_x = 0.8(265) = 212$ N ◀

$\sum F_y = 0$，　$R_y + T + 0.6T - 490 - 115 = 0$

$R_y = 490 + 115 - 265 - 0.6(265) = 181$ N ◀

欲求物體 C 與 AB 樑間的作用力 N，取物體 C 的分離體圖，如(c)圖所示，由平衡方程式

$\sum F_y = 0$，　$N + T - 490 = 0$　，　得 $N = 490 - T = 490 - 265 = 225$ N ◀

例題 4-10 ▶ 平面平行力系的平衡

圖中堆高機的質量為 4900 kg，當 $d = 525$ mm 時的額定容量(rated capacity)為 $P = 3750$ kg，而超出額定容量的 30%時，堆高機將開始傾倒，試求(a)堆高機在未載重時重心的水平位置；(b)堆高機在額定容量時，每一前輪的反力。

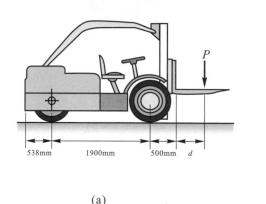

(a)

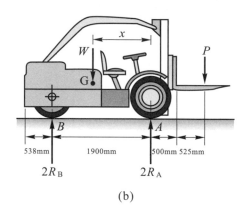

(b)

解 ▶ 繪堆高機的分離體圖，如(b)圖所示，其中 G 為堆高機的重心(不含負荷 P)，x 為堆高機重心 G 至前輪的水平距離，R_A 與 R_B 分別為每一前輪與後輪的反力。

(a)堆高機的負荷 P 達額定負荷的 130%時，$P = 1.3(3.750×9.81) = 47.82$ kN，此時堆高機即將向前傾倒，兩後輪正好與地面脫離接觸，$R_B = 0$，由共面平行力系的平衡方程式

$\sum M_A = 0$，　　$Wx = P(500 + 525)$

$(4.900×9.81)x = (47.82)(500 + 525)$　，　$x = 1020$ mm ◀

$\sum F_y = 0$，　　$2R_A = (4.900×9.81) + 47.82$　，　$R_A = 47.94$ kN

(b)堆高機負荷為額定負荷時，$P = 3.750×9.81 = 36.79$ N，參考(b)圖，每一前輪與後輪的反力，由共面平行力系的平衡方程式：

$\sum M_B = 0$，　　$2R_A(1900) = (4.900×9.81)(1900 - 1020) + 36.79(1900 + 1025)$

$R_A = 39.45$ kN (每一前輪) ◀

$\sum F_y = 0$，　　$2R_B + 2(39.45) = (4.900×9.81) + 36.79$

$R_B = 5.96$ kN (每一後輪) ◀

✏️ 觀念題

1. 一構件在 A 點有二力作用，在 B 點有三力作用，若此構件在平衡狀態，則 A、B 兩點之合力有何關係？

2. 一剛體只在三點受有作用力，此三力共面且不互相平行，若剛體在平衡狀態，則此三力有何關係？

3. 平面結構之支承在什麼情況時會造成不當拘束之不穩定現象？

4. 平面結構之支承，若欲達到靜定穩定之要求，則支承反力所需符合之限制條件為何？

5. 圖 4-7 之結構，下列各組平衡方程式何者無法解出全部之未知反力 (R_{Ax}, R_{Ay}, R_{By})？

(1) $\sum M_B = 0$，$\sum F_x = 0$，$\sum F_y = 0$

(2) $\sum F_x = 0$，$\sum M_A = 0$，$\sum M_C = 0$

(3) $\sum M_B = 0$，$\sum M_C = 0$，$\sum M_D = 0$

✏️ 習 題

4-1 圖(1)中所示為一系列的矩形板及其所用的支承方式，每一矩形板可能承受各種不同的共面負荷，試指出各板的支承方式屬於下列何種情形：

(a) 完全拘束的靜定支承。(b) 部份拘束的不穩定支承。

(c) 完全拘束的靜不定支承。(d) 不當拘束的不穩定支承。

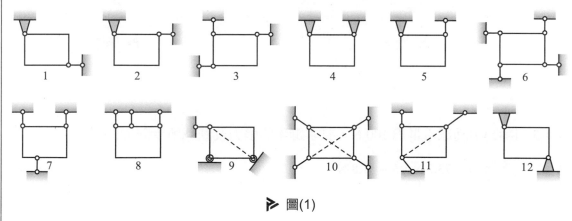

▶ 圖(1)

答 ▶ (a) 1，3，5；(b)無；(c) 4，6，12；(d) 2，7，8，9，10，11

4-2 試求圖(2)中 *AC* 及 *BD* 兩繩索的拉力。*W* = 450 N

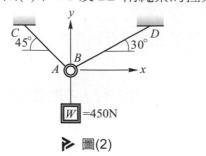

▷ 圖(2)

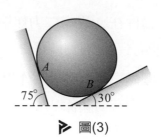

▷ 圖(3)

答▷ T_{AC} = 404 N，T_{BD} = 330 N

4-3 圖(3)中質量為 20 kg 的均質圓球靜止置於兩光滑的斜面上，試求圓球在 *A*、*B* 兩處接觸面上的正壓力。

答▷ N_A = 101.6 N，N_B = 196.2 N

4-4 試求圖(4)中兩彈簧的伸長量。

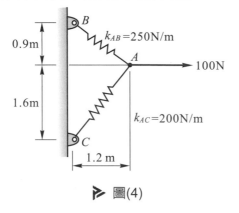

▷ 圖(4)

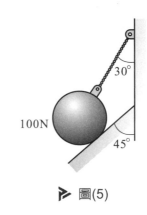

▷ 圖(5)

答▷ x_{AB} = 0.32 m，x_{AC} = 0.3 m

4-5 圖(5)中圓球重量為 100 N，試求繩索的張力及圓球所受斜面的反力。

答▷ *T* = 73.2 N，*N* = 51.8 N

4-6　圖(6)中圓柱重量 500 N 直徑 0.4 m，今欲將圓柱拉上高 0.1 m 的台階，則在圓柱上緣繩索所需的水平拉力爲若干？

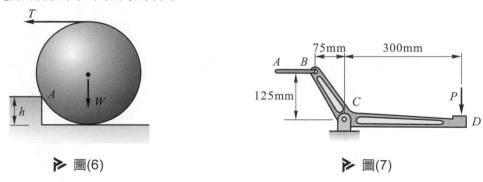

▷ 圖(6)

▷ 圖(7)

答　$T = 288$ N

4-7　圖(7)中水平鋼索 AB 上的拉力爲 1200 N 時，恰可使構件 BCD 保持平衡，試求 (a)垂直力 **P** 的大小；(b)支承 C 的反力。

答　(a) $P = 500$ N，(b) $R_C = 1300$ N

4-8　圖(8)中長度爲 9 m 的均質樑，質量爲 200 kg，承受三個垂直負荷，試求樑在 A、B 兩處滾動支承的反力。

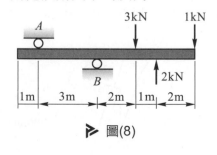

▷ 圖(8)

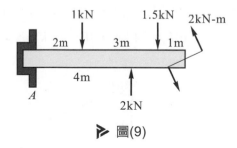

▷ 圖(9)

答　$R_A = 1.99$ kN；$R_B = 5.95$ kN

4-9　試求圖(9)中懸臂樑在固定端的反力。設樑重忽略不計。

答　$R = 0.5$ kN，$M = 0.5$ kN-m (cw)

4-10 圖(10)中的滑輪組支撐質量為 m 的物體，試求繩索 T 的張力。設滑輪及繩重忽略不計，且滑輪中心軸的摩擦亦忽略不計。

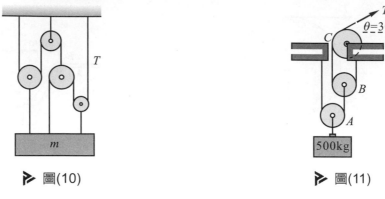

▶ 圖(10)　　　　　　　　　　　　　　　　　　▶ 圖(11)

 答　$T = mg\,/7$

4-11 圖(11)中滑輪組平衡時，試求滑輪 C 的支承反力。設滑輪及繩索的重量忽略不計，且滑輪中心軸的摩擦亦忽略不計。

 答　1226 N

4-12 圖(12)中所示為一可移動的吊車裝置，其中 A 為鉸支承，BD 為鋼索，橫樑 AD 的重量為 W，可移動吊車上的負荷為 P，試求在下列條件下鋼索的拉力及支承 A 的反力。(a)$P = 24$ kN，$W = 0$，$x = 3$ m，(b)$P = 24$ kN，$W = 0$，$x = 1.5$ m，(c)$P = 24$ kN，$W = 16$ kN，$x = 3$ m。

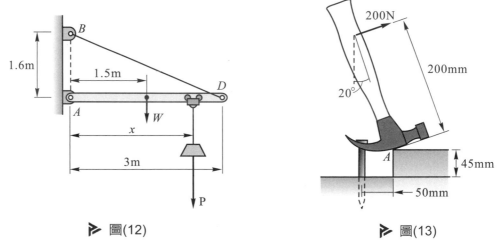

▶ 圖(12)　　　　　　　　　　　　　　　　　　▶ 圖(13)

答　(a)$T = 51$ kN，$R_A = 45$ kN，(b)$T = R_A = 25.5$ kN，

(c)$T = 68$ kN，$R_{Ax} = 60$ kN，$R_{Ay} = 8$ kN

4-13 圖(13)中鐵鎚拔起鐵釘需施力 200 N，試求拔起瞬間鐵釘所受的拉力及 A 處的反力。設 A 處接觸面甚為粗糙，拔釘時不會滑動。

答 $T = 800$ N，$R_A = 756$ N

4-14 圖(14)中起重桿欲吊起 10 kN 的鋼料，則 50 kN 的配重需放在何處。

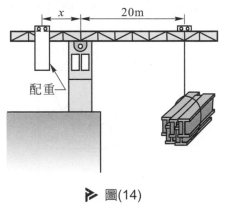

配重

▷ 圖(14)

答 $x = 4$ m

4-15 圖(15)中鋼樑質量為 200 kg，A 端以銷子焊固在鋼柱上，一質量為 80 kg 的人站在樑上垂直向上拉一繩索，此繩索穿過樑內之孔並經一無摩擦的滑輪，另一端則固定在樑上。當此人拉繩索的力為 300 N 時，試求 A 端的反力矩？

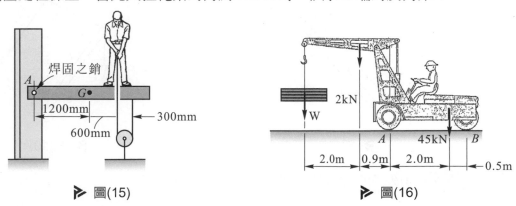

焊固之銷

A
G●
1200mm
600mm
300mm

▷ 圖(15)

2kN
W
A　　45kN　　B
2.0m　0.9m　2.0m　0.5m

▷ 圖(16)

答 $M = 4.94$ kN-m

4-16 圖(16)中所示為一起重車，其中吊臂的重量為 2 kN，車與人的重量為 45 kN，
(a)當吊重 $W = 20$ kN 時，試求前輪與後輪每一輪的反力，(b)避免起重車傾倒，
吊重 W 的最大值為若干？

答 (a)$R_A = 27.5$ kN，$R_B = 6.04$ kN，(b)$W_{max} = 30.4$ kN

4-17 圖(17)中圓柱 A 與 B 的重量都是 500N，圓柱 C 的重量為 1000N，試求所有接觸
面的作用力。

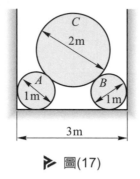

▷ 圖(17)

答 $F_{AC} = F_{BC} = 671$ N；$R_{Ax} = 447$ N，$R_{Ay} = 1000$ N；$R_{Bx} = 447$ N，$R_{By} = 1000$ N

4-18 圖(18)中均質桿 BC 的長度為 L，重量為 W，試求(a)平衡時繩子 CD 與水平方向
的夾角θ，及(b)兩繩索的拉力。繩索 AB 為水平。

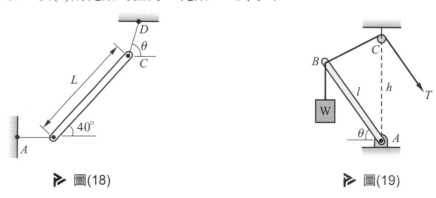

▷ 圖(18) ▷ 圖(19)

答 (a)$\theta = 59.2°$；(b)$T_{AB} = 0.596\ W$，$T_{CD} = 1.164\ W$

4-19 圖(19)中均質桿 AB 長度為 l(自重不計)，A 端為鉸支，B 端吊一荷重 W，並用一
繩索繞過滑輪施加拉力 T 以保持平衡，若平衡時的角度θ 增加，則(a)AB 桿的受
力增加或減少，(b)繩子的拉力增加或減小？

答 (a)不變，(b)減小

4-20 試求使圖(20)中質量爲 30 kg 的圓盤滾上高 40 mm 的台階所需的力偶矩 M。設圓盤與台階角落接觸面有足夠的摩擦而不會發生滑動。

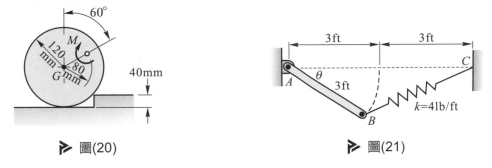

▶ 圖(20)

▶ 圖(21)

答 $M = 26.3$ N-m

4-21 圖(21)中均質桿 AB 在 $\theta = 0°$ 時，彈簧 BC 爲自由長度(未拉伸或壓縮)。而當 $\theta = 30°$ 時 AB 桿呈靜止平衡，試求 AB 桿的重量。彈力常數 $k = 4$ lb/ft。

答 5.35 lb

4-22 圖(22)中 AB 桿，A 端靠在牆角，B 端以繩索支撐，桿中央承受 150 N 的荷重，試求 A 處的反力及繩子的張力。設桿重忽略不計。

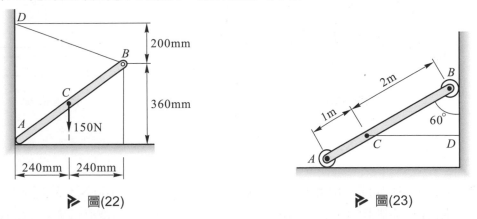

▶ 圖(22)

▶ 圖(23)

答 $R_A = 139$ N，$T_B = 69.6$ N

4-23 圖(23)中 AB 爲均質桿，質量爲 50 kg，兩端爲無摩擦的滾輪(重量不計)，試求平衡時繩索 CD 的拉力及 A、B 兩端的反力。

答 $T = 637$ N，$N_A = 490.5$ N，$N_B = 637$ N

4-24 圖(24)中長 1.5 m 的繩索固定在 A、B 兩點，並用滑輪(可在繩上移動)吊一質量為 m 的物體，試求平衡時繩中的張力及距離 x。設滑輪及繩索的重量忽略不計，且滑輪的摩擦亦忽略不計。

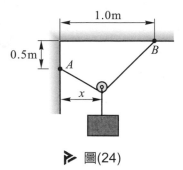

1.0m

0.5m

A

B

x

▶ 圖(24)

答 $x = 0.276$ m，$T = 0.671$ mg

4-25 用扳手轉動圖(25)中圓軸所需的扭矩為 80 N-m，試求此時在 A 處的作用力。設圓軸表面為光滑，扳手在 B 處的銷子是塞入圓軸表面的小孔內。

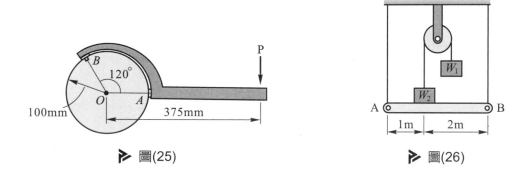

B

120°

O

A

100mm

375mm

P

▶ 圖(25)

W_1

W_2

A

B

1m

2m

▶ 圖(26)

答 $R = 1047$ N

4-26 圖(26)中均質桿 AB 重量為 40 N，$W_1 = 25$ N，$W_2 = 100$ N，系統呈靜止平衡，試求(a)A 端繩索的張力，(b)W_2 與 AB 桿間的作用力。設滑輪與繩索的重量忽略不計，且滑輪中心軸的摩擦亦忽略不計。

答 (a)70 N，(b)75 N

4-27 圖(27)中 A、B 兩物體以連桿連接並分別置於兩側的光滑斜面上(斜面傾角均為 45°)，試求平衡時連桿的拉力及傾斜角度 α。物體 A 的重量為 2W，物體 B 的重量為 W。連桿重量忽略不計且與 A、B 兩物體以光滑銷子連接。

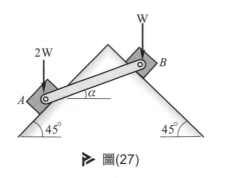

▶ 圖(27)

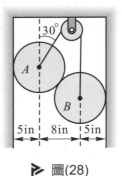

▶ 圖(28)

答 $F = 1.58\ W$，$\alpha = 18.4°$

4-28 圖(28)中兩光滑圓柱的重量分別為 $W_A = 50$ lb 及 $W_B = 10$ lb，試求平衡時繩中的張力及 A、B 兩圓柱間的作用力。滑輪及繩索的重量忽略不計，且滑輪的中心軸為光滑。

答 $T = 32.2$ lb，$F_{AB} = 37$ lb

4-29 圖(29)中圓柱重量為 100 lb，均質桿 AB 重量為 20 lb，試求支承 A 的反力。設所有接觸面為光滑。

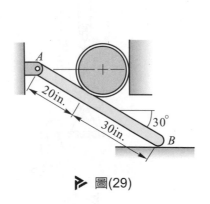

▶ 圖(29)

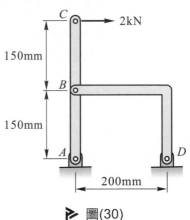

▶ 圖(30)

答 $R_A = 80.9$ lb

4-30 試求圖(30)中結構在支承 A、D 的反力。設桿件重量忽略不計。

答 $R_A = 3.62$ kN，$R_D = 5.00$ kN

4-31 長度爲 $3R$ 的均勻桿子 AB，放在半徑爲 R 的半球形碗內，如圖(31)所示，若摩擦忽略不計，則桿子平衡時角度 θ 應爲若干？

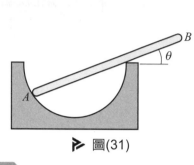

▷ 圖(31)

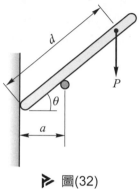

▷ 圖(32)

答 $\theta = 23.2°$

4-32 試求圖(32)中均質桿子平衡時的角度 θ，設桿的重量忽略不計，且所有接觸面爲光滑。

答 $\cos^3 \theta = \dfrac{a}{d}$

4-33 試求圖(33)中 80 kg 的工人所須作用在繩索的拉力 P，以便支撐自己坐在工作椅上，並求工人與工作椅間的作用力。工作椅、滑輪及繩索的重量忽略不計，且滑輪的中心軸無摩擦。

▷ 圖(33)

答 $P = 157$ N，$R = 628$ N

4-4 // 空間力系的平衡

◆支承反力(三維)

　　欲分析空間中剛體或結構的平衡問題，必須先繪其分離體圖，而正確繪出分離體上所受的力，則必須先瞭解空間支承的未知反力，常見的空間支承及其所相應的未知反力有下列幾種情形：

1. 一個未知反力的支承

　　此類支承只限制了一個方向的移動，故其未知量只是一個方向已知但大小未知的反力，如圖 4-16 所示，其中(a)圖為繩索，(b)圖為光滑接觸面，(c)圖為滾支承。

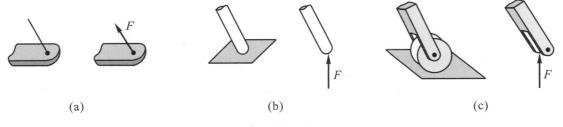

　　　　(a)　　　　　　　　　　　(b)　　　　　　　　　　　(c)

▷ 圖 4-16

2. 三個未知反力的支承

　　此類支承限制了任意方向的移動，但無法限制轉動，因此具有三個互相垂直方向的未知反力，如圖 4-17 中所示的球窩軸承(ball bearing)。另外，粗糙的接觸面也同樣具有三個互相垂直方向的未知反力。

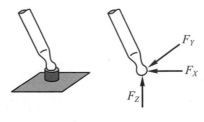

▷ 圖 4-17

球窩支承(三個未知反力的支承)

3. 四個未知反力的支承

參考圖 4-18(a)中的滑動軸承或頸軸承(journal bearing)，因軸可沿 y 方向移動及繞 y 軸轉動，x 軸及 z 軸方向之移動及轉動被限制，故有 F_x、F_z、M_x 及 M_z 四個未知反力。但必須要注意，使用雙滑動軸承時，反力矩可由另一軸承的反力支撐，此時每一滑動軸承都只有與桿軸垂直的反力，如圖 4-18(b)所示。

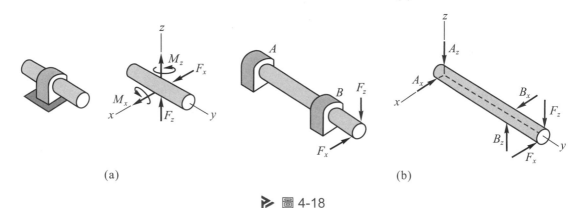

(a)   (b)

▶ 圖 4-18

4. 五個未知反力的支承

參考圖 4-19 中所示的鉸支承與鉸鏈，因可繞 x 軸自由轉動，故未知反力包括 F_x、F_y、F_z、M_y 及 M_z 五個。另外，還有圖 4-20 中所示的止推滑動軸承(thrust bearing)也是屬於此種情形。

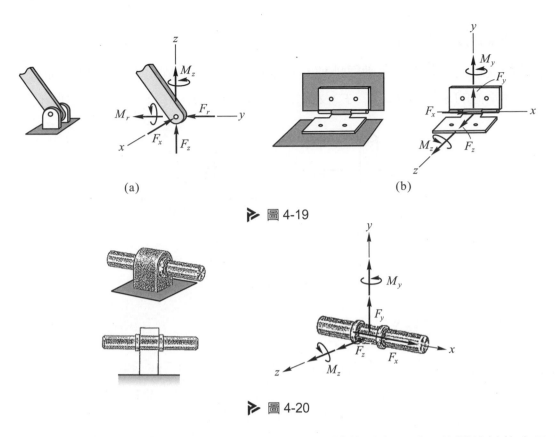

(a)　　　　　　　　　　　　　(b)

▶ 圖 4-19

▶ 圖 4-20

使用雙鉸鏈時，因單鉸鏈的反力矩可由另一鉸鏈的反力承受，故雙鉸鏈的支承亦無反力矩存在，如圖 4-21 所示。

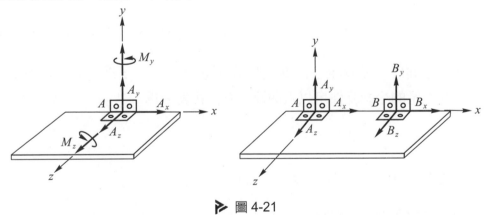

▶ 圖 4-21

5. 六個未知反力之支承

此種支承完全限制了移動與轉動,如圖 4-22 中所示的固定支承,其反力包括三個互相垂直的未知力(F_x、F_y、F_z)及未知力偶矩(M_x、M_y、M_z),故總共有六個未知量。

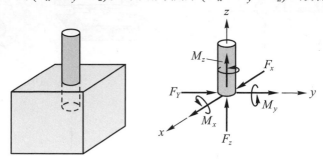

▷ 圖 4-22

◆ 平衡方程式(三維)

剛體或構件所受的空間力系在平衡狀態時,其力系的合成為零,由 3-5 節可知力系合成等於零的條件為:(1)$\mathbf{R} = 0$,即力系的合力等於零;(2)$\mathbf{M}_O = 0$,即力系對任一點 O 的力矩和等於零。上述兩個條件用向量式表示為

$$\mathbf{R} = \sum \mathbf{F}_i = (\sum F_x)\ \mathbf{i} + (\sum F_y)\ \mathbf{j} + (\sum F_z)\ \mathbf{k} = 0 \tag{4-10}$$

與
$$\mathbf{M}_O = \sum(\ \mathbf{r}_i \times F_i) + \sum C_i = (\sum M_x)\ \mathbf{i} + (\sum M_y)\ \mathbf{j} + (\sum M_z)\ \mathbf{k} = 0 \tag{4-11}$$

其中 $\mathbf{r}_i$ 為空間任一點 O 至各力 $\mathbf{F}_i$ 的位置向量,而 x、y、z 為通過原點 O 的直角坐標軸。故空間力系的平衡條件可以六個純量方程式表示為

$$\sum F_x = 0 \quad , \quad \sum F_y = 0 \quad , \quad \sum F_z = 0$$

$$\sum M_x = 0 \quad , \quad \sum M_y = 0 \quad , \quad \sum M_z = 0 \tag{4-12}$$

前三式表示空間力系平衡時,力系在 x、y、z 三軸方向的分量和都等於零,而後三式則表示力系對 x、y、z 三軸的力矩和都等於零。因此空間中穩定的平衡剛體,其分離體圖的力系,若未知量不超過六個,必可由平衡方程式解出。但對某些特殊的空間力系,其獨立的平衡方程式並不是六個,而視力系的特性而定,以下是經常碰到的兩個特殊空間力系:

1. 空間共點力系

由 3-5 節可知，空間共點力系的合成為一單力 $\mathbf{R}$，且 $\mathbf{R} = (\sum F_x)\,\mathbf{i} + (\sum F_y)\,\mathbf{j} + (\sum F_z)\,\mathbf{k}$。當 $\mathbf{R} = 0$ 時，力系在平衡狀態，故空間共點力系有三個獨立的平衡方程式，即

$$\sum F_x = 0 \quad , \quad \sum F_y = 0 \quad , \quad \sum F_z = 0 \tag{4-13}$$

2. 空間平行力系

由 3-5 節可知，空間平行力系的合成為一單力 $\mathbf{R}$ 或一力偶矩 $\mathbf{M}o$，設力系朝向 y 方向，則 $\mathbf{R} = (\sum F_y)\,\mathbf{j}$，$\mathbf{M}o = (\sum M_x)\,\mathbf{i} + (\sum M_z)\,\mathbf{k}$。當 $\mathbf{R} = 0$ 且 $\mathbf{M}o = 0$ 時，力系的合成為零，即力系在平衡狀態，故空間平行力系有三個獨立的平衡方程式，即

$$\sum F_y = 0 \quad , \quad \sum M_x = 0 \quad , \quad \sum M_z = 0 \tag{4-14}$$

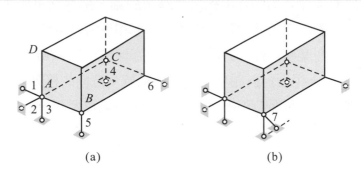

(a)　　　　　　　　(b)

▷ 圖 4-23

◆靜定性及穩定性(三維)

空間中的結構(或剛體)被完全拘束且支承的未知反力數恰等於平衡方程式的數目，則此結構稱為靜定結構。參考圖 4-23(a)中的剛體，角落 A 被連桿 1、2、3 完全限制不能移動，而連桿 4、5、6 則限制了剛體不能繞連桿 1、2、3 的軸轉動，故整個剛體被完全拘束。又六根連桿有六個未知的支承反力，恰可用空間力系的六個獨立平衡方程式解出，故為靜定結構。至於圖 4-23(b)中的剛體，因多了第 7 根連桿的支撐，雖仍然為完全拘束，但有七個未知反力，無法全部用平衡方程式解出，故為靜不定結構，而多餘的第七根連桿所生的反力稱為贅力。

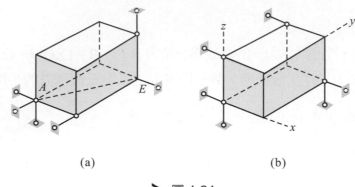

(a)   (b)

▶ 圖 4-24

  上述提到欲完全拘束空間的結構(或剛體)，所需的支承至少要有六個未知反力。
若支承的配置不當，雖同樣有六個未知反力，但結構僅為部份拘束，是不完全固定的
不穩定結構。有關空間結構的穩定性分析相當複雜，圖 4-24 中所示為兩個不穩定結構
的例子。(a)圖中所有支承反力的作用線都通過 AE 軸，這些拘束無法抵抗剛體繞 AE
軸的轉動，但是若剛體所受的外力對 AE 軸的力矩和為零時則恰可保持平衡，即不完
全固定的不穩定結構在某些特殊外力作用下可恰好保持平衡。(b)圖中為所有支承反力
都在互相平行的平面(xz 平面)上，這些拘束無法抵抗 y 方向的移動，但是若剛體所受 y
方向的外力和為零時則恰可保持平衡。本書所列的例題及習題，都是適當拘束的穩定
結構。

例題 4-11　空間力系的平衡

圖中長度為 7 m 的均質鋼桿，質量為 200 kg，A 端以球窩軸承支撐，B 端斜靠在光滑的牆角，試求 A、B 兩端的反力。

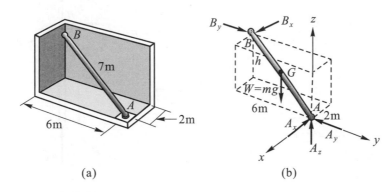

(a)　　　　　　(b)

解　繪鋼桿 AB 的分離體圖，並在 A 點設定直角坐標系，其中 B 點的垂直高度為 h，由畢氏定理 $7 = \sqrt{2^2 + 6^2 + h^2}$，得 $h = 3$ m。

圖中共有五個未知力(A_x、A_y、A_z、B_x 及 B_y)。首先對 x 軸取力矩方程式，即

$\sum M_x = 0$;　$(200\times98.1)(3) - B_y(3) = 0$,　$B_y = 1962$ N◀

同理，再對 y 軸取力矩方程式

$\sum M_y = 0$;　$-(200\times98.1) + B_x(3) = 0$,　$B_x = 654$ N◀

其餘三個未知量(A_x、A_y、A_z)，由直角分量的平衡方程式求解，即

$\sum F_x = 0$;　$-A_x + 654 = 0$,　$A_x = 654$ N◀

$\sum F_y = 0$;　$-A_y + 1962 = 0$,　$A_y = 1962$ N◀

$\sum F_z = 0$;　$A_z - 1962 = 0$,　$A_z = 654$ N◀

例題 4-12 ▶ 空間共點力系的平衡(含二力構件)

試求圖中鋼索 BC 與 BD 的拉力以及 A 端球窩支承的反力。設 AB 桿的重量忽略不計。

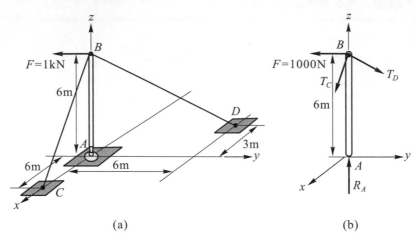

(a)   (b)

解 ▶ 繪 AB 桿的分離體圖,如(b)圖所示,因 AB 桿只在 A、B 兩點受力,故 AB 桿
為二力構件,A 端球窩支承的反力 R_A 沿 A、B 兩點的連線(B 端三力 $\mathbf{F}$、$\mathbf{T}_D$、
$\mathbf{T}_C$ 的合力亦沿 A、B 兩點的連線)。由分離體圖可看出 AB 桿承受空間共點力系。

首先求各力的直角分量

$\mathbf{F} = -1000\,\mathbf{j}$ N

$\mathbf{R}_A = R_A\,\mathbf{k}$

$\mathbf{T}_C = T_C(\dfrac{1}{\sqrt{2}}\mathbf{i} - \dfrac{1}{\sqrt{2}}\mathbf{k})$

$\mathbf{T}_D = T_D\left(\dfrac{-3\mathbf{i} + 6\mathbf{j} - 6\mathbf{k}}{\sqrt{(-3)^2 + 6^2 + (-6)^2}}\right) = -\dfrac{1}{3}T_D\mathbf{i} + \dfrac{2}{3}T_D\mathbf{j} - \dfrac{2}{3}T_D\mathbf{k}$

由空間共點力系的平衡方程式

$\sum F_y = 0$, $\dfrac{2}{3}T_D - 1000 = 0$, $T_D = 1500$ N ◀

$\sum F_x = 0$, $\dfrac{T_C}{\sqrt{2}} - \dfrac{1}{3}T_D = 0$, $T_C = \dfrac{\sqrt{2}}{3}(1500) = 500\sqrt{2}$ N ◀

$\sum F_z = 0$, $R_A - \dfrac{T_C}{\sqrt{2}} - \dfrac{2}{3}T_D = 0$, $R_A = \dfrac{1}{\sqrt{2}}\left(500\sqrt{2}\right) + \dfrac{2}{3}(1500) = 1500$ N ◀

例題 4-13　空間力系的平衡

圖中所示為一起重裝置，A、B 兩處為滑動軸承，今在手柄上施加 $F = 260$ lb 的力，試求(a)所能吊起的重量 W，(b)此時軸承 A、B 的反力。設軸及滑輪的重量忽略不計。

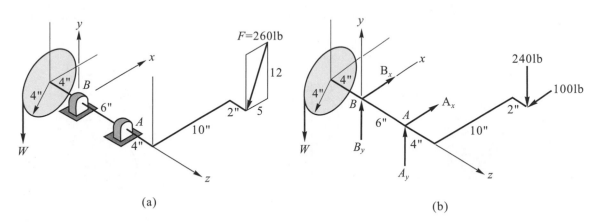

(a)　　　　　　　　　　　　　　　　(b)

解 繪 AB 軸的分離體圖，如(b)圖所示，共有 5 個未知力(W、A_x、A_y、B_x 及 B_y)，則由空間力系的平衡方程式：

$\sum M_z = 0$，　$W(4) - 240(10) = 0$　，　$W = 600$ lb ◄

$\sum M_y = 0$，　$A_x(6) - 100(12) = 0$　，　$A_x = 200$ lb ◄

$\sum M_x = 0$，　$-A_y(6) + 240(12) - W(4) = 0$　，　$A_y = 80$ lb ◄

$\sum F_x = 0$，　$A_x + B_x - 100 = 0$　，　$B_x = -100$ lb ◄

$\sum F_y = 0$，　$A_y + B_y - W - 240 = 0$　，　$B_y = 760$ lb ◄

註：解得 B_x 為負值，表示(b)圖中 B_x 所假設的方向為錯誤，即 B_x 應朝($-x$)方向。

例題 4-14 ▶ 空間共點力系的平衡

　　圖中空心圓環靜置於水平桌面上，四個質量均為 m 的光滑鋼球分二層放入圓環中。空心圓環的內徑大小恰巧可容納三球，試求鋼球"I"與桌面間作用力的大小，以及鋼球"I"與圓環間的作用力。

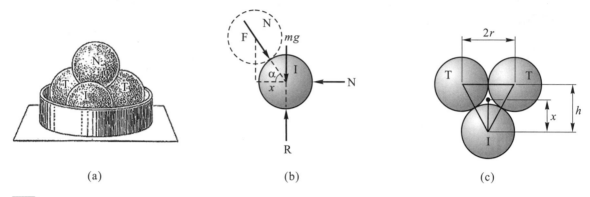

(a)　　　　　　　　　(b)　　　　　　　　　(c)

解 ▶ 設底層三球與桌面間的正壓力為 R，若將四球視為一體考慮分離體圖，則由

$$\sum F_y = 0 , \quad 3R = 4mg , \quad 得 \quad R = \frac{4}{3}mg ◀$$

再取"I"球的自由體圖，如(b)圖所示，其中 **N** 為"I"球與圓環間的作用力，而 **F** 為"I"球與上面"N"球間的作用力。若欲決定 **F** 力的方向，需先求得距離 x。考慮下層三球的上視圖，如(c)圖所示，x 為三球球心所形成等邊三角形的形心與頂點的距離，亦即為"I"球球心與"N"球球心間的水平距離，則

$$x = \frac{2}{3}h = \frac{2}{3}\left(\frac{\sqrt{3}}{2}(2r)\right) = \frac{2\sqrt{3}r}{3}$$

得(b)圖中：$\cos\alpha = \dfrac{x}{2r} = \dfrac{\sqrt{3}}{3}$，$\sin\alpha = \dfrac{\sqrt{6}}{3}$

由"I"球所受力系(平面共點力系)的平衡方程式

$$\sum F_y = 0 , \quad R - mg - F\sin\alpha = 0 , \quad \frac{4}{3}mg - mg - F\left(\frac{\sqrt{6}}{3}\right) = 0 , \quad F = \frac{mg}{\sqrt{6}} ◀$$

$$\sum F_x = 0 , \quad N - F\cos\alpha = 0 , \quad N = F\cos\alpha = \frac{mg}{\sqrt{6}}\left(\frac{\sqrt{3}}{3}\right) = \frac{mg}{3\sqrt{2}} = \frac{\sqrt{2}}{6}mg ◀$$

✏️ 習　題

4-34 圖(34)中均質方形鋼板，質心在 G 點，質量為 1800 kg，以三條鋼索支撐而呈水平平衡，試求各鋼索的張力。

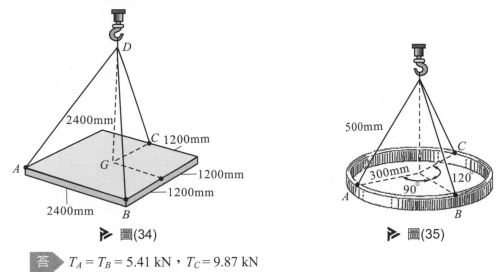

▶ 圖(34)　　　　　　　　　　　　　　▶ 圖(35)

答 $T_A = T_B = 5.41$ kN，$T_C = 9.87$ kN

4-35 圖(35)中均質圓環的質量為 50 kg，直徑為 600 mm，以三條鋼索支撐而呈水平平衡，鋼索長度均為 500 mm，試求鋼索的張力。

答 $T_A = 225$ N，$T_B = 130$ N，$T_C = 259$ N

4-36 圖(36)中燈具的重量為 20 lb，試求 DA、DB 及 DC 三條繩索的張力。

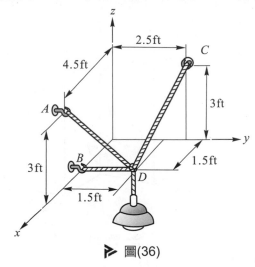

▶ 圖(36)

答 $T_{DA} = 10.0$ lb，$T_{DB} = 1.11$ lb，$T_{DC} = 15.6$ lb

4-37 圖(37)中 *AO* 桿在 *O* 端為球窩支承，在 *A* 端以繩索 *AB* 及 *AC* 支撐質量為 15 kg 的重物，試求繩索 *AB* 與 *AC* 的張力及支承 *O* 的反力。

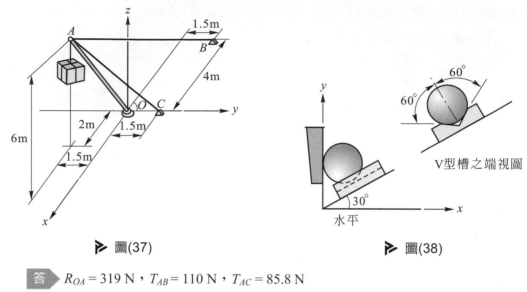

▶ 圖(37)　　　　　　　　　　　　　　　　　　▶ 圖(38)

答 R_{OA} = 319 N，T_{AB} = 110 N，T_{AC} = 85.8 N

4-38 圖(38)中光滑均質圓球的重量為 *W*，停放於垂直光滑面與傾斜的 V 型槽間。設忽略圓球與各接觸面間的摩擦力，試求圓球與 V 型槽接觸面間作用力的大小。

答 $2W/3$

4-39 圖(39)中光滑均質的圓球質量為 *m*，半徑為 *r*，以長度為 2*r* 的鋼索 *AB* 懸靠在互相垂直的光滑直牆，試求牆壁對圓球的反力 *R*。

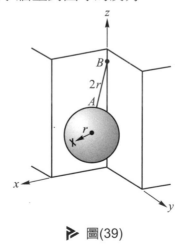

▶ 圖(39)

答 $R = mg/\sqrt{7}$

4-40 圖(40)中均質的水泥板重量爲 5500 lb，以三條鋼索支撐而呈水平平衡，試求三條鋼索的張力。

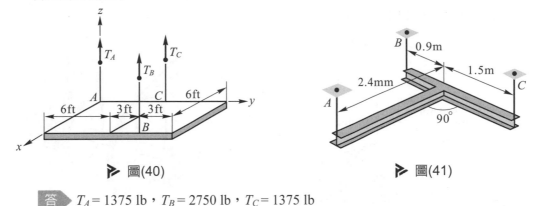

圖(40)

圖(41)

答 $T_A = 1375$ lb，$T_B = 2750$ lb，$T_C = 1375$ lb

4-41 圖(41)中兩根 I 型鋼樑焊接在一起並以三條垂直的繩索支撐而呈水平平衡，每一根 I 型鋼樑(長度爲 2.4m)的質量爲 100 kg，試求三條繩索的張力。

答 $T_A = 490$ N，$T_B = 797$ N，$T_C = 674$ N

4-42 圖(42)中均質桿 AB 的質量爲 200 kg，B 端爲球窩支承，並在 A 端以兩條繩索 AC 及 AD 支撐，試求繩索 AC 的張力及支承 B 的反力大小。

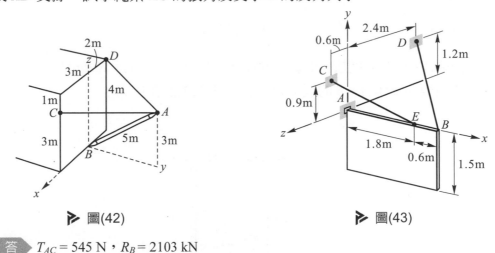

圖(42)

圖(43)

答 $T_{AC} = 545$ N，$R_B = 2103$ kN

4-43 圖(43)中質量爲 120 kg 之均質招牌(1.5 m×2.4m)以 A 端之球窩支承及繩索 CE、BD 支撐，試求繩索 CE 與 BD 的張力及支承 A 的反力。

答 $T_{CE} = 1373$ N，$T_{BD} = 441$ N，$\mathbf{R}_A = (1471\ \mathbf{i} + 441\ \mathbf{j} - 98.1\ \mathbf{k})$ N

4-44 圖(44)中水平軸 BE 的兩端連接槓桿 AB 及滑輪 E，今在槓桿的 A 端施加一向下的垂直力 450 N，試求平衡時滑輪上水平繩索的張力及支承 C、D 的反力。設滑輪、槓桿及軸的重量忽略不計。

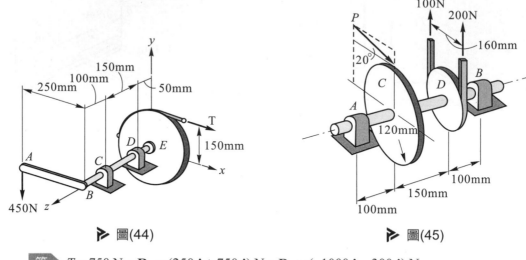

圖(44)　　　　　　　　　　　**圖(45)**

答 $T = 750$ N，$\mathbf{R}_C = (250\,\mathbf{i} + 750\,\mathbf{j})$ N，$\mathbf{R}_D = (-1000\,\mathbf{i} - 300\,\mathbf{j})$ N

4-45 圖(45)中齒輪 C 驅動皮帶輪 D 以等角速轉動，試求齒輪上的作用力 P 及支承 A、B 的反力大小。設齒輪、皮帶輪及軸的重量忽略不計。

答 $P = 70.9$ N，$R_A = 83.3$ N，$R_B = 208$ N

4-46 圖(46)中均質的門板，重量為 60 N，今施加一垂直於門板的作用力 $P = 80$ N，試求門板在支承 A、B 的反力及阻銷 C 對門板的作用力。

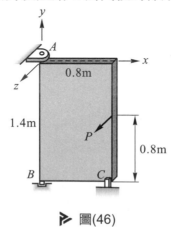

圖(46)

答 $A_x = -17.1$N，$A_z = -45.7$N，$B_x = 171.1$N，$B_y = 60$N，$B_z = 45.7$N，$R_C = 80$N

5 結構平衡

5-1 桁 架

桁架(truss)是將細長桿件的兩端連接而組成的一種結構，如圖 5-1 所示，組合的桿件通常為木桿、金屬桿、角鐵或槽鐵等，而各桿件的兩端通常以焊接、鉚接或螺栓固定在角牽扳上，如圖 5-1(a)所示，也可以用光滑銷釘(或螺栓)穿過各桿件兩端組合而成，如圖 5-1(b)所示，一般繪成簡圖，如圖 5-1(c)所示。

(a)   (b)   (c)

▷ 圖 5-1

桁架中所有組成桿件及所受的負荷都在同一平面上者，稱為平面桁架(planar truss)，常用於屋頂及橋樑結構。圖 5-2(a)為一典型的屋頂桁架，屋頂上所承受的荷重，經由各縱樑(如圖中 DD′)，傳遞至兩側桁架的接點上，而構成圖 5-2(b)中所示的平面桁架。圖 5-3(a)中所示為橋樑桁架，底板(deck)上所承受的荷重，經縱樑(stringer)傳遞至底樑(floor beam)，最後傳遞至兩側桁架的接點(B、C、D)上，兩側桁架如圖 5-3(b)所示，為一平面桁架。

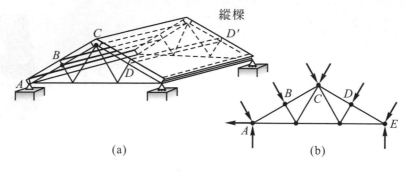

(a)   (b)

▷ 圖 5-2

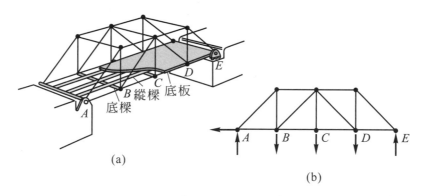

(a)   (b)

▷ 圖 5-3

充電站

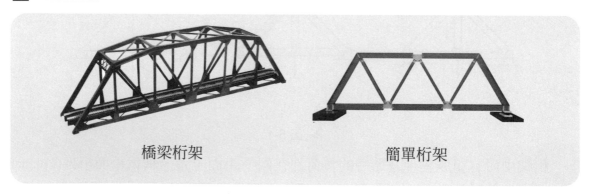

橋梁桁架   簡單桁架

本節主要在分析平面桁架承受負荷時每一桿件的受力情形，為簡化分析過程，通常作下列兩項假設：

(1) 各桿件兩端的連接處，不論是以鉚接或桿接的方式接合，都視為以光滑的銷釘連接。

(2) 所有負荷都是作用在接點上，對於橋樑或屋頂桁架，此項假設與實際情形甚為接近。至於桿件的重量一般甚小於桁架的負荷，分析時桿件的重量可忽略不計。

由上述的假設，可知桁架的每一桿件只在兩端的連接處有受力，因此各桿件均為二力構件，即桿件兩端的作用力必大小相等方向相反且沿桿件的中心軸，故桿件必承受拉力負荷或壓力負荷，如圖 5-4 所示。

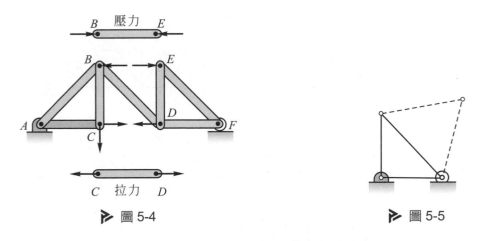

▶ 圖 5-4　　　　　　　　　　　▶ 圖 5-5

桁架必須有支承方能承受負荷，但平面桁架的支承必須為完全拘束的靜定支承，故有三個未知的支承反力。

桁架是將細長桿件的兩端連接而組成的結構，但桿件的組成有一定的規則，本節所要討論的是簡單桁架(simple truss)，此種桁架的組成是以三角桁架為基礎，然後每增加兩根桿件就增加一個接點(但此接點不得與另兩接點在同一直線上)，如圖 5-5 所示，至於圖 5-6(a)及圖 5-6(b)中所示分別為常用於屋頂及橋樑的幾種簡單桁架。

▯ 充電站

桁架結構重量輕且有足夠的強度

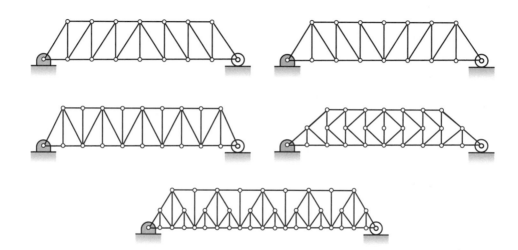

(a)常用的樑橋桁架

▶ 圖 5-6(a)

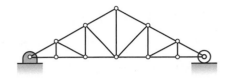 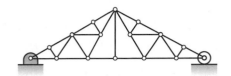

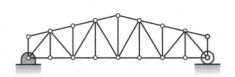 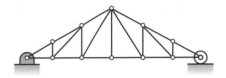

(b)常用的屋頂桁架

▶ 圖 5-6(b)

充電站

空間桁架

簡單桁架中的桿件數 b 與接點數 j 間存在有一特定的關係，因簡單桁架的基本組成為三根桿件及三個接點，而完成桁架所需再附加的桿件數與接點數分別為$(b-3)$及$(j-3)$，兩者比為 2：1，即$(b-3)$：$(j-3)$ = 2：1，得 $(b-3) = 2(j-3)$，即

$$b + 3 = 2j \qquad\qquad (5\text{-}1)$$

式中($b + 3$)代表桁架中的所有未知量，包括支承反力及桿件內力，靜定支承之未知反力數為 3，而桁架中每一桿件為二力構件，相當於有一未知之軸向拉力或壓力。至於 $2j$ 表示桁架中平衡方程式的數目，因桁架中每一接點的分離體圖為共面共點力系，有二個平衡方程式。故靜定支承的簡單桁架，其未知數恰等於平衡方程式的數目，此種桁架稱為**靜定桁架**(statically determinate truss)。

若桁架內桿件的組合不適當，雖支承為靜定，但仍然無法形成靜定桁架。參考圖 5-7，圖(a)中 $b + 3 = 2j$($b = 13$，$j = 8$)，為靜定桁架。圖(b)中 $b + 3 > 2j$($b = 15$，$j = 8$)，稱為**靜不定桁架**(statically indeterminate truss)。圖(c)中 $b + 3 < 2j$($b = 12$，$j = 8$)，此種情形在外加負荷作用下桁架會崩潰，稱為**不穩定桁架**。另外靜定支承的桁架，其桿件數 b 及接點數 j 的關係雖然可符合 $b + 3 = 2j$，但不一定可形成靜定桁架，如圖(d)所示，在外加負荷作用下仍然會崩潰，屬於不穩定的桁架。故靜定支承的簡單桁架必為靜定桁架，且必符合 $b + 3 = 2j$ 的關係，但符合 $b + 3 = 2j$ 的桁架不一定為靜定桁架，因此在判斷桁架的靜定性及穩定性時，應先判斷桁架的組成有無不穩定性，然後再判斷靜定性。

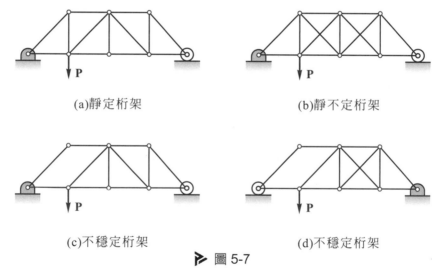

(a)靜定桁架   (b)靜不定桁架

(c)不穩定桁架   (d)不穩定桁架

▷ 圖 5-7

本章所分析的桁架都是靜定支承的簡單桁架，屬於靜定桁架，可用平衡方程式求解，通常使用**接點法**(method of joints)與**截面法**(method of sections)。

◆接點法

接點法是將連接在同一接點的所有桿件移去，然後將接點單獨取出繪分離體圖，如圖 5-8(a)中的桁架，接點 *A*、*B*、*C*、*D* 的分離體圖如(b)圖所示，圖中顯示，每一接點的分離體圖都是共面的共點力系，有兩個獨立的平衡方程式，4 個接點共有 8 個平衡方程式，可解得 8 個未知量，包括五根桿件的受力及三個支承反力。

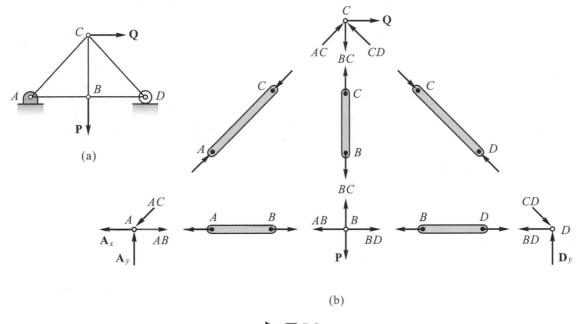

▷ 圖 5-8

用接點法求解桁架桿件的內力時，須先從未知量僅有二個的接點開始，通常為桁架的外端或支承的接點，然後逐一求解，同樣，每一接點必須只有二個未知量，直到所有桿件都解出為止。

下列三種特殊接點可直接判斷某些桿件的受力，並簡化桁架的分析：

(1) 一接點有四根桿件或有三根桿件及一外力，若四力(桿件內力或外力)形成兩相交直線，則同一直線上的兩力必相等。如圖 5-9(a)中的接點 *A*，$f_1 = f_3$，$f_2 = f_4$。
參考圖 5-10 之節點 *B*，$\mathbf{F}_{BJ} = 10$ kN(拉力)，$\mathbf{F}_{AB} = \mathbf{F}_{BC}$。

(2) 一接點有三根桿件或有二根桿件及一外力，若其中有二力(桿件內力或外力)共線，則第三力必等於零，且共線的二力必相等。如圖 5-9(b) 的接點 *B*，f_5 及 f_6 共線，則 $f_7 = 0$，$f_5 = f_6$。

參考圖 5-10 的接點 H，得 $\mathbf{F}_{CH} = 0$，$\mathbf{F}_{HJ} = \mathbf{F}_{GH}$，再由接點 F，$\mathbf{F}_{EF} = 0$，$\mathbf{F}_{FG} = 5\text{kN}$(拉力)。

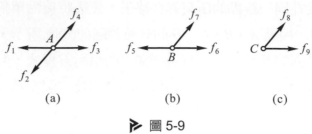

▶ 圖 5-9

(3) 一接點只有二根桿件，若兩桿件不成一直線且無外力作用，則兩桿件的受力都等於零。如圖 5-9(c)之接點 C，$f_8 = f_9 = 0$。

參考圖 5-10 的接點 K，$\mathbf{F}_{KA} = \mathbf{F}_{KJ} = 0$。

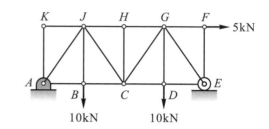

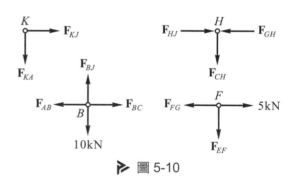

▶ 圖 5-10

◆截面法

有時只是求桁架中某幾根特殊桿件的內力，若使用接點法分析將過於繁複，則必須考慮使用截面法分析。截面法是將桁架從所欲求的桿件處將桁架切開成兩半而繪分離體圖，如圖 5-11 所示，切開後兩半部都是共面的非共點非平行力系，有三個平衡方程式，可解三個未知量。故以截面法分析將桁架切開時，每次只能切到三根未知桿件。

通常若適當地選取力矩中心或分量和的方向，每一根未知桿件的內力只用一個平衡方程式即可解出，而不必使用複雜的聯立方程式求解，如圖 5-11(b)中，對 C 點取力矩平衡方程式($\sum M_C = 0$)，可直接求得 $\mathbf{F}_{BD}$，對 D 點取力矩平衡方程式($\sum M_D = 0$)，可直接求得 $\mathbf{F}_{CE}$，而由 y 方向分量的平衡方程式($\sum F_y = 0$)可直接求得 $\mathbf{F}_{CD}$。

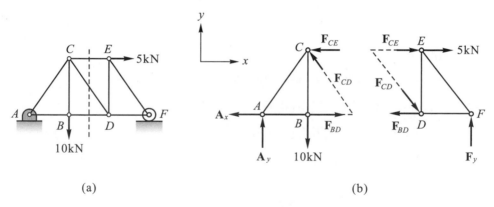

(a)　　　　　　　　　　　(b)

▷ 圖 5-11

例題 5-1 ▷ 接點法及截面法

(a)用接點法求圖中桁架各桿件的內力。

(b)用剖面法求 BD、BE 及 CE 三桿件的內力。

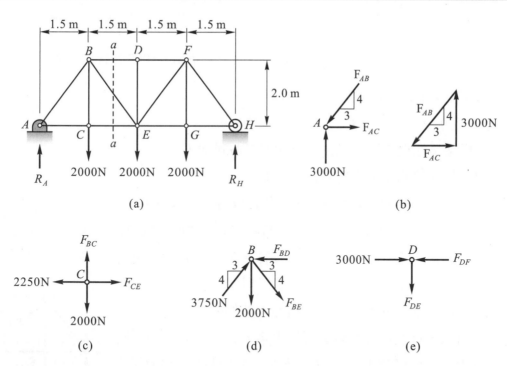

解▷(a)求支承反力：

取整個桁架的分離體圖，由平衡方程式

$\sum M_H = 0$ ， $R_A(6.0) - 2000(4.5) - 2000(3.0) - 2000(1.5) = 0$

$R_A = 3000$ N

$\sum F_y = 0$ ， $R_H = 6000 - 3000 = 3000$ N

取接點 A 的分離體圖，如(b)圖所示，

由三力平衡所形成的封閉直角三角形，可得：

$F_{AB} = \dfrac{5}{4}(3000) = 3750$ (壓力)◀

$F_{AC} = \dfrac{3}{4}(3000) = 2250$ (拉力)◀

取接點 C 的分離體圖，如(c)圖所示，由共點力系的平衡方程式：

$\sum F_x = 0$ ， $F_{CE} = 2250$ N (拉力)◀

$\sum F_y = 0$ ， $F_{BC} = 2000$ N (拉力)◀

取接點 B 的分離體圖，如(d)圖所示，由共點力系的平衡方程式：

$\sum F_y = 0$ ， $\dfrac{4}{5}(3750) - 2000 - \dfrac{4}{5}F_{BE} = 0$ ， $F_{BE} = 1250$ N (拉力)◀

$\sum F_x = 0$ ， $\dfrac{3}{5}(3750) + \dfrac{3}{5}F_{BE} - F_{BD} = 0$ ， $F_{BD} = 3000$ N (壓力)◀

取接點 D 的分離體圖，如(e)圖所示：

$\sum F_y = 0$ ， $F_{DE} = 0$◀

因桁架呈左右對稱，且外加負荷亦左右對稱，

故桁架桿件的受力亦左右對稱，即

$F_{HF} = F_{AB} = 3750$ N (壓力) ， $F_{GH} = F_{AC} = 2250$ N (拉力)

$F_{EG} = F_{CE} = 2250$ N (拉力) ， $F_{GF} = F_{BC} = 2000$ (拉力)

$F_{EF} = F_{BE} = 1250$ N (拉力) ， $F_{DF} = F_{BD} = 3000$ N (壓力)

(b) 欲使用剖面法求 BD、BE 及 CE 三桿件的受力，將(a)圖中的桁架從 a-a 斷面切開，取左半部的分離體圖，如(f)圖所示，為共面非共點非平行力系，有三個獨立的平衡方程式，恰可解出 F_{BD}、F_{BE} 及 F_{CE} 三桿件的未知力。

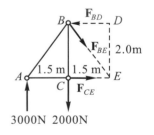

(f)

欲求 BD 桿件的內力，可取另二未知桿件 BE 及 CE 的交點 E 為力矩中心，

所得平衡方程式中僅含 F_{BD} 一個未知量，可直接求得 F_{BD}，即

$\sum M_E = 0$ ， $F_{BD}(2.0) + 2000(1.5) - 3000(3.0) = 0$ ， $F_{BD} = 3000$ (壓力)◀

欲求 BE 桿件的內力，因其他兩力 F_{BD} 及 F_{CE} 在垂直方向無分量，

由 y 方向分量的平衡方程式可直接求得 F_{BE}，即

$\sum F_y = 0$ ， $3000 - 2000 - \dfrac{4}{5} F_{BE} = 0$ ， $F_{BE} = 1250$ (拉力)◀

同理，以 B 點為力矩中心的平衡方程式可直接求得 F_{CE}，即

$\sum M_B = 0$ ， $F_{CE}(2.0) - 3000(1.5) = 0$ ， $F_{CE} = 2250$ N (拉力)◀

例題 5-2 ▶ 桁架的零力桿件

用接點法求圖中桁架的零力桿件。

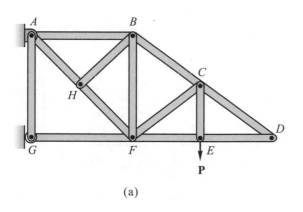

(a)

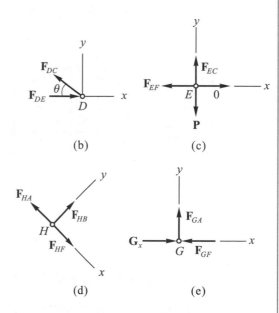

(b)　　　(c)

(d)　　　(e)

解 取接點 D 的分離體圖，如圖(b)所示

$\sum F_y = 0$ ， $F_{DC} \sin\theta = 0$ ， $F_{DC} = 0$ ◄

$\sum F_x = 0$ ， $F_{DE} = 0$ ◄取接點 E 的分離體圖，如圖(c)所示

$\sum F_x = 0$ ， $F_{EF} = 0$ ◄

$\sum F_y = 0$ ， $F_{EC} = P$

取接點 H 的分離體圖，如圖(d)所示

$\sum F_y = 0$ ， $F_{HB} = 0$ ◄

取接點 G 的分離體圖，如圖(e)所示

$\sum F_y = 0$ ， $F_{GA} = 0$ ◄

故桁架中總共有五根零力桿件，即 DC、DE、EF、HB 及 GA 五根桿件。

例題 5-3 ▶ 截面法

試求圖中桁架內 BC 及 BF 兩桿件的受力。

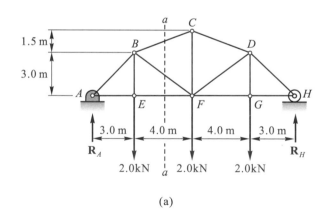

(a)

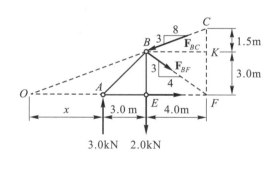

(b)

解 (1)求支承反力：取桁架整體的分離體圖

$\sum M_H = 0$ ， $R_A(14.0) - 2.0(11.0) - 2.0(7.0) - 2.0(3.0) = 0$ ， $R_A = 3.0$ kN

$\sum F_y = 0$ ， $R_H = 6.0 - R_A = 3.0$ kN

(2)解 F_{BC}：將桁架從 $a\text{-}a$ 斷面切開，取左半部份的分離體圖，如(b)圖所示

$$\sum M_F = 0 \quad , \quad \frac{8}{\sqrt{73}} F_{BC}(1.5 + 3.0) + 2.0(4.0) - 3.0(7.0) = 0 \quad ,$$

$F_{BC} = 3.09$ kN (壓力)◀

上式中 F_{BC} 對 F 點的力矩，是將 F_{BC} 移至 C 點再分解爲水平分量

($\frac{8}{\sqrt{73}} F_{BC}$)及垂直分量($\frac{3}{\sqrt{73}} F_{BC}$)，其中僅水平分量對 F 點有力矩，

垂直分量因通過 F 點，對 F 點力矩爲零。

(3)解 F_{BF}：取 F_{BC} 及 F_{EF} 的交點 O 爲力矩中心求解，但須先求得 AO 的距離

x，參考(b)圖，由相似三角形 $\triangle OFC$ 及 $\triangle BKC$

$$\frac{x + 7.0}{4.0} = \frac{3.0 + 1.5}{1.5} = 3 \quad , \quad 得 \ x = 5.0 \text{ m}$$

$$\sum M_O = 0 \quad , \quad \frac{3}{5} F_{BF}(7.0 + x) + 2.0(3.0 + x) - 3.0(x) = 0$$

得 $F_{BF} = -0.14$ kN(負號表示與原假設之方向相反，故應爲壓力)

即 $F_{BF} = 0.14$ kN (壓力)◀

上式中 F_{BF} 對 O 點的力矩，是將 F_{BF} 沿其作用線移至 F 點，

再分解爲水平及垂直分量，其中水平分量對 O 的力矩爲零(通過 O 點)。

註：若已求得 F_{BC}，則 F_{BF} 可直接由 $\sum F_y = 0$ 求得，參考(b)圖

$$\sum F_y = 0 \quad , \quad 3.0 - 2.0 - \frac{3}{\sqrt{73}}(3.09) - \frac{3}{5} F_{BF} = 0 \quad , \quad 得 \ F_{BF} = -0.14 \text{ kN}$$

例題 5-4 ▷ 截面法

圖中所示之桁架試求 EB 桿件的內力。

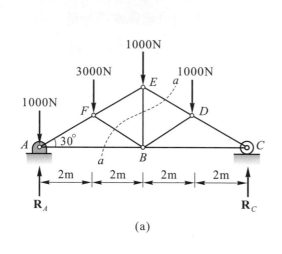

(a)

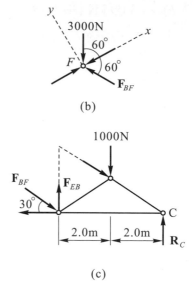

(b)

(c)

解 ▷ (1)首先由接點 F 的分離體圖解出 BF 桿的受力，參考(b)圖

$\sum F_y = 0$ ， $F_{BF}\sin 60° - 3000\sin 60° = 0$ ， $F_{BF} = 3000$ N (壓力)

(2)將桁架從 a-a 斷面切開，取右半部份的分離體圖，如(c)圖所示，

則對 C 點取力矩平衡方程式便可直接解出 F_{EB}，即

$\sum M_C = 0$ ， $F_{EB}(4.0) - F_{BF}\sin 30°(4.0) - 1000(2.0) = 0$ ，

$F_{EB} = 2000$ N (拉力)◀

註 1：欲求 EB 桿件的內力，將桁架從 a-a 斷面切開，一共有四根未知內力的桿件，無
　　　法直接由(c)圖的分離體圖解 F_{EB}，故須另外先求得 F_{BF}。

註 2：本題亦可取 a-a 斷面左半部份的分離體圖求解，但較為複雜，讀者可自行觀察
　　　比較。

註 3：本題亦可先求得 ED 桿的內力(剖面法)後，再由接點 E 求解 EB 桿的內力。

觀念題

1. 桁架內之每一根桿件都是二力構件,這是在哪些假設條件下所得的結果?

2. 什麼是簡單桁架(simple truss)?其桿件數 b 與接點數 j 之間有何關係?

3. 用截面法分析桁架內桿件之受力時,每次只能切到幾根未知桿件,方能解出這些未知桿件之受力?

4. 桁架內某個接點上有三根桿件,且接點上不受有外力,則此三根桿件在什麼情況下會有一根桿件不受力。

習　題

5-1　試求圖(1)中桁架每根桿件的受力。

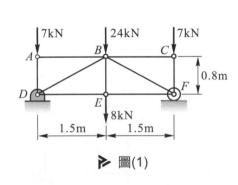

▶ 圖(1)

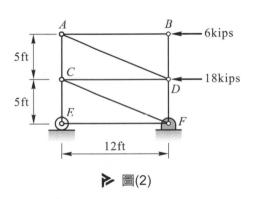

▶ 圖(2)

答　$AD = 7$ kN (C);$BD = 34$ kN (C);$DE = 30$ kN (T);$BE = 8$ kN (T)

5-2　試求圖(2)中桁架每根桿件的受力。

答　$AC = 2.5$ kips (C);$AD = 6.5$ kips (T);$CD = 24$ kips (C);$CF = 26$ kips (T)

　　$DF = 2.5$ kips (T);$CE = 12.5$ kips (C);$EF = 0$

5-3 試求圖(3)中桁架每根桿件的受力。

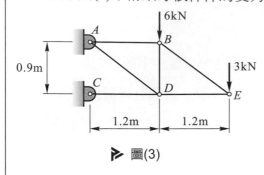

▶ 圖(3)

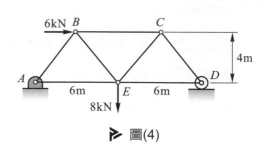

▶ 圖(4)

答 $DE = 4$ kN (C) ；$BD = 9$ kN (C) ；$AD = 15$ kN (T) ；$BE = 5$ kN (T)

$AB = 4$ kN (T) ；$CD = 16$ kN (C)

5-4 試求圖(4)中桁架內各桿件的內力。

答 $AB = 2.5$ kN (C) ；$AE = 7.5$ kN (T) ；$BE = 2.5$ kN (T) ；$BC = 9.0$ kN (C) ；

$ED = 4.5$ kN (T) ；$CD = 7.5$ kN (C) ；$CE = 7.5$ kN (T)

5-5 試求圖(5)中桁架每根桿件的受力。

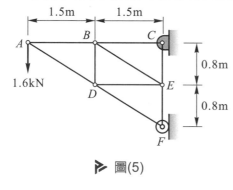

▶ 圖(5)

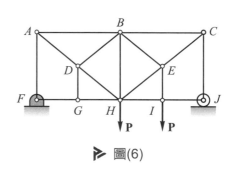

▶ 圖(6)

答 $AB = 3$ kN (T) ；$CE = 1.6$ kN (T) ；$DF = 3.4$ kN (C) ；$BE = 0$ ；$BD = 0$

$DE = 0$

5-6 試指出圖(6)中桁架內的零力桿件。

答 FG、DG、GH、HI、IJ、DB

5-7　試指出圖(7)中桁架內的零件桿件。

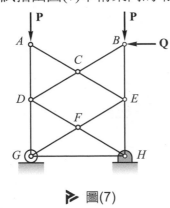

▷ 圖(7)

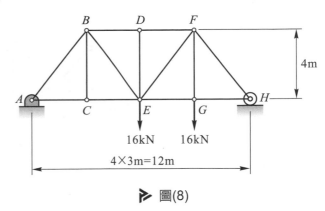

▷ 圖(8)

答　AC、CE、EF、FG、GH

5-8　試求圖(8)中桁架在 DF、EF 及 EG 三桿件的受力。

答　$DF = 18$ kN (C)；$EF = 5$ kN (T)；$EG = 15$ kN (T)

5-9　試求圖(9)中桁架在 CE 及 FG 兩桿件的受力。

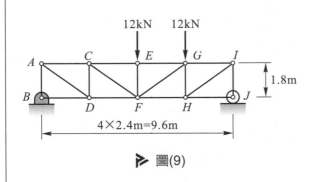

▷ 圖(9)

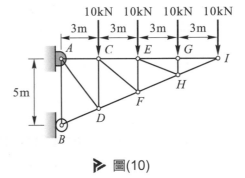

▷ 圖(10)

答　$CE = 24$ kN (C)；$FG = 5$ kN (T)

5-10 試求圖(10)中桁架在 DF 及 EF 兩桿件的受力。

答　$DF = 52$ kN (C)；$EF = 15$ kN (C)

5-11 試求圖(11)中桁架在 CF 及 GC 兩桿件的內力。設 $F_1 = 5$ kN，$F_2 = 10$ kN，
$a = 2$ m。

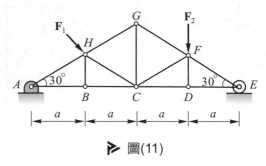

▷ 圖(11)

答 $CF = 10$ kN (C)；$GC = 7.88$ kN (T)

5-12 試求圖(12)中桁架在 GF 與 GD 兩桿件的內力。

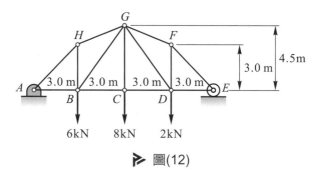

▷ 圖(12)

答 $GD = 1.8$ kN (C)；$GF = 7.83$ kN (C)

5-13 試求圖中桁架在 BC 與 MC 兩桿件的內力。
設 $F_1 = 2$ kN，$F_2 = 5$ kN，$F_3 = 7$ kN，$a = 3$ m，$b = 2$ m。

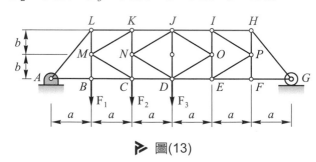

▷ 圖(13)

答 $BC = 6.375$ kN (T)；$MC = 9.46$ kN (T)

5-14 試求圖(14)中桁架在 *BF* 與 *GF* 兩桿件的內力。

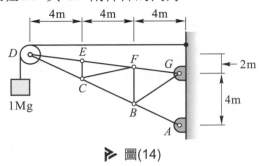

▷ 圖(14)

答 *BF* = 0；*GF* = 14.9 kN (*T*)

5-15 試求圖(15)中桁架在 *AB*、*BG* 及 *GF* 三桿件的內力。

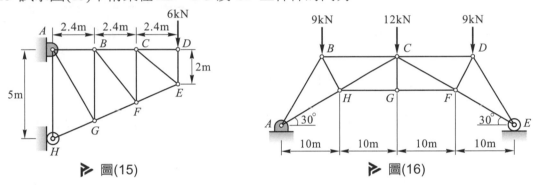

▷ 圖(15)　　　　　　▷ 圖(16)

答 *AB* = 7.2 kN (*T*)；*BG* = 3 kN (*C*)；*GF* = 7.8 kN (*C*)

5-16 試求圖(16)中桁架在 *BH* 及 *HG* 兩桿件的受力。

答 *BH* = 15.6 kN (*T*)；*HG* = 31.2 kN (*T*)

5-17 試求圖中桁架在 *BC*、*CI* 及 *HI* 三桿件的受力。

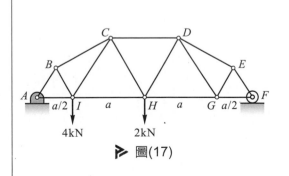

▷ 圖(17)

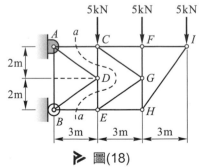

▷ 圖(18)

答 *BC* = 4.33 kN (*C*)；*CI* = 2.12 kN (*T*)；*HI* = 2.69 kN (*T*)

5-18 試求圖中桁架在 AC 及 BE 兩桿件的受力。

> 答 $AC = 11.25$ kN (T)；$BE = 11.25$ kN (C)

5-19 圖(19)中 BF 及 GC 為鋼索，僅能承受拉力，試求 AB、BH 及 BG 的受力。

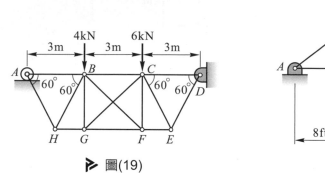

圖(19)

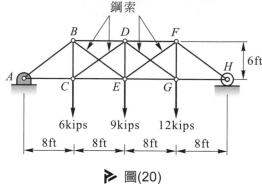

圖(20)

> 答 $AB = 2.69$ kN (C)；$BH = 5.39$ kN (C)；$BG = 0$

5-20 圖(20)中 BE、CD、DG 及 EF 都是鋼索，僅能承受拉力，試求 BE、DG 及 DE 桿件的受力。

> 答 $BE = 10$ kips (T)；$DG = 0$；$DE = 0$

5-2 // 構架與機構

構架(frames)與**機構**(machines)也是以光滑銷釘將桿件組合的一種結構物，其中少數桿件為二力構件承受軸向拉力或壓力，如圖 5-12(a)所示，但大部份構件承受有橫向負荷而產生彎曲現象，此種桿件稱為**多力構件**(multiforce members)，如圖 5-12(a)所示。

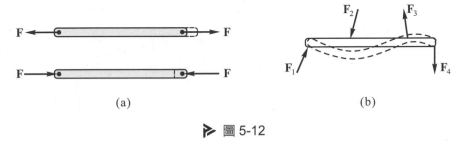

(a)　　　　　　　　　　　(b)

▶ 圖 5-12

充電站

構架與機構

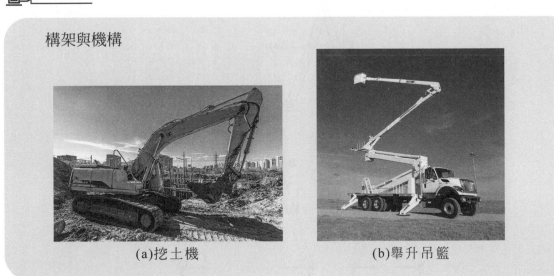

(a)挖土機　　　　　　　(b)舉升吊籃

構架為靜止之結構，用以支撐外加負荷，按其桿件之組合方式可分為**剛性構架**(rigid frame)與**非剛性構架**(non-rigid frame)。將構架之支承移去，構架本身不會變形崩潰者，稱為剛性構架，如圖 5-13 所示；若移去支承，構架本身會變形崩潰者，稱為非剛性構架，如圖 5-14 所示，此種構架是藉外加支承保持其剛性。

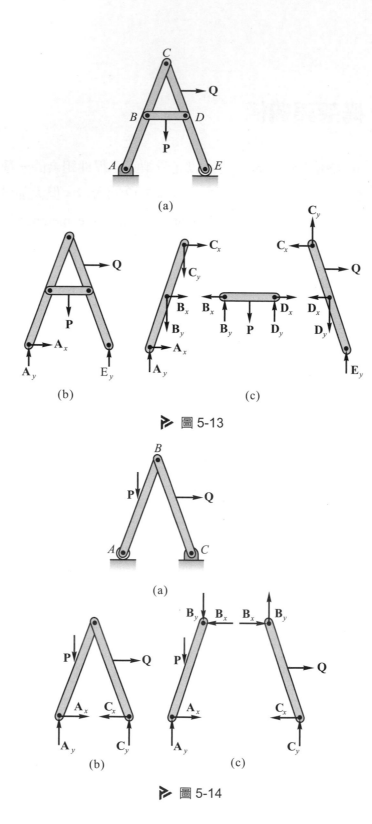

(a)

(b)　　　　　　　　(c)

➢ 圖 5-13

(a)

(b)　　　　　　(c)

➢ 圖 5-14

至於機構是由數根運動的桿件以光滑之銷子所組成，用於傳遞或改變力的效應。通常在任一特定之位置，其所承受之負荷需有特定之關係方可能使機構維持在平衡狀態，圖 5-15 中所示為機構之例子。

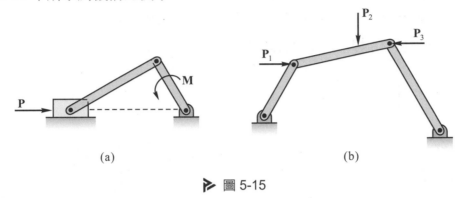

　　(a)　　　　　　　　　　　　　　　　(b)

▶ 圖 5-15

◆構架及機構之分析

　　欲瞭解如何分析構架或機構中每一桿件之受力情形，先參考圖 5-13(a)，為三根桿件所組成之構架，承受負荷 **P** 及 **Q**。每根桿件之分離體圖如 5-13(c)所示。需注意，若二根桿件在彼此接點(銷子)無外力作用，則二桿在彼此接點處之作用力必大小相等方向相反。由(c)圖總計未知力共有 9 個，而每一根桿件之分離體圖有三個平衡方程式，共有 9 個平衡方程式，故所有未知力均可解出。另外，對於剛性構架，可由構架整體之分離體圖，如圖 5-13(b)，先解出支承反力 A_x，A_y 及 E_y，再配合任兩根桿件之分離體圖，即可求出其餘六個未知力。但對於非剛性構架及機構，無法由整體之分離體圖求出所有支承反力，如圖 5-14(a)所示之構架，其分離體圖如(b)圖所示，有 4 個未知力 A_x，A_y，C_x 及 C_y，但平面上最多只有三個平衡方程式，故無法全部解出。因此，必須將所有構件單獨取出繪其分離體圖，如(c)圖所示，圖中顯示有 6 個未知力，恰好兩個分離體圖有 6 個平衡方程式可求解，或由整體之分離體圖與任一桿件之分離體圖，共六個平衡方程式解出六個未知力。

　　若構架內之某兩桿在接點(銷子)上承受有外力作用，則兩桿在接點處之受力不會大小相等方向相反，參考圖 5-16 中所示之構架(非剛性構架)，在接點 B 承受外力 **P** 及 **Q** 作用，繪桿件 AB、桿件 BC 及接點 B 之分離體圖，如圖 5-17 所示(設考慮桿件之自重 **W**)，其中 B_x 與 B_y 為銷子 B 與桿件 AB 在 B 處之作用力，B'_x 與 B'_y 為銷子 B 與桿件 BC 在 B 處之作用力。由接點 B 之分離體圖，可看出因 **P**、**Q** 兩外力之存在，故 $B_x \neq B'_x$，

$B_y \neq B'_y$。當然，若 **P**、**Q** 不存在，即 AB 與 BC 兩桿件在接點上無外力作用，兩桿件在接點 B 之受力必大小相等方向相反。另外，有時為分析上之方便，可將銷子附於桿件一起繪分離體圖，圖 5-18 是將銷子 B 附於 BC 桿上之分離體圖，此時 B'_x 與 B'_y 變為內力，若不需求解 B'_x 與 B'_y，此舉可減少求解之未知力，當然可簡化分析過程。圖 5-19 則是將銷子 B 附於 AB 桿上所繪之分離體圖。

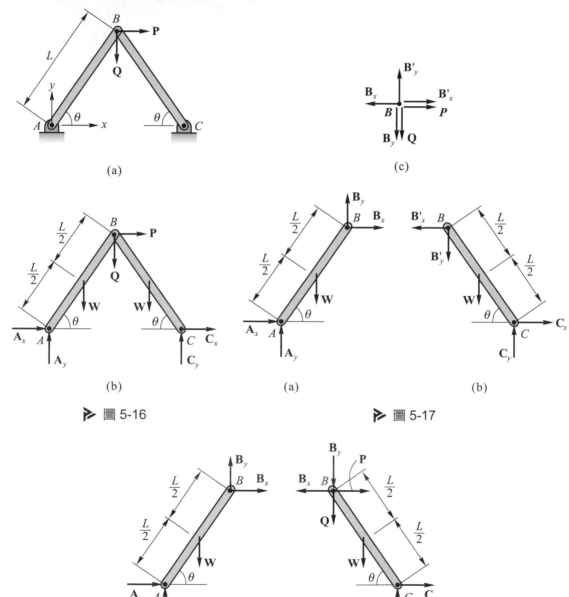

(a)

(c)

(b)

圖 5-16

(a)

(b)

圖 5-17

圖 5-18

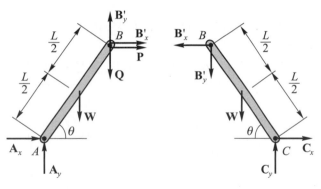

例題 5-5 ▶ **構架的平衡(含二力構件)**

試求圖中構架在支承 A 及 C 之反力。桿件之自重忽略不計。

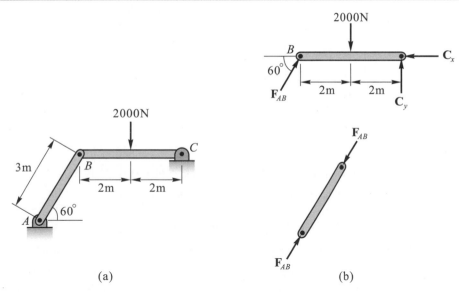

(a)　　　　　　　　　　　　　　　(b)

解 ▶ 本題為非剛性構架,支承反力無法直接由整體之分離體圖求得(A、C 兩個鉸支承共有四個未知反力,但只有三個平衡方程式),故需將構架拆開,繪各構件之分離體圖,其中 AB 桿為二力構件,可繪得 AB 及 BC 兩桿之分離體圖如圖(b)所示,總共有三個未知力(F_{AB},C_x 及 C_y),恰可由 BC 桿之三個平衡方程式解得。

$\sum M_C = 0$; $2000(2) - (F_{AB}\sin 60°)(4) = 0$, $F_{AB} = 1155$ N ◀

$\sum F_x = 0$; $C_x = 1155\cos 60°$, $C_x = 577$ N ◀

$\sum F_y = 0$; $C_y + 1155\sin 60° - 2000 = 0$, $C_y = 1000$ N ◀

例題 5-6 ▶ 構架的平衡(含二力構件)

試求圖中構架內 ABC 桿在 A、B 兩點之受力以及支承 D 之反力。

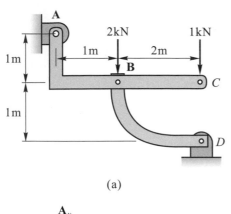

(a)

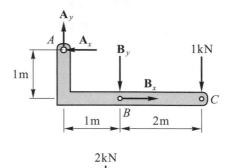

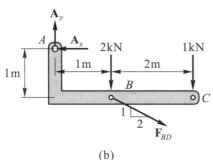

(b)

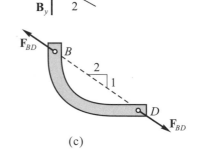

(c)

解 ▶ (1)將 ABC 桿與 B 處銷子合在一起繪分離體圖,如(b)圖所示,

其中 BD 為二力桿件,且 $(F_{BD})_x = 2(F_{BD})_y$,由平衡方程式

$\sum M_A = 0$,$(F_{BD})_x(1) - (F_{BD})_y(1) - 2(1) - 1(3) = 0$

$(F_{BD})_y = 5$ kN , $(F_{BD})_x = 2(F_{BD})_y = 10$ kN ◀

$\sum F_x = 0$,$A_x = (F_{BD})_x = 10$ kN

$\sum F_y = 0$,$A_x = 2 + 1 + (F_{BD})_y = 2 + 1 + 5 = 8$ kN

即 $A_x = 10$ kN $(\leftarrow)$, $A_y = 8$ kN $(\uparrow)$ ◀

(2)將銷子 B 與 ABC 桿拆開繪分離體圖,如(c)圖所示,則由銷子 B 之自由體圖

$\sum F_x = 0$,$B_x = (F_{BD})_x = 10$ kN

$\sum F_y = 0$,$B_y = 2 + (F_{BD})_y = 2 + 5 = 7$ kN

即 $B_x = 10$ kN , $B_y = 7$ kN ◀

註:ABC 桿在 B 點之受力與 BD 桿在 B 點之受力不會大小相等方向相反,因接

點 B 上有外力作用。

構架的平衡(非剛性構架)

試求圖中構架之 AB 桿在 B 點之受力及構架支承 A、C 之反力。

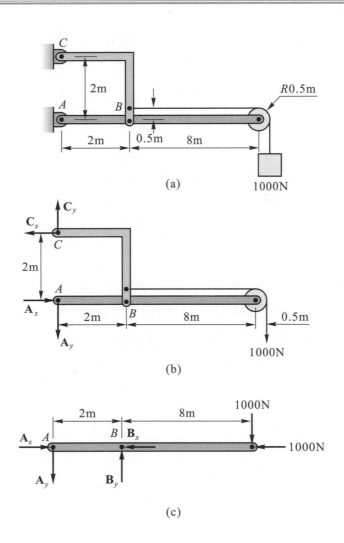

解▶(1)繪整個構架之分離體圖,如(b)所示,有四個未知力(A_x,A_y,C_x、C_y),

雖然只有三個平衡方程式,無法解出全部之未知力,但可先解出 A_x 與 C_x,

由平衡方程式

$\sum M_A = 0$, $C_x(2) = 1000(10.5)$, $C_x = 5250$ N

$\sum F_x = 0$, $A_x = C_x = 5250$ N

(2)取 AB 桿之分離體圖,如(c)圖所示

$\sum M_A = 0$, $B_y(2) = 1000(10)$, $B_y = 5000$ N

$\sum F_x = 0$, $B_x = A_x - 1000 = 5250 - 1000 = 4250$ N

$\sum F_y = 0$, $A_y = B_y - 1000 = 5000 - 1000 = 4000$ N

(3)再由整個構架之分體圖

$\sum F_y = 0$, $C_y = A_y + 1000 = 4000 + 1000 = 5000$ N

故可求得各作用力如下:

$A_x = 5250$ N($\rightarrow$),$B_x = 4250$ N,$C_x = 5250$ N ($\leftarrow$)◀

$A_y = 4000$ N($\downarrow$),$B_y = 5000$ N,$C_y = 5000$ N ($\uparrow$)◀

註:本題為非剛性構架,由構架整體分離體圖之平衡方程式無法解出全部之支

承反力,必須配合構件之分離體圖方可求解。

例題 5-8 ▶ 構架的平衡(剛性構架)

圖中之構架，試求 ABC 桿在 B、C 兩點之受力及 BD 桿在 D 點之受力。

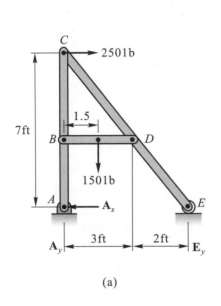

(a)

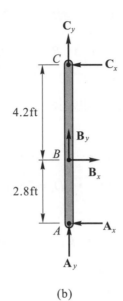

(b)

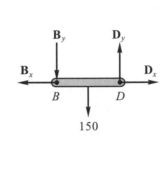

(c)

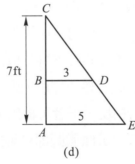

(d)

解 ▶ (1)取構架整體之分離體圖，如(a)圖所示

$\sum M_A = 0$ ，$E_y(5) - 250(7) - 150(1.5) = 0$ ， $E_y = 395$ lb

$\sum F_x = 0$ ，$A_x - 250 = 0$ ， $A_x = 250$ lb

$\sum F_y = 0$ ，$A_y + E_y - 150 = 0$ ， $A_y = 150 - E_y = -245$ lb

即 $A_y = 245$ lb ($\downarrow$)

(2)取 ABC 桿之分離體圖，如(b)圖所示。

先求 $\overline{AB}$ 及 $\overline{BC}$ 之長度，由 ΔAEC 與 ΔBDC 之相似關係

$$\frac{\overline{BC}}{7} = \frac{3}{5} \quad , \quad \overline{BC} = 4.2 \text{ ft} \quad , \quad \overline{AB} = 7 - 4.2 = 2.8 \text{ ft}$$

$\sum M_C = 0$ ，$B_x(4.2) = A_x(7.0)$ ， $B_x = 417 \text{ lb} \blacktriangleleft$

$\sum F_x = 0$ ，$B_x - C_x - A_x = 0$ ， $C_x = B_x - A_x = 167 \text{ lb} \blacktriangleleft$

(3)取 BD 桿分離體圖，如(c)圖所示

$\sum M_D = 0$ ，$B_y(3) - 150(1.5) = 0$ ， $B_y = -75 \text{ lb} \blacktriangleleft$

$\sum F_x = 0$ ，$D_x = B_x = 417 \text{ lb} \blacktriangleleft$

$\sum F_y = 0$ ，$D_y - B_y - 150 = 0$ ， $D_y = 75 \text{ lb} \blacktriangleleft$

(4)再由 ABC 桿分離體圖

$\sum F_y = 0$ ，$A_y + B_y + C_y = 0$ ， $C_y = -A_y - B_y = 245 + 75 = 320 \text{ lb} \blacktriangleleft$

故 ABC 桿在 B、C 兩點之受力

$B_x = 417 \text{ lb}(\rightarrow)$，$B_y = 75 \text{ lb}(\downarrow)$，$C_x = 167 \text{ lb}(\leftarrow)$，$C_y = 320 \text{ lb}(\uparrow)$

BD 桿在 D 點之受力 $D_x = 417 \text{ lb}(\rightarrow)$，$D_y = 75 \text{ lb}(\uparrow)$

註 1：本題為剛性構架，支承反力可由構架整體之分離體圖直接解出，然後再拆開各構件繪分離體圖，即可求得各構件之受力。

註 2：本題之構架在接點 C 有外力作用，故 ABC 桿與 CDE 桿在接點 C 之作用力不會大小相等方向相反，學者可拆出 CDE 桿繪分離體圖，解得 C 點之受力後，再由接點 C 之分離體圖即可驗証所得之結果。

例題 5-9 ▶ 機構的平衡

　圖中為一曲柄活塞機構，連桿 AB 之長度為 15 in，曲柄 OA 長度為 5 in，已知在圖示位置呈靜止平衡時曲柄上之力偶矩 $M = 100$ ft-lb，試求活塞上之壓力 F。設所有構件之重量忽略不計。

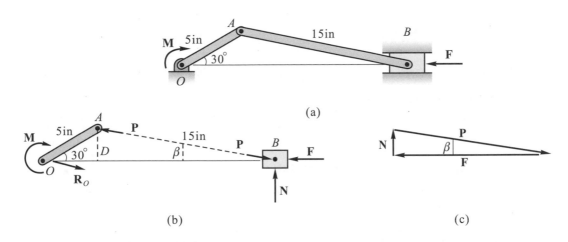

解 ▶ 將曲柄 OA 及活塞 B 取出繪分離體圖，如(b)圖所示，其中連桿 AB 為二力構件，由圖可得 $\overline{AD} = 5\sin30° = 2.5$ in，$\overline{BD} = \sqrt{15^2 - 2.5^2} = 14.8$ in

由於活塞 B 為三力構件(承受 **P**、**F** 及 **N** 三力)，三力可形成一封閉之三角形，如(c)圖所示，此三角形與(b)圖中$\triangle ADB$ 相似，由相似三角形之關係：

$$\frac{N}{\overline{AD}} = \frac{F}{\overline{BD}} = \frac{P}{\overline{AB}} \quad , \quad \frac{N}{2.5} = \frac{F}{14.8} = \frac{P}{15}$$

得 $N = 0.169\,F$ ， $P = 1.0135\,F$

再由曲柄 OA 之自由體圖：

$\sum M_O = 0$ ，$P\sin\beta \cdot \overline{OB} = M$

其中 $P\sin\beta = N = 0.169\,F$，$\overline{OB} = 5\cos30° + 14.8 = 19.1$ in

$(0.169\,F)(19.1) = 100(12)$ in-lb ， $F = 372$ lb ◀

註1：在曲柄 OA 之分離體圖中，求 P 對 O 點之力矩時，可將 P 沿其作用線移動至 B 點，再分解為水平及垂直分量，其中水平分量通過 O 點而無力矩，垂直分量(等於 N)對 O 點之力矩可由力臂$\overline{OB}$ 求得。

static靜力學

註2：曲柄 OA 之分離體圖中，僅承受二力($\mathbf{P}$ 及 $\mathbf{R}_O$)與一力偶矩 $\mathbf{M}$，平衡時此二力必大小相等方向相反(力平衡)，且二力形成一力偶恰與 $\mathbf{M}$ 大小相等方向相反(力矩平衡)，故 $R_O = P$。

例題 5-10 ▶ 機構的平衡

圖中兩旋轉桿以光滑之套筒連接，已知在圖示位置時 D 點承受一水平力 1 kN 而使機構呈平衡，試求 M_A 之大小。

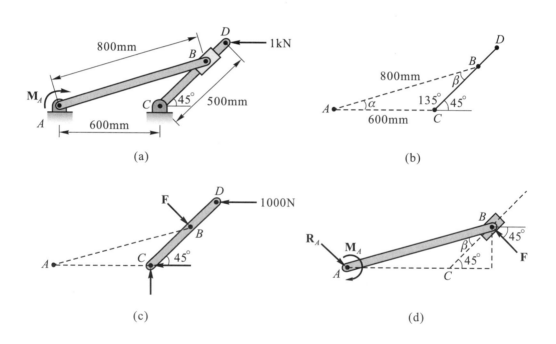

解 先求得 BC 之距離，如(b)圖所示，由正弦定律

$$\frac{600}{\sin\beta} = \frac{800}{\sin135°} \quad , \quad \beta = 32.0° \quad , \quad \alpha = 180° - 135° - 32.0° = 13.0°$$

$$\frac{\overline{BC}}{\sin13°} = \frac{800}{\sin135°} \quad , \quad \overline{BC} = 254 \text{ mm}$$

取 CD 桿之分離體圖，如(c)圖所示

$\sum M_C = 0$ ， $F \cdot \overline{BC} = 1000 \cdot \overline{CD} \sin 45°$

$F(254) = (1000)(500\sin 45°)$ ， $F = 1392$ N

再取 AB 桿之分離體圖(含套筒)，如(d)圖所示

$\sum M_A = 0$ ， $M_A = (F\cos 45°)(\overline{BC} \sin 45°) + (F\sin 45°)(\overline{AC} + \overline{BC} \cos 45°)$

$\qquad\qquad\qquad = (1392\cos 45°)(254\sin 45°) + (1392\sin 45°)(600 + 254\cos 45°)$

$\qquad\qquad\qquad = 944 \times 10^3$ N-mm $= 944$ N-m◀

註：AB 之分離體圖中，僅承受二力($\mathbf{R}_A$ 及 $\mathbf{F}$)與一力偶矩 $\mathbf{M}_A$，平衡時此二力大小相等方向相反(力平衡)，且二力形成一力偶與力偶矩 $\mathbf{M}_A$ 大小相等方向相反(力矩平衡)，故 $R_A = F$。

觀念題

1. 構架內通常存在有多力構件(mutiforce member)，此多力構件之斷面一般會有哪些內力？

2. 若構架內之某兩桿件在其接點(銷子)上受有外力作用時，則兩桿件在接點處之受力是否會大小相等方向相反？

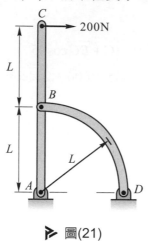

5-21 試求圖(21)中構架在支承 A 之反力。設桿重忽略不計。

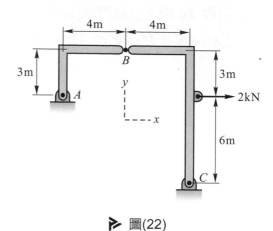

▷ 圖(21)

▷ 圖(22)

答 R_A = 447 N

5-22 試求圖(22)中構架在支承 C 之反力。設桿件自重忽略不計。

答 R_C = 1.25 kN

5-23 試求圖(23)中構架在支承 B 之反力。

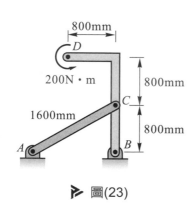

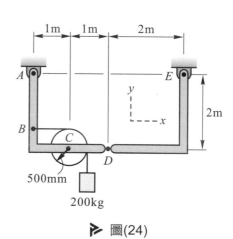

▷ 圖(23)

▷ 圖(24)

答 R_B = 289 N

5-24 試求圖(24)中構架在接點 D 之作用力。

> 答 $D_x = 736$ N，$D_y = 736$ N

5-25 試求圖(25)中構架在接點 C 之作用力。

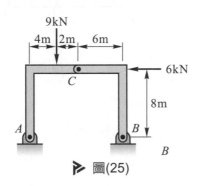

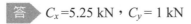

▶ 圖(25)

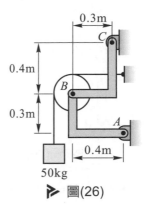

▶ 圖(26)

> 答 $C_x = 5.25$ kN，$C_y = 1$ kN

5-26 試求圖(26)中構架在支承 A 及 C 之反力。

> 答 $R_C = 98.1$ N，$R_A = 686$ N

5-27 試求圖(27)中構架在支承 A 及 B 之反力。

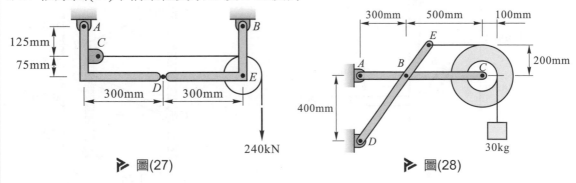

▶ 圖(27)　　　　　　　　　　　　　　　　　▶ 圖(28)

> 答 $A_x = 45$ N(←)，$A_y = 30$ N(↓)，$B_x = 45$ N(→)，$B_y = 270$ N(↑)

5-28 試求圖(28)中構架在接點 B 之作用力。

> 答 $B_x = 809$ N，$B_y = 785$ N

5-29 圖(29)中之構架，試求 *ABCD* 桿與 *CEF* 在桿接點 *C* 之作用力。

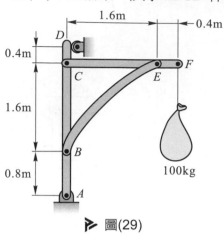

圖(29)

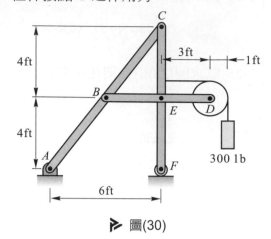

圖(30)

答 $C_x = 1226$ N，$C_y = 245$ N

5-30 試求圖(30)中構架在接點 *B*、*C* 及 *E* 之作用力。

答 $B_x = 75$ lb，$B_y = 300$ lb，$C_x = 75$ lb，$C_y = 100$ lb，$E_x = 225$ lb，$E_y = 600$ lb

5-31 圖(31)中之構架承受 480 N 之負荷，試求 *ACE* 及 *BCD* 兩桿在接點 *C* 之作用力。
設桿件之自重忽略不計。

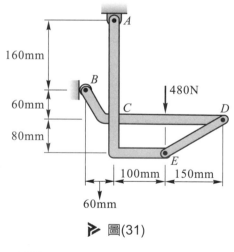

圖(31)

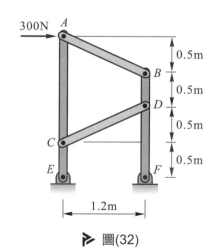

圖(32)

答 $C_x = 795$ N，$C_y = 216$ N

5-32 試求圖(32)中構架在支承 *E*、*F* 之反力以及 *AB*、*CD* 兩桿之受力。

答 $E_x = 540$ N，$E_y = 500$ N，$F_x = 240$ N，$F_y = 500$ N，$F_{AB} = 520$ N，$F_{CD} = 780$ N

5-33 試求圖(33)中構架在支承 A、F 之反力以及 BE、CD 兩桿之受力。

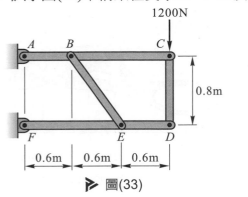

▶ 圖(33)

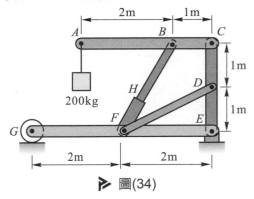

▶ 圖(34)

答 $A_x = 2700$ N，$A_y = 2400$ N，$F_x = 2700$ N，$F_y = 1200$ N，
$F_{BE} = 4500$ N，$F_{CD} = 2400$ N

5-34 如圖(34)所示，由起重機活塞桿 BH 之支撐吊起質量 200 kg 之木箱，若不計構架重量，各構件以光滑銷子接合。在圖示平衡狀態下，試求油壓活塞桿 BH 受力，以及 C、D 兩處之作用力。

答 $F_H = 6.57$ kN，$C_x = 2.94$ kN，$C_y = 3.92$ kN，$F_{DF} = 6.57$ kN

5-35 試求圖(35)中構架之 BDC 桿在 B、D 兩處之作用力。

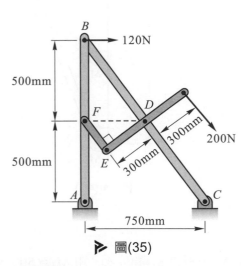

▶ 圖(35)

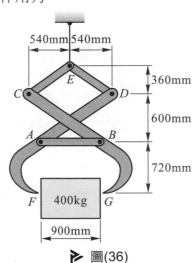

▶ 圖(36)

答 $F_D = 400$ N，$B_x = 60$ N，$B_y = 80$ N

5-36 試求圖(36)中吊架在連桿 AB 之受力。

答 8.09 kN

5-37 圖(37)中 U 型鉗子在手柄施加 100 N 之力，試求在 A 處所生之作用力。

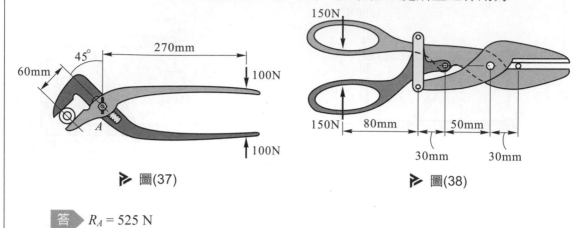

▶ 圖(37)　　　　　　　　　　　▶ 圖(38)

答 R_A = 525 N

5-38 圖(38)中鋼絲剪在手把上施加 150 N 之作用力，試求鋼絲所受之剪力 P。

答 P = 1467 N

5-39 圖(39)中活塞之受力 P=1.8 kN，則機構在圖示位置保持平衡所需作用於曲柄之力偶矩 M 爲若干？

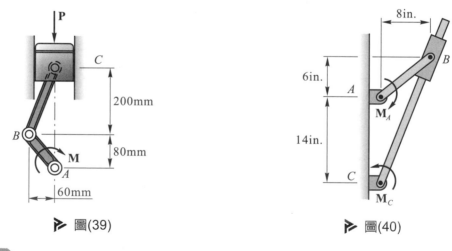

▶ 圖(39)　　　　　　　　　　　▶ 圖(40)

答 151.2 N-m

5-40 圖(40)中機構，設在 B 處之滑塊與 BC 桿爲光滑之接觸面，已知 M_A = 500 in-lb，試求(a)機構在示位置保持平衡所需之力偶矩 M_C 爲若干？(b)此時支承 C 之反力爲若干？

答 M_C = 1261 in-lb，C_x = 54.3 lb，C_y = 21.7 lb

5-41 一日內瓦機構(Geneva drive)在圖(41)中所示位置平衡時 $M_2 = 1$ in-lb，試求 M_1 為何？$r = 2$ in，$a = \sqrt{2}\, r$，$\phi = 30°$。設不考慮摩擦。

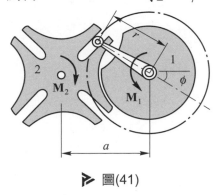

▶ 圖(41)

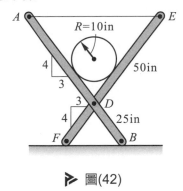

▶ 圖(42)

答 $M_1 = 0.41$ in-lb

5-42 圖(42)中圓柱之半徑為 10 in，重量為 50 lb，設 AB 及 EF 兩桿件之重量不計，試求 AE 繩索之張力。

答 $T = 23.3$ lb

6 重心、形心與分佈負荷

6-1 概　說

　　前述各章中所涉及之力均假設為「集中」負荷，而作用於一特殊點上，事實上，並無所謂之「集中」負荷，因作用於物體上之每一力，都是分佈於一有限之面積或體積上，而當此面積或體積與物體之其他尺寸相較為甚小時，就可將此力視為「集中」負荷來處理。但某些情形，物體所受之力係分佈於相當範圍之表面上，如圖 6-1 中所示之水壩，其內側表面所受之水壓力，便不能以集中負荷來處理；另外作用在物體上之物體力(body force)，如地心引力、磁力等，是分佈在整個物體上，如圖 6-2 中物體所受之地心引力，同樣不能以集中負荷來處理。對於此類分佈負荷之問題，將涉及重心與形心之觀念，本章將討論各種分佈負荷之合力與平衡之問題。

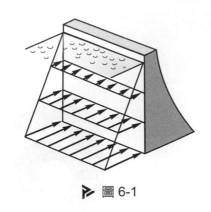

▶ 圖 6-1

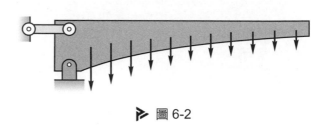

▶ 圖 6-2

6-2 // **質點系的重心**

　　圖 6-3 中所示為在 x-y 平面上之質點系，各質點之重量分別為 $\mathbf{W}_1$、$\mathbf{W}_2$、……、$\mathbf{W}_n$，並垂直向下作用，則圖中質點系所受之重力，相當於一空間平行力系，此力系合力之作用線必通過此質點系之重心 G，由力矩原理可求得合力作用線之位置，即為此平面質點系之重心，故

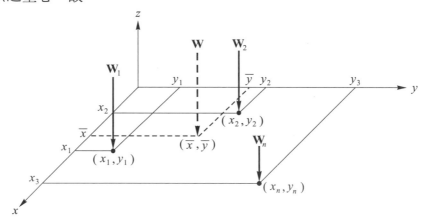

▶ 圖 6-3

$$W\overline{x} = \sum W_i x_i = W_1 x_1 + W_2 x_2 + \cdots\cdots + W_n x_n$$

$$W\overline{y} = \sum W_i y_i = W_1 y_1 + W_2 y_2 + \cdots\cdots + W_n y_n$$

得　　　$$\overline{x} = \frac{\sum W_i x_i}{W} \quad , \quad \overline{y} = \frac{\sum W_i y_i}{W} \tag{6-1}$$

其中 $W = \sum W_i = W_1 + W_2 + \cdots\cdots + W_n$，為質點系之總重量。

同理，可求空間質點系之重心位置 $G(\overline{x}，\overline{y}，\overline{z})$為

$$\overline{x} = \frac{\sum W_i x_i}{W} \quad , \quad \overline{y} = \frac{\sum W_i y_i}{W} \quad , \quad \overline{z} = \frac{\sum W_i z_i}{W} \qquad (6\text{-}2)$$

例題 6-1 ▷ 質點的重心

試求圖中所示質點系之重心位置。

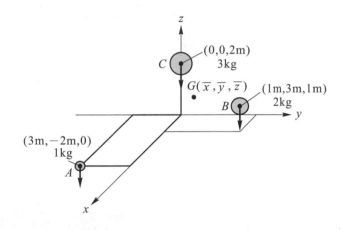

解 質點 A，$W_1 = m_1 g = (1)(9.8) = 9.8$ N，

$x_1 = 3$ m，$y_1 = -2$m，$z_1 = 0$

質點 B，$W_2 = m_2 g = (2)(9.8) = 19.6$ N

$x_2 = 1$ m，$y_2 = 3$m，$z_2 = 1$m

質點 C，$W_3 = m_3 g = (3)(9.8) = 29.4$ N

$x_3 = 0$，$y_3 = 0$，$z_3 = 2$ m

則此質點系之重心位置$(\overline{x}，\overline{y}，\overline{z})$由公式(6-2)為

$$\overline{x} = \frac{\sum W_i x_i}{W} = \frac{(9.8)(3)+(19.6)(1)+(29.4)(0)}{9.8+19.6+29.4} = 0.833 \text{ m} \blacktriangleleft$$

$$\overline{y} = \frac{\sum W_i y_i}{W} = \frac{(9.8)(-2)+(19.6)(3)+(29.4)(0)}{9.8+19.6+29.4} = 0.667 \text{ m} \blacktriangleleft$$

$$\overline{z} = \frac{\sum W_i z_i}{W} = \frac{(9.8)(0)+(19.6)(1)+(29.4)(2)}{9.8+19.6+29.4} = 1.223 \text{ m} \blacktriangleleft$$

6-3 // 物體之重心

　　對任何形狀、大小與重量之物體，都可視爲是由無限個質點所組成之空間質點系，若欲求此物體之重心，可先將此物體分爲許多微小元素(element)dW，如圖 6-4 所示，與上節相同，由力矩原理即可求得物體之重心位置。

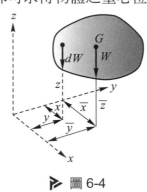

▶ 圖 6-4

充電站

組合三線段可求得球門的重心

　　因物體上所有微小元素所受之重力形成一空間平行力系，則所有微小元素之重力和，即爲物體之重量，即

$$W = \int dW \qquad (6\text{-}3)$$

由力矩原理，重量 W 對任一軸之力矩，等於所有微小元素之重力對同一軸之力矩和，若應用於 x 軸、y 軸與 z 軸，則

$$W\bar{x} = \int x\,dW \quad , \quad W\bar{y} = \int y\,dW \quad , \quad W\bar{z} = \int z\,dW$$

得　　　$$\bar{x} = \frac{\int x\,dW}{W} \quad , \quad \bar{y} = \frac{\int y\,dW}{W} \quad , \quad \bar{z} = \frac{\int z\,dW}{W} \tag{6-4}$$

　　對於地表上之物體，因物體內各點之重力場強度 g 均相同，$W = mg$，$dW = g\,dm$，則由公式(6-4)

$$\bar{x} = \frac{\int x g\,dm}{mg} = \frac{g\int x\,dm}{mg} = \frac{\int x\,dm}{m} = x_{CM}$$

同理　　　$$\bar{y} = \frac{\int y\,dm}{m} = y_{CM} \quad , \quad \bar{z} = \frac{\int z\,dm}{m} = z_{CM}$$

　　式中(x_{CM}，y_{CM}，z_{CM})為物體之質心位置。故對於地表上之物體(尺寸甚小於地球半徑)，重心與質心之位置在同一點。

6-4 // 形　心

　　物體之比重量 γ 為該物體單位體積之重量($\gamma = \rho g$，ρ為密度)，對體積為 dV 之微小元素其重量為 $dW = \gamma dV$，則(6-4)式可寫為

$$\bar{x} = \frac{\int x\gamma\,dV}{\int \gamma\,dV} \quad , \quad \bar{y} = \frac{\int y\gamma\,dV}{\int \gamma\,dV} \quad , \quad \bar{z} = \frac{\int z\gamma\,dV}{\int \gamma\,dV} \tag{6-5}$$

　　對於均質物體，其內各點之密度均相等，比重量γ為一常數，即物體中任一微小元素之比重量均相等，(6-5)式中分子與分母之比重量 γ 可消去，得

$$\bar{x} = \frac{\int x\,dV}{V} \quad , \quad \bar{y} = \frac{\int y\,dV}{V} \quad , \quad \bar{z} = \frac{\int z\,dV}{V} \tag{6-6}$$

其中 V 為物體之總體積。

公式(6-6)所得爲物體之體積中心，爲幾何形狀之中心，稱爲形心(centroid)。對於均質物體，其重心與形心之位置相同。

圖 6-5 中所示爲一彎曲之線狀均質物體，其長度爲 L，橫斷面積爲 A，比重量爲 γ，此物體上任一微小長度 dL 之重量爲 $dW = \gamma A dL$，此線狀物體之比重量 γ 與斷面積 A 均爲常數，代入(6-4)式可得

$$\overline{x} = \frac{\int x dL}{L} \quad , \quad \overline{y} = \frac{\int y dL}{L} \quad , \quad \overline{z} = \frac{\int z dL}{L} \tag{6-7}$$

因此對於線狀均質物體，γ 與 A 爲常數，其重心與該線段之形心在同一位置。通常曲線之形心不會在該線段上。

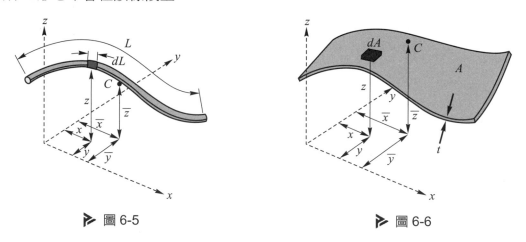

▶ 圖 6-5　　　　　　　　　　　　　　▶ 圖 6-6

至於厚度均勻之板狀均質物體，如圖 6-6 所示，設此物體之厚度爲 t，表面積爲 A，比重量爲 γ，此物體上任一微小面積 dA 之重量爲 $dW = \gamma t dA$。因板狀均質物體之厚度 t 與比重量 γ 均相同，其重心與面積之形心位置相同。同樣由(6-4)式可得此物體之重心或形心爲

$$\overline{x} = \frac{\int x dA}{A} \quad , \quad \overline{y} = \frac{\int y dA}{A} \quad , \quad \overline{z} = \frac{\int z dA}{A} \tag{6-8}$$

對於曲面之板狀物體，其表面積之形心位置需有三個互相垂直之座標($\overline{x}$，$\overline{y}$，$\overline{z}$)表示之，且其形心位置通常不在曲面上。而平面之板狀物體，僅需平面上兩個互相垂直之座標($\overline{x}$，$\overline{y}$)即可確定，而形心位置必位於該平面上。面積之形心位置，在力學上應用較爲重要，需特別注意形心之求法。

◆面積的一次矩

　　圖 6-7 中所示為 x-y 平面上之面積 A，其內任一微小面積 dA 對 x 軸之一次矩(first moment)定義為 dA 面積與 dA 至 x 軸距離之乘積，此距離為 dA 所在坐標系之 y 坐標(有正負值)。因此整個面積 A 對 x 軸之一次矩以 Q_x 表示為

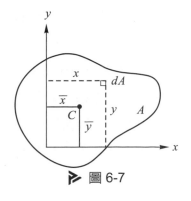

▶ 圖 6-7

$$Q_x = \int_A y\,dA \tag{6-9}$$

由公式(6-8)可得

$$Q_x = \int y\,dA = \overline{y}A \tag{6-10}$$

　　即面積 A 對 x 軸之一次矩，等於面積 A 與其形心至 x 軸距離 $\overline{y}$ 之乘積，$\overline{y}$ 為面積 A 形心之 y 軸坐標(有正負值)。同理可得面積 A 對 y 軸之一次矩為

$$Q_y = \int_A x\,dA = \overline{x}A \tag{6-11}$$

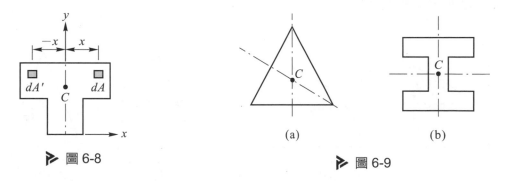

▶ 圖 6-8　　　　　　　　　　　　(a)　　　　　　　(b)

　　　　　　　　　　　　　　　　　　▶ 圖 6-9

　　若面積 A 有一對稱軸存在，如圖 6-8 中之面積對 y 軸成對稱，由於在坐標為 x 處之微面積 dA，在($-x$)處必存在有一微面積 dA'，使兩者之一次矩互相抵銷，故任一面積對其對稱軸之一次矩必為零。又 $\overline{y}=0$ 時，$Q_x=0$，即任一面積對通過其形心之軸所生一次矩等於零。故對於有對稱軸之面積，其形心必位於對稱軸上。若一面積有兩個對稱軸，如圖 6-9 所示，則形心必位於兩對稱軸之交點。

若一面積在坐標為(x，y)處之每一微面積 dA，恒存在有一坐標為(–x，–y)之微面積 dA′與之對應，如圖 6-10 所示，則稱此面積對稱於原點 O 點，O 點稱為對稱中心，且 $Q_x = Q_y = 0$，$\bar{x} = \bar{y} = 0$，即面積之形心位於對稱中心。

一次矩之單位為長度之三次方(如 mm³、in³、cm³、……)，但一次矩有正負值，視形心坐標 $\bar{x}$、$\bar{y}$ 之正負值而定。

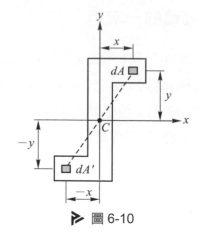

▶ 圖 6-10

6-5 // 以積分法求形心與重心

通常一個公式所涉及之原理，在觀念上甚易理解，但真正之困難是如何使用公式去解決實際之問題。上節中，以力矩原理導出形心及重心公式，如公式(6-6)，(6-7)與(6-8)，在觀念上甚易理解，但在實際應用時，最大困難是如何選定微分元素(differential element)以確立積分式。故以積分法求形心與重心位置時，須注意下列所提供之四項原則，以簡化解題之過程。

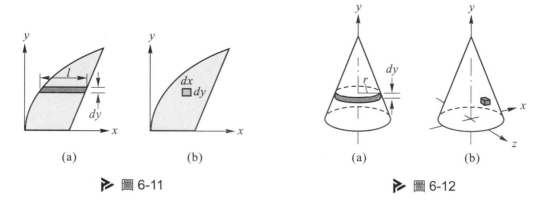

(a)　(b)　　　　　(a)　(b)

▶ 圖 6-11　　　　▶ 圖 6-12

(1) 選用一階之微分元素(first-order differential element)，避免選用高階之微分元素，如此僅作一次積分即可包含全部圖形，如圖 6-11(a)之斜線面積，若取一階微分面積 $dA = l\,dy$，則僅需對 y 積分一次即可求出面積。若取二階微分面積 $dA = dx\,dy$，如圖 6-11(b)所示，則需對 x 及 y 作二重積分方可求出陰影面積。同理，如圖 6-12 圓錐體，取一階微分體積 $dV = \pi r^2 dy$，對 y 一次積分即可求得圓錐體積；若取三階微分體積 $dV = dxdydz$，則須作三重積分方可求得體積。

(2) 選取之微分元素須一次連續積分即可包含全部圖形，避免由於不連續而作分段積分。如圖 6-11(a)中所選之水平微分面積即可連續積分，若選取垂直方向之微分面積，如圖 6-13 所示，由於圖形在 x_1 點不連續，對 x 積分時需分二段積分，不宜選用。

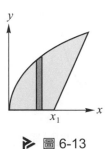

▶ 圖 6-13

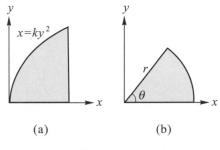

▶ 圖 6-14

(3) 選取適當之座標系統，如圖 6-14(a)之面積取直角座標系較適宜，而(b)圖之扇形面積則適宜選用極座標取微分面積積分之。

(4) 選取適當之微分元素後，須確定該微分元素之形心座標，以便求出該微分元素之一次矩。參考圖 6-15(a)，若取水平微分面積 $dA = ldy$ 時，其形心座標為 (x_c , y_c)，對 y 積分時，須將 l 與 x_c 表示為 y 之函數方可作積分運算。同理(b)圖中之微分體積 $dV = Adz$，其形心座標(x_c , 0 , z_c)，亦需將 A 與 x_c 表為 z 之函數方可對 z 作積分運算。

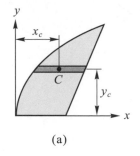

▶ 圖 6-15

例題 6-2 ▶ 圓弧線的形心位置

一圓弧半徑為 r，圓心角為 2α，如圖所示，試求其形心位置。

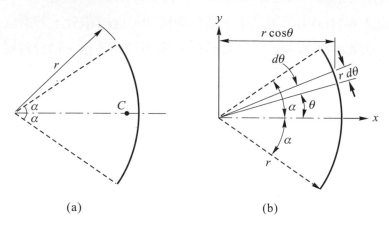

(a)　　　　　　　　　　　(b)

解 ▶ 設取圓弧之對稱軸為 x 軸，如圖(b)所示，則 $\bar{y} = 0$。今取圓弧上之一微小長度 $dL = rd\theta$，其 x 軸之座標位置 $x_C = r\cos\theta$。由公式(6-6)，$L\bar{x} = \int x_C dL$，得

$$(2\alpha r)\bar{x} = \int_{-\alpha}^{\alpha} (r\cos\theta)(rd\theta) = 2r^2 \sin\alpha$$

$$\bar{x} = \frac{r\sin\alpha}{\alpha} \blacktriangleleft$$

半圓弧線之形心位置：

令 $2\alpha = \pi$，$\alpha = \dfrac{\pi}{2}$，代入上式可得 $\bar{x} = \dfrac{2r}{\pi}$，如(c)圖所示。1/4 圓弧線亦可得相同之結果。

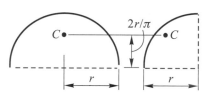

例題 6-3 ▶ 扇形面積的形心位置

一扇形面積半徑爲 r，圓心角爲 2α，如圖所示，試求其形心位置。

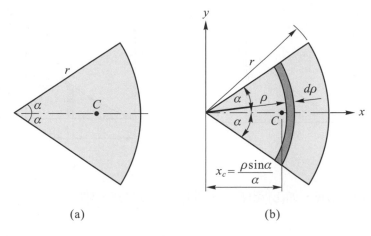

(a)　　　　　　　　　(b)

解 ▶ 設取扇形面積之對稱軸爲 x 軸，如(b)圖所示，則 $\overline{y} = 0$。今取一微小面積 dA，

如(b)圖中之陰影面積，則 $dA = \rho(2\alpha)d\rho = 2\alpha\rho d\rho$

因微小面積之 $d\rho$ 甚小，故可將其視爲半徑爲 ρ，圓心角爲 2α 之圓弧線段，

其形心位置 x_C 由例題 6-2 得 $x_C = \dfrac{\rho \sin\alpha}{\alpha}$

扇形面積之形心由公式(6-8)：$A\overline{x} = \int x_C dA$

得 $\dfrac{2\alpha}{2\pi}(\pi r^2)\overline{x} = \int_0^r \left(\dfrac{\rho \sin\alpha}{\alpha}\right)(2\alpha\rho d\rho)$

$r^2\alpha\overline{x} = \dfrac{2}{3}r^3\sin\alpha$ ， $\overline{x} = \dfrac{2}{3}\dfrac{r\sin\alpha}{\alpha}$ ◀

半圓面積之形心位置：

令 $2\alpha = \pi$，$\alpha = \dfrac{\pi}{2}$，代入上式可得 $\overline{x} = \dfrac{4r}{3\pi}$，如(c)圖所示，而 1/4 圓面積亦

可得相同之結果。

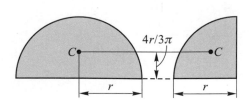

例題 6-4 ── 面積的形心位置

試求圖中曲線($y = hx^n/a^n$)與 x 軸間斜線面積之形心位置。

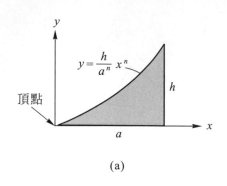

(a)

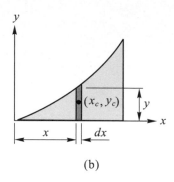

(b)

解 取微面積 $dA = ydx$，如(b)圖所示，其中 $y = a^{-n}hx^n$，則

$$dA = a^{-n}hx^n dx$$

面積：$A = \int dA = \int_0^a a^{-n}hx^n dx = \dfrac{ah}{n+1}$

面積 A 對 y 軸之一次矩為

$$Q_y = \int x_C dA = \int_0^a x \cdot a^{-n}hx^n dx = \dfrac{a^2 h}{n+2}$$

面積 A 對 x 軸之一次矩為

$$Q_x = \int y_C dA = \int \dfrac{y}{2} \cdot dA = \int_0^a \dfrac{1}{2} y^2 dx = \int_0^a \dfrac{1}{2} a^{-2n} h^2 x^{2n} dx = \dfrac{ah^2}{2(2n+1)}$$

故面積 A 之形心座標($\bar{x}$ ，$\bar{y}$)分別為

$$\bar{x} = \dfrac{Q_y}{A} = \dfrac{n+1}{n+2} a \blacktriangleleft$$

$$\bar{y} = \dfrac{Q_x}{A} = \dfrac{n+1}{2(2n+1)} h \blacktriangleleft$$

註：(1)若 $n = 2$，$\bar{x} = \dfrac{3}{4}a$ ，$\bar{y} = \dfrac{3}{10}h$ ，$A = \dfrac{1}{3}ah$

(2)若 $n = 3$，$\bar{x} = \dfrac{4}{5}a$ ，$\bar{y} = \dfrac{2}{7}h$ ，$A = \dfrac{1}{4}ah$

例題 6-5 ▷ 半球體的形心位置

試求一半徑為 r 之半球體之形心位置。

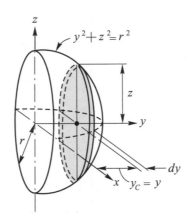

解 ▶ 設取半球體之對稱軸為 y 軸，如圖所示，則 $\bar{x} = 0$，$\bar{z} = 0$。

考慮與 x-z 面平行之微小體積，其厚度為 dy，半徑為 $z = \sqrt{r^2 - y^2}$，

則 $dV = \pi(r^2 - y^2)dy$

半球之體積

$$V = \int dV = \int_0^r \pi(r^2 - y^2)dy = \frac{2}{3}\pi r^3$$

半球體之形心位置 $\bar{y}$ 由公式(6-6)式，$V\bar{y} = \int y_C dV$

$$\left(\frac{2}{3}\pi r^3\right)\bar{y} = \int_0^r y \cdot \pi(r^2 - y^2)dy = \frac{1}{4}\pi r^4$$

$$\bar{y} = \frac{3}{8}r \blacktriangleleft$$

▶ 表 6-1　常見面積之形心位置

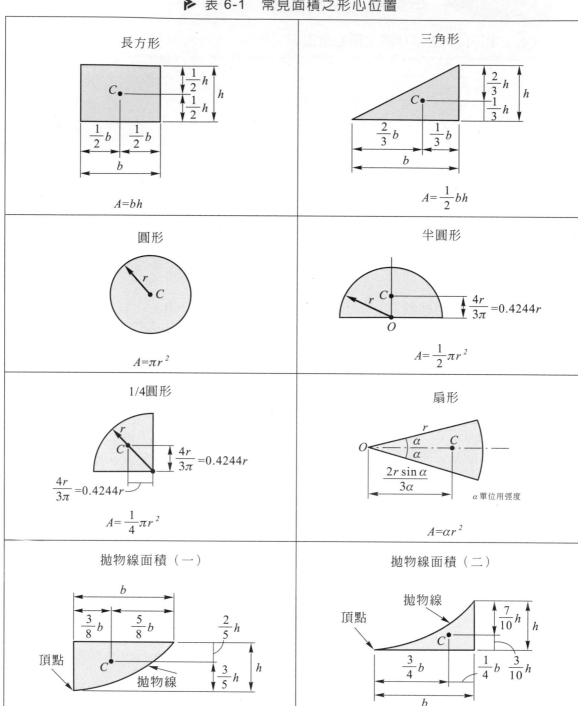

長方形

$A=bh$

三角形

$A=\dfrac{1}{2}bh$

圓形

$A=\pi r^2$

半圓形

$\dfrac{4r}{3\pi}=0.4244r$

$A=\dfrac{1}{2}\pi r^2$

1/4圓形

$\dfrac{4r}{3\pi}=0.4244r$

$\dfrac{4r}{3\pi}=0.4244r$

$A=\dfrac{1}{4}\pi r^2$

扇形

$\dfrac{2r\sin\alpha}{3\alpha}$

α單位用弧度

$A=\alpha r^2$

拋物線面積（一）

$\dfrac{3}{8}b$　$\dfrac{5}{8}b$

$\dfrac{2}{5}h$

$\dfrac{3}{5}h$

頂點

拋物線

$A=\dfrac{2}{3}bh$

拋物線面積（二）

拋物線

頂點

$\dfrac{7}{10}h$

$\dfrac{3}{4}b$　$\dfrac{1}{4}b$　$\dfrac{3}{10}h$

$A=\dfrac{1}{3}bh$

表 6-2　常見體積之形心位置

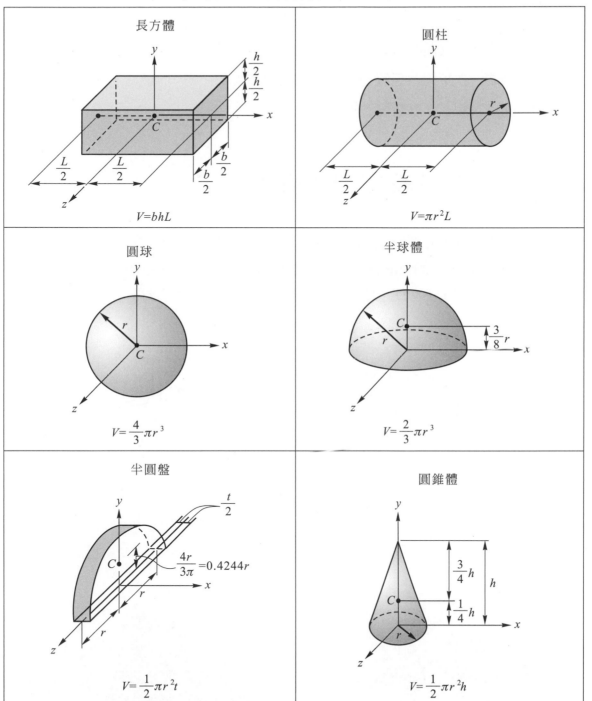

觀念題

1. 在什麼條件下物體的重心、質心與形心會在同一點？
2. 『面積的一次矩恆爲正值』，此句敘述有何錯誤？
3. 面積的一次矩在什麼情況下爲零。

6-6 // 組合體之形心與重心

　　若一物體能夠很方便地分爲數個簡單形狀之組合體，由於這些簡單形狀之幾何尺寸(即體積、面積或長度)及形心位置甚易獲得，如表 6-1 及表 6-2 所示，則此種組合體之形心與重心位置，不必使用積分方法，直接用力矩原理便可求得。

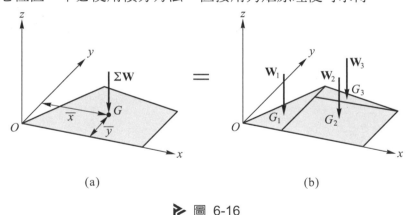

(a)　　　　　　　　　　　　(b)

▶ 圖 6-16

充電站

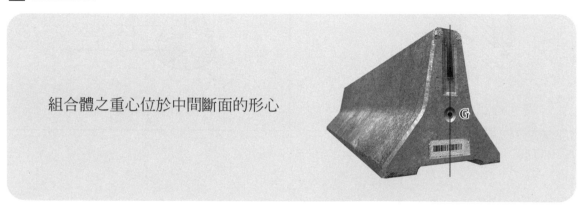

組合體之重心位於中間斷面的形心

參考圖 6-16 之四方形板狀物體，欲求其重心位置，可將其分為一個長方形及二個三角形之簡單形狀，如圖 6-16(b)圖所示。設每一簡單形狀之重量為 $\mathbf{W}_i$，重心位置為 $G_i(x_i，y_i)$，則此三個簡單平板所相當之重力，形成一空間平行力系，由力矩原理可求得合力作線之位置 $G(\bar{x}，\bar{y})$，即為此四方形平板之重心，故

$$\bar{x}\,W = \sum x_i W_i = x_1 W_1 + x_2 W_2 + \cdots\cdots + x_n W_n$$

$$\bar{y}\,W = \sum y_i W_i = y_1 W_1 + y_2 W_2 + \cdots\cdots + y_n W_n$$

得　　　　　$\bar{x} = \dfrac{\sum x_i W_i}{W}$　　，　　$\bar{y} = \dfrac{\sum y_i W}{W}$　　　　　　(6-12)

其中　$W = \sum W_i = W_1 + W_2 + \cdots\cdots + W_n$，為四方形平板之總重量。

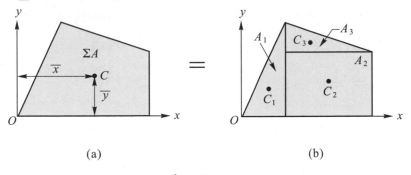

(a)　　　　　　　　　　　　　(b)

▷ 圖 6-17

若此四方形平板為厚度均勻之均質材料，比重量及厚度均為常數，則重心位置與面積之形心位置相同，公式 6-12)可化為

$$\bar{x} = \dfrac{\sum x_i A_i}{A}　　，　　\bar{y} = \dfrac{\sum y_i A_i}{A} \qquad (6\text{-}13)$$

上式為組合面積之形心位置，如圖 6-17 所示，其中 A_i 為每一簡單面積之大小，$(x_i，y_i)$為 A_i 之形心位置，A 為總面積，且 $A = \sum A_i = A_1 + A_2 + \cdots\cdots + A_n$。

面積力矩 $A_i x_i$ 與 $A_i y_i$(或稱一次矩)，須注意其正負值。面積之一次矩與力矩相同，可為正值或負值，例如圖 6-18 中，位於 y 軸左方之半圓面積 A_1 對 y 軸之一次矩 $A_1 x_1$ 為負值，因 x_1 為負值；又被挖去之圓面積 A_3 對 y 軸之一次矩 $A_3 x_3$ 亦為負值，因 A_3 為負值。

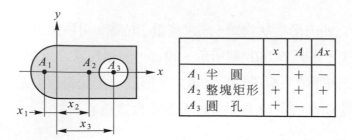

	x	A	Ax
A_1 半　圓	−	+	−
A_2 整塊矩形	+	+	+
A_3 圓　孔	+	−	−

▷ 圖 6-18

對於組合線段，亦可將其分為數段簡單線條，如直線或圓弧線，同理亦可得形心位置之公式為

$$\bar{x} = \frac{\sum x_i L_i}{L} \quad , \quad \bar{y} = \frac{\sum y_i L_i}{L} \tag{6-14}$$

其中 $L = \sum L_i$，為組合線段之總長度，而(x_i, y_i)為各簡單線條 L_i 之形心位置。

數個簡單體積組合之物體，其形心位置，同理亦可寫為

$$\bar{x} = \frac{\sum x_i V_i}{V} \quad , \quad \bar{y} = \frac{\sum y_i V_i}{V} \tag{6-15}$$

其中 $V = \sum V_i$，為組合物體之總體積，而(x_i, y_i)為各簡單體積 V_i 之形心位置。

力學中，平面面積之形心較為常見。例如結構用材中之角鋼、槽鋼、H 型鋼等，均為組合斷面，且亦可用以組合更複雜之斷面，如圖 6-19 所示，此等斷面之面積及形心位置，利用公式 6-13，配合表 6-1 即可求得。

▷ 圖 6-19

例題 6-6 ▶ 折線的形心位置

試求圖中折線 $ABCD$ 之形心位置

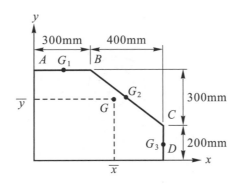

解 ▶ 折線 $ABCD$ 為一組合線段，可將其分為三條簡單直線 AB、BC 及 CD，其各

別長度 L_i 及形心位置$(x_i，y_i)$如下：

直線 AB：$L_1 = 300$ mm ， $x_1 = 150$ mm，$y_1 = 500$ mm

直線 BC：$L_2 = \sqrt{300^2 + 400^2} = 500$ mm ， $x_2 = 500$ mm，$y_2 = 350$ mm

直線 CD：$L_3 = 200$ mm ， $x_3 = 700$ mm，$y_3 = 100$ mm

折線 $ABCD$ 之形心位置，由公式(6-14)

$$\bar{x} = \frac{\sum L_i x_i}{\sum L_i} = \frac{(300)(150)+(500)(500)+(200)(700)}{300+500+200} = 435 \text{ mm} \blacktriangleleft$$

$$\bar{y} = \frac{\sum L_i y_i}{\sum L_i} = \frac{(300)(500)+(500)(350)+(200)(100)}{300+500+200} = 345 \text{ mm} \blacktriangleleft$$

例題 6-7 ── 面積的形心位置

試求圖中陰影面積之形心位置。

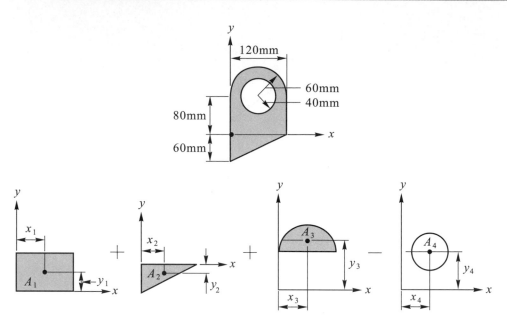

解 ▶ 將組合面積分為四個簡單面積包括長方形、三角形、半圓形及一挖除之圓形，如圖所示，而各部份之面積大小及形心位置如下(須注意挖除的面積為負值，及形心所在坐標位置的正負值)。

長方形：$A_1 = 120 \times 80 = 9600 \text{ mm}^2$

$x_1 = 60 \text{ mm}$ ， $y_1 = 40 \text{ mm}$

三角形：$A_2 = \dfrac{1}{2}(120)(60) = 3600 \text{ mm}^2$

$x_2 = \dfrac{1}{3}(120) = 40 \text{ mm}$ ， $y_2 = -\dfrac{1}{3}(60) = -20 \text{ mm}$

半圓形：$A_3 = \dfrac{\pi}{2}(60)^2 = 5655 \text{ mm}^2$

$x_3 = 60 \text{ mm}$ ， $y_3 = 80 + \dfrac{4}{3\pi}(60) = 105.46 \text{ mm}$

圓形：$A_4 = -\pi(20)^2 = -5027 \text{ mm}^2$

$x_4 = 60 \text{ mm}$ ， $y_4 = 80 \text{ mm}$

故組合面積之形心位置由公式(6-13)可得

$$\bar{x} = \frac{\sum A_i x_i}{\sum A_i} = \frac{(9600)(60) + (3600)(40) + (5655)(60) + (-5027)(60)}{9600 + 3600 + 5655 + (-5027)} = 54.8 \text{ mm} \blacktriangleleft$$

$$\bar{y} = \frac{\sum A_i y_i}{\sum A_i} = \frac{(9600)(40) + (3600)(-20) + (5655)(105.46) + (-5027)(80)}{9600 + 3600 + 5655 + (-5027)}$$

$$= 36.6 \text{mm} \blacktriangleleft$$

例題 6-8 ▷ 均質物體的形心位置

試求圖中均質物體之形心位置。

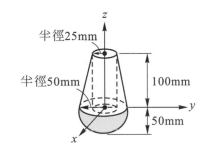

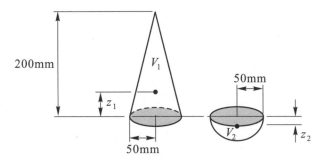

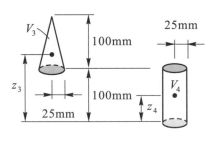

解 ▷ 將組合體分為四個簡單部份，如圖所示，各部份之體積 V_i 及形心位置

(0，0，z_i)如下

大圓錐體：$V_1 = \frac{1}{3}(\pi \times 50^2)(200) = 523.6 \times 10^3 \text{ mm}^3$

$$z_1 = \frac{1}{4}(200) = 50 \text{ mm}$$

半球體：$V_2 = \frac{2\pi}{3}(50)^3 = 261.8 \times 10^3 \text{ mm}^3$

$$z_2 = -\frac{3}{8}(50) = -18.75 \text{ mm}$$

小圓錐體：$V_3 = -\frac{1}{3}(\pi \times 25^2)(100) = -65.45 \times 10^3 \text{ mm}^3$

$$z_3 = 100 + \frac{1}{4}(100) = 125 \text{ mm}$$

圓柱體：$V_4 = -(\pi \times 25^2)(100) = -196.35 \times 10^3 \text{ mm}^3$

$$z_4 = \frac{1}{2}(100) = 50 \text{ mm}$$

因組合體積對 z 軸對稱，$\overline{x} = \overline{y} = 0$，故僅需求形心在 z 軸之座標 $\overline{z}$。由公式(6-15)可得形心位置 $\overline{z}$，即

$$\overline{z} = \frac{\sum V_i z_i}{\sum V_i} = \frac{(523.6)(50) + (261.8)(-18.75) + (-65.45)(125) + (-196.35)(50)}{523.6 + 261.8 - 65.45 - 196.35}$$

$$= 6.245 \text{ mm} \blacktriangleleft$$

6-7 巴波定理

　　平面上之曲線繞一與該曲線不相交之軸迴轉時，該曲線所繞過之軌跡形成一曲面，稱爲迴轉面(surface of revolution)，所繞之軸稱爲迴轉軸(axis of revolution)。例如一半圓弧線以其直徑爲迴轉軸，所得之迴轉面爲一球面，如圖 6-20 所示，同理一傾斜直線繞水平軸旋轉可得圓錐面，而一全圓弧線繞其外任一軸旋轉可得一圓環面。

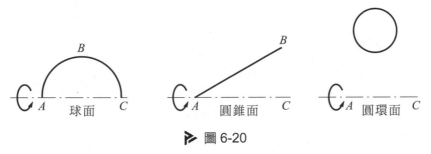

> 圖 6-20

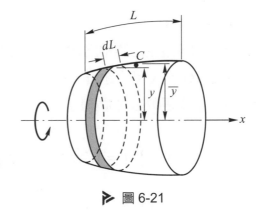

> 圖 6-21

　　欲求迴轉面之面積，考慮平面上之任一曲線 L，設此曲線繞 x 軸旋轉一圈所形成之曲面爲 S，如圖 6-21 所示。今在曲線上取一微分長度 dL，則 dL 繞 x 軸旋轉一圈所形成之面積 $dA = (2\pi y)dL$，其中 y 爲 dL 至 x 軸之距離，故曲線 L 繞 x 軸所形成迴轉面 S 之面積爲

$$A = \int dA = \int \left(2\pi y\right)dL = 2\pi \int ydL$$

由公式 6-7：$\int ydL = \overline{y}\int dL = \overline{y}L$

得　　　　$A = 2\pi \overline{y}L$ 　　　　　　　　　　　　　　　　　　(6-16)

其中 $\overline{y}$ 爲曲線 L 之形心位置。

公式(6-16)顯示，一平面曲線所形成迴轉面之面積，等於該曲線之長度乘以曲線之形心在迴轉中所移動之長度，此稱為巴波第一定理(first theorem of Pappus and Guldinus)。

平面上之面積繞一與該面積不相交之軸迴轉時，該面積所繞過之軌跡形成一體積，稱為迴轉體(solid of revolution)。例如一半圓面積繞其直徑迴轉一周得一球體，一直角三角形面積繞其直角邊旋轉一周可得一圓錐體，而圓面積繞其外任一軸旋轉一周可得一圓環體積，參考圖 6-22 所示。

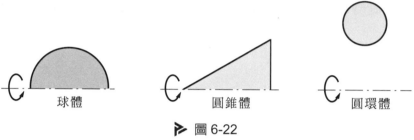

球體　　　　　　　圓錐體　　　　　　　圓環體

▶ 圖 6-22

欲求迴轉體之體積，參考圖 6-23，先在平面面積 A 中取一微小面積 dA，則 dA 繞 x 軸迴轉一圈所產生之體積為 $dV = (2\pi y)dA$，其中 y 為 dA 至 x 軸之距離，故平面面積 A 繞 x 軸所形成迴轉體之體積為

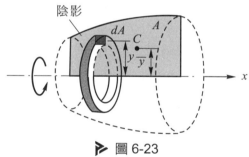

▶ 圖 6-23

$$V = \int dV = \int (2\pi y)\, dA = 2\pi \int y\, dA$$

由公式(6-8)：$\int y\, dA = \overline{y} \int dA = \overline{y}A$

得　　　　$V = 2\pi \overline{y}A$　　　　　　　　　　　　　　　(6-17)

其中 $\overline{y}$ 為面積 A 之形心位置。

公式(6-17)顯示，一平面面積所形成迴轉體之體積，等於其面積乘以面積之形心在迴轉中所移動之長度，此稱為巴波第二定理(second theorem of Pappus and Guldinus)。

巴波定理提供了一個簡單的方法用以計算迴轉面之面積與迴轉體之體積。若曲線所生迴轉面之面積為已知時，則可以反過來求平面曲線之形心。同理，面積所生迴轉體之體積為已知時，則可用以求得平面面積之形心。

例題 6-9 ▶ 巴波定理

試利用巴波定理求(a)圓球之表面積,(b)圓球之體積。

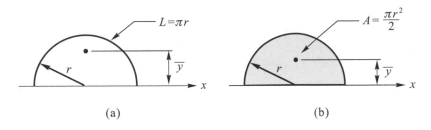

(a)   (b)

解 ▶ (a)由巴波第一定理:$A = 2\pi \overline{y} L$

半圓弧線之長度 $L = \pi r$,而形心位置 $\overline{y} = 2r/\pi$,則圓球之表面積為

$$A = 2\pi \left(\frac{2r}{\pi} \right)(\pi r) = 4\pi r^2 ◀$$

(b)由巴波第二定理:$V = 2\pi \overline{y} A$

半圓面積 $A = \frac{1}{2}\pi r^2$,而形心位置 $\overline{y} = \frac{4r}{3\pi}$,則圓球之體積為

$$V = 2\pi \left(\frac{4r}{3\pi} \right)\left(\frac{1}{2}\pi r^2 \right) = \frac{4}{3}\pi r^3 ◀$$

例題 6-10 ▶ 巴波第二定理的應用

試求圖中飛輪在輪緣部份之重量。設輪緣材料之比重量γ = 0.25 lb/in³

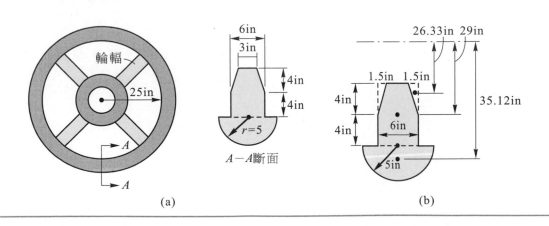

(a)   (b)

解 由巴波第二定理，飛輪輪緣之體積：$V = 2\pi A\bar{y}$，$\bar{y} =$ 斷面形心至中心軸之距離。

將飛輪輪緣之斷面分為長方形面積 A_1(長 8 in 寬 6 in)加半圓積 A_2(半徑 5 in)減去兩塊三角形面 A_3(高 4 in 底 1.5in)，如圖(b)所示，則

$A_1 = 8 \times 6 = 48 \text{ in}^2$ ， $y_1 = 25 + 4 = 29 \text{ in}$

$A_2 = \dfrac{1}{2}\pi(5)^2 = 39.27 \text{ in}^2$ ， $y_2 = 25 + 8 + \dfrac{4 \times 5}{3 \times \pi} = 35.12 \text{ in}$

$A_3 = -2\left(\dfrac{1}{2} \times 1.5 \times 4\right) = -6.0 \text{ in}^2$ ， $y_3 = 25 + \dfrac{1}{3}(4) = 26.33 \text{ in}$

其中 y_1、y_2 與 y_3 分別為各面積至飛輪中心軸之距離。由公式(6-13)：$A\bar{y} = \sum A_i y_i$

$A\bar{y} = 48(29) + (39.27)(35.12) + (-6.0)(26.33) = 2613 \text{ in}^3$

故 $V = 2\pi A\bar{y} = 2\pi(2613) = 16418 \text{ in}^3$

$W = \gamma V = 0.25(16418) = 4105 \text{ lb}$ ◀

觀念題

1. 試利用巴波第一與第二定理說明如何計算救生圈之表面積與體積。

2. 試說明三角形面積與圓錐體積間之關係。

✎ 習 題

6-1 試求圖(1)中陰影面積之形心位置。

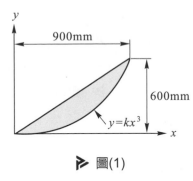

⊳ 圖(1)

答 $\overline{x} = 480$ mm，$\overline{y} = 229$ mm

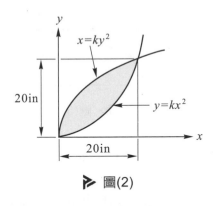

⊳ 圖(2)

6-2 試求圖(2)中陰影面積之形心位置。

答 $\overline{x} = 9.00$ in，$\overline{y} = 9.00$ in

6-3 試求圖(3)中陰影面積之 x 坐標。

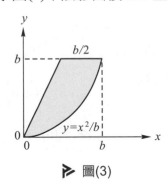

⊳ 圖(3)

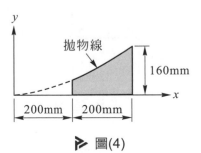

⊳ 圖(4)

答 $\overline{x} = b/2$

6-4 試求圖(4)中陰影面積之形心坐標。

答 $\overline{x} = 321$ mm，$\overline{y} = 53.1$ mm

6-5 試求圖(5)中陰影面積之形心位置。

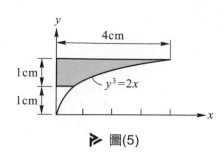

> 圖(5)

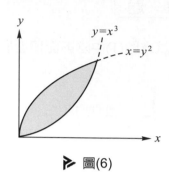

> 圖(6)

答 $\overline{x}$ = 1.21 cm，$\overline{y}$ = 1.65 cm

6-6 試求圖(6)中兩曲線間陰影面積之形心坐標。

答 $\overline{x} = \dfrac{12}{25}$，$\overline{y} = \dfrac{3}{7}$

6-7 試求圖(7)中焊道之形心位置。

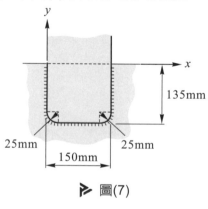

> 圖(7)

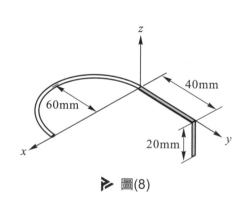

> 圖(8)

答 $\overline{x}$ = 75 mm，$\overline{y}$ = −89.1 mm

6-8 試求圖(8)中鐵線之重心位置，設鐵線為均勻之材質。

答 $\overline{x}$ = 45.5 mm，$\overline{y}$ = −22.5 mm，$\overline{z}$ = −0.8 mm

6-9　試求圖(9)中陰影面積之形心位置。

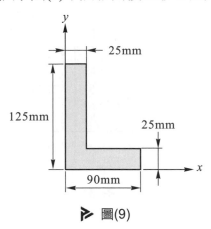

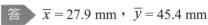

圖(9)

答 $\overline{x} = 27.9$ mm， $\overline{y} = 45.4$ mm

6-10 試求圖(10)中陰影面積之形心位置。

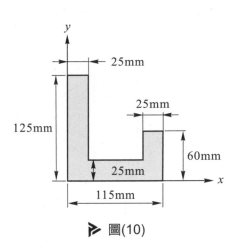

圖(10)

答 $\overline{x} = 45.8$ mm， $\overline{y} = 41.7$ mm

6-11 試求圖(11)中陰影面積之形心位置。

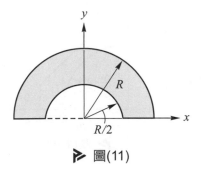

圖(11)

答 $\overline{y} = 14\,R/9\pi$

6-12 試求圖(12)中陰影面積之形心位置。

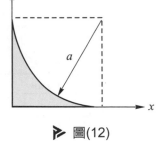

圖(12)

答 $\overline{x} = \overline{y} = \dfrac{10 - 3\pi}{4 - \pi} \cdot \dfrac{a}{3}$

6-13 試求圖(13)中斜線面積之形心位置。

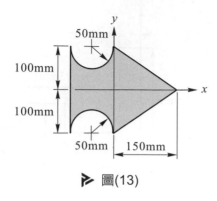

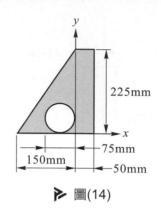

▶ 圖(13)

▶ 圖(14)

答 $\bar{x} = 5.26$ mm，$\bar{y} = 0$

6-14 試求圖(14)中斜線面積之形心位置。

答 $\bar{x} = -16.7$ mm，$\bar{y} = 99.8$ mm

6-15 試求圖(15)中陰影面積之形心位置。

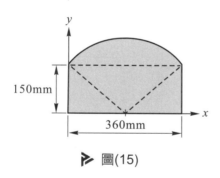

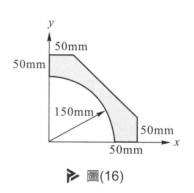

▶ 圖(15)

▶ 圖(16)

答 $\bar{x} = 180$ mm，$\bar{y} = 105.5$ mm

6-16 試求圖(16)中陰影面積之形心位置。

答 $x = y = 107.2$ mm

6-17 圖(17)中重量為 W 半徑為 r 的均質半圓形桿件，在 A 端為鉸支，B 端靠在光滑的牆壁上，試求桿件在兩端之反力。

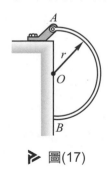

圖(17)

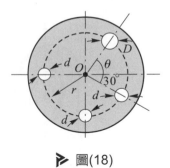

圖(18)

> **答** $R_A = 1.049\ W$，$N_B = 0.318\ W$

6-18 圖(18)中均質圓板在半徑為 r 處挖了三個直徑為 d 之圓孔，導致形心偏離圓板之圓心 O，今欲在半徑同樣為 r 處挖第四個圓孔(直徑為 D)使圓板之形心回到 O 點，試求此第四個圓孔之直徑 D 及角位置 θ。

> **答** $D = 1.227\ d$，$\theta = 84.9°$

6-19 試求圖(19)中 3/4 圓柱面之形心位置。

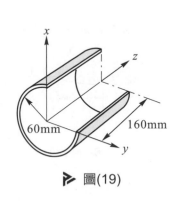

60mm　160mm

圖(19)

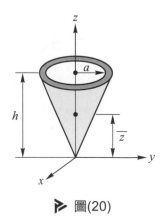

圖(20)

> **答** $\bar{x} = -12.7\ mm$，$\bar{y} = -12.7\ mm$，$\bar{z} = 80\ mm$

6-20 試求圖(20)中圓錐表面之形心位置。

> **答** $\bar{z} = \dfrac{2}{3}\ h$

6-21 圖(21)中之托架(bracket)，是以厚度均勻之均質平板所製造，試求此托架之重心位置。

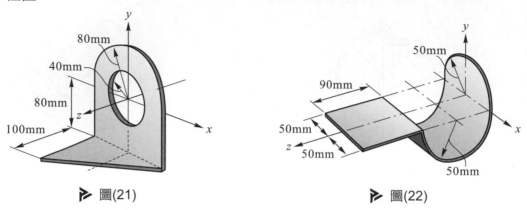

▷ 圖(21)

▷ 圖(22)

答 $\overline{x}$ = –8.3 mm，$\overline{y}$ = –31.4 mm，$\overline{z}$ = 10.3 mm

6-22 以厚度均勻之均質平板作成圖(22)中所示之形狀，試求其重心位置。

答 $\overline{x}$ = 0，$\overline{y}$ = –14.5 mm，$\overline{z}$ = 73.0 mm

6-23 試求圖(23)中 3/4 圓柱體之形心位置。

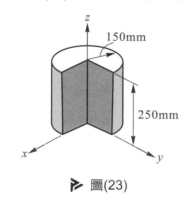

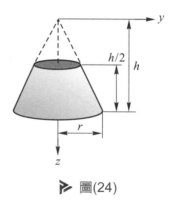

▷ 圖(23)

▷ 圖(24)

答 $\overline{x} = \overline{y}$ = –21.2 mm，$\overline{z}$ = 125 mm

6-24 試求圖(24)中所示圓錐體之形心位置。

答 距圓錐底之高度 $\overline{h}$ = 11h /56

6-25 圖(25)中所示為一均質之鑄件，試求其重心位置。

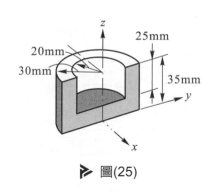

▶ 圖(25)

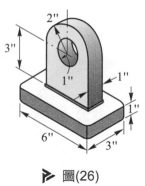

▶ 圖(26)

答 $\bar{x} = -14.7$ mm，$\bar{y} = 0$，$\bar{z} = 15.2$ mm

6-26 試求圖(26)中均質鑄件之質心至底邊之距離。

答 $\bar{h} = 1.717$ in

6-27 圖(27)中均質物體是將拋物線與 z 軸間之面積繞 z 軸旋轉 $180°$ 而形成，試求其形心之 z 坐標。(拋物線方程式：$z = kx^2$)。

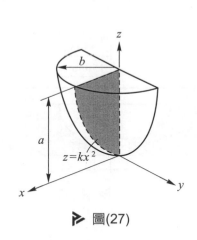

▶ 圖(27)

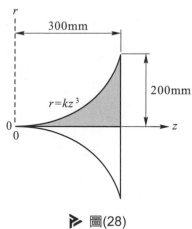

▶ 圖(28)

答 $\bar{z} = 2a/3$

6-28 一均質的實心體是由圖(28)中陰影面積繞 z 軸旋轉 $360°$ 而形成，試求其質心位置。

答 $\bar{z} = 263$ mm

6-29 圖(29)中所示飛輪之輪緣斷面為 T 型，試求輪緣部份之體積。

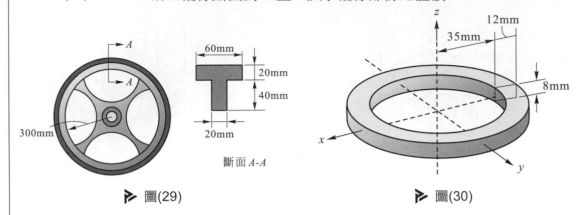

斷面 *A-A*

▶ 圖(29)

▶ 圖(30)

答 $V = 4.25 \times 10^6 \text{ mm}^3$

6-30 試求圖(30)中物體之表面積與體積。

答 $A = 10.3 \times 10^3 \text{ mm}^2$，$V = 24.7 \times 10^3 \text{ mm}^3$

6-31 試求圖(31)中實心均質鋁鑄件之重量($\gamma = 168 \text{ lb/ft}^3$)

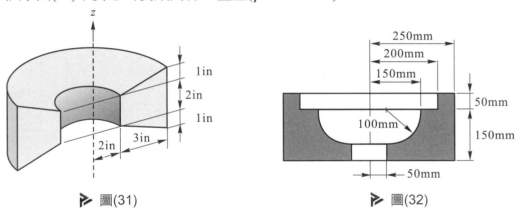

▶ 圖(31)

▶ 圖(32)

答 $W = 10.08 \text{ lb}$

6-32 圖(32)中斜線面積繞其對稱軸轉動 180° 可形成一迴轉體，試求此迴轉體之體積。

答 $V = 13.6 \times 10^6 \text{ mm}^3$

6-8 壓力中心

◆ 樑上之分佈負荷

樑上所承受之分佈負荷，通常由樑材重量、風力、液體靜壓力或樑所承受之荷重所造成。分佈負荷是以單位長度所承受之荷重 q 表示之，其單位為 N/m，N/mm 或 lb/ft。圖 6-24(a)所示為一承受分佈負荷之樑，此分佈負荷之合力 $\mathbf{F}$ 在樑上之作用點 P 稱為壓力中心（ center of pressure ），如圖 6-24(b)所示。

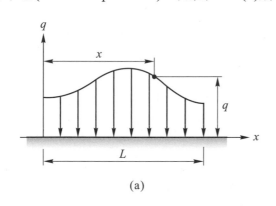
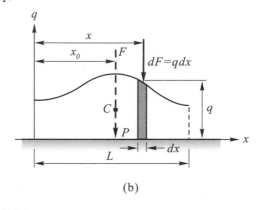

(a)　　　　　　　　　　　(b)

▶ 圖 6-24

📱 充電站

堆積的貨物置於樑上形成分布負荷

　　欲求壓力中心之位置 x_0，需先求分佈負荷之合力 **F**。設取位置 x 處之一微小長度 dx，此微小長度之負荷爲 qdx，則合力之大小 F 爲

$$F = \int_0^L qdx \tag{6-18}$$

　　其中 qdx 等於圖 6-24(b)中之陰影面積，故分佈負荷之合力大小 F 等於分佈負荷曲線下之面積 A，即

$$F = \int dA = A = 分佈負荷曲線下之面積 \tag{6-19}$$

　　至於壓力中心之位置 x_0 由力矩原理

$$Fx_0 = \int_0^L x\left(qdx\right) \tag{6-20}$$

　　因 qdx 爲圖 6-24(b)中之陰影面積 dA，且 $F = A$，則上式可改寫爲

$$Ax_0 = \int_0^L xdA \tag{6-21}$$

　　由公式(6-11)，$\int_0^L xdA = \bar{x}A$，故 $x_0 = \bar{x}$，即合力 F 必通過面積 A 之形心 C。

　　因此，樑所承受之分佈負荷，可用一相當之集中負荷(即分佈負荷之合力)取代之，此集中負荷之大小等於分佈負荷曲線下之面積，而其作用線必通過此面積之形心。但必須注意，僅在討論外效應時，方可如此考慮，即在計算樑之支承反力時，方可用相當之集中負荷取代分佈負荷。

例題 6-11 ▶── 樑上的分佈負荷 ──────

圖中之樑承受分佈負荷，試求樑在 A、B 支承之反力。

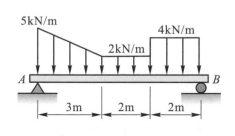

(a)

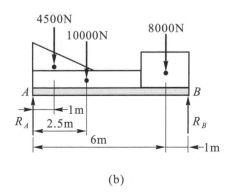

(b)

解 ▶ 將分佈負荷分為三個簡單面積，並分別求其相當之集中負荷，如(b)圖所示。

取樑之分離體圖，為一共面平行力系，則由平衡方程式：

$\sum F_y = 0$ ， $R_A + R_B = 4500 + 10000 + 8000 = 22500$ N

$\sum M_B = 0$ ， $R_B(7) = 4500(1) + 10000(2.5) + 8000(6)$

得 $R_A = 11429$ N ， $R_B = 11071$ N ◀

例題 6-12 ▶── 樑上的分佈負荷 ──────

試求圖中懸臂樑在固定端之反力及反力矩

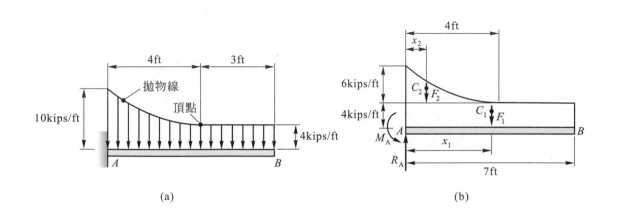

(a)

(b)

解 將樑上之分佈負荷分為長方形及拋物線面積兩部份，如(b)圖所示，兩者之合力
大小及位置如下：

$$F_1 = (4)(7) = 28 \text{ kips} \quad , \quad x_1 = \frac{1}{2}(7) = 3.5 \text{ ft}$$

$$F_2 = \frac{1}{3}(6)(4) = 8 \text{ kips} \quad , \quad x_2 = \frac{1}{4}(4) = 1 \text{ ft}$$

固定端之反力 R_A 及反力 M_A 由平面平行力系之平衡方程式求得，即

$$\sum F_y = 0 \quad , \quad R_A = F_1 + F_2 = 28 + 8 = 36 \text{ kips} \blacktriangleleft$$

$$\sum M_A = 0 \quad , \quad M_A = F_1 x_1 + F_2 x_2 = (28)(3.5) + (8)(1) = 106 \text{ kip-ft} \blacktriangleleft$$

◆液面下之平面所受之靜壓力

　　液面下之平面會受到與其表面垂直之壓力(pressure)，如水壩之閘門或河道之堤防。今研究液面下之一長方形平板(長度為 L 寬度為 b)，如圖 6-25(a)所示，由於液面下 h 深度處之壓力為 $p = \gamma h$，其中 γ 為液體之比重量(單位體積之重量)，故平板上之壓力呈線性變化。為求平板上之總壓力，可用上述處理分佈負荷合力之方法來分析。首先將平板上之液體壓力改用沿 AB 線上之分佈負荷(單位長度之荷重)q 來表示，$q = pb = \gamma hb$，則平板上之總壓力 F(即分佈負荷之合力)等於此分佈負荷之面積 A，而合力 F 之作用線必過此面積 A 之形心 C，至於合力 F 在平板上之作用點 P 稱為壓力中心。

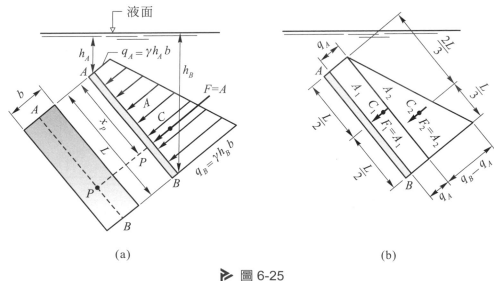

(a)   (b)

▶ 圖 6-25

圖 6-25(b)是將此分佈負荷之面積 A 分為長方形面積(A_1)及三角形面積(A_2)來考慮，因此平板上之總壓力為

$$F = F_1 + F_2 \quad , \quad 或 \quad F = A = A_1 + A_2$$

其中 $F_1 = A_1 = q_A L$，$F_2 = A_2 = \dfrac{1}{2}(q_B - q_A)L$，而 $q_A = p_A b = \gamma h_A b$，$q_B = p_B b = \gamma h_B b$。

至於壓力中心之位置 x_p 由力矩原理求得，即

$$F x_p = F_1\left(\frac{L}{2}\right) + F_2\left(\frac{2L}{3}\right) \quad , \quad 或 \quad F x_p = A x_p = A_1\left(\frac{L}{2}\right) + A_2\left(\frac{2L}{3}\right)$$

例題 6-13 ── 液面下平面的分佈負荷 ──

　　一油槽之斜邊有一長 1.5 m 寬 0.6 m 之開口以一平板密封，如圖所示，試求此平板所受之總壓力(合力)及壓力中心之位置 y_p，油之密度為 $800\ \text{kg/m}^3$。

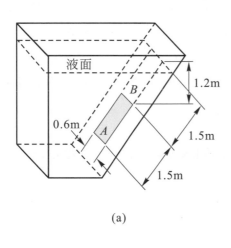

(a)

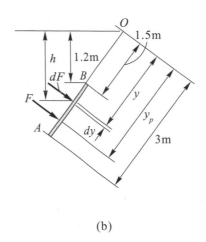

(b)

解 油之比重量 $\gamma = \rho g = 800(9.81) = 7840 \text{ N/m}^3$

考慮液面下深度 h 處之微面積 $dA = bdy$ 上
所受液體壓力合力

$dF = pdA = (\gamma h)(bdy) = 0.8\gamma\, bydy$

$\quad dF = 0.8(7840)(0.6)\, ydy = 3763\, ydy(\text{牛頓})$

則平板上所受之總壓力 F 為

$F = \int dF = \int_{1.5}^{3.0} 3736\, ydy = 12700 \text{ N} = 12.7 \text{ kN}◀$

壓力中心之位置，由力矩原理

$Fy_p = \int ydF$ ， $12700y_p = \int_{1.5}^{3.0} y(3763\, ydy) = 29635$

得 $y_p = 2.33 \text{ m}◀$

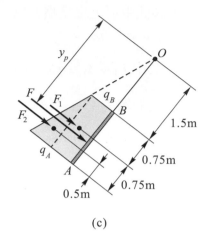

(c)

【另解】

等寬之平板所受之液體壓力為一梯形之分佈負荷，如(c)圖所示，其中

$q_A = p_A b = (\gamma h_A)b = (\rho g h_A)b = (800)(9.81)(2.4)(0.6) = 11.30 \text{ kN/m}$

$q_B = (\rho g h_B)b = (800)(9.81)(1.2)(0.6) = 5.65 \text{ kN/m}$

總壓力 F 為梯形分佈負荷之面積，設分為長方形面積 F_1 及三角形面積 F_2 計算之：

$F = F_1 + F_2 = q_B(1.5) + \dfrac{1}{2}(q_A - q_B)(1.5)$

$F = (5.65)(1.5) + \dfrac{1}{2}(11.30-5.65)(1.5) = 8.48 \text{ kN} + 4.24 \text{ kN} = 12.72 \text{ kN}◀$

壓力中心位置 y_p，由力矩原理

$\quad Fy_p = F_1(1.5 + 0.75) + F_2(1.5 + 1.5 - 0.5)$

$(12.72)\, y_p = (8.48)(2.25) + (4.24)(2.5)$

得 $\quad y_p = 2.33 \text{ m}◀$

例題 6-14　液面下平面的分佈負荷

圖中水壩在 B 處為密封，水壩底面無水壓存在。已知混凝土密度 $\rho_c = 2400$ kg/m³ 且 $a = 1.25$ m，若欲避免水壩對 A 點傾倒，則水之最大深度 d 為若干？

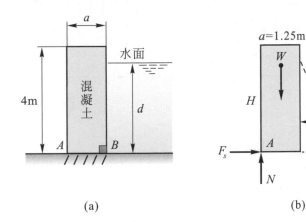

(a)　　　　　(b)

解▶水達到最大深度時，水壩即將對 A 點傾倒，此時壩底之反力集中在 A 點。

設混凝土水壩取長度 $b = 1$ m 繪分離體圖，如(b)圖所示，其中 F 為水壓力對水壩之合力，W 為水壩重量，則

$$F = \frac{1}{2}qd = \frac{1}{2}(pb)d = \frac{1}{2}(\gamma db)d = \frac{1}{2}\gamma bd^2$$

$$F = \frac{1}{2}(1000\times9.81)(1)d^2 = 4905d^2 \text{ N} = 4.905d^2 \text{ kN}$$

$$W = \gamma_c V = (2400\times9.81)(1.25\times4\times1) = 117.72\times10^3 \text{ N} = 117.72 \text{ kN}$$

由平衡方程式

$$\sum M_A = 0 \quad , \quad F\left(\frac{d}{3}\right) = W\left(\frac{a}{2}\right), \ (4.905\,d^2)\left(\frac{d}{3}\right) = (117.72)\left(\frac{1.25}{2}\right)$$

得 $d = 3.557$ m ◀

習 題

6-33 試求圖(33)中簡支樑在支承 A、B 反力。

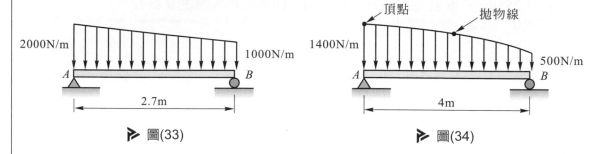

2000N/m 1000N/m
A B
2.7m
圖(33)

頂點 拋物線
1400N/m 500N/m
A B
4m
圖(34)

答 $R_A = 2.52$ kN，$R_B = 2.34$ kN

6-34 試求圖(34)中簡支樑在支承 A、B 反力。

答 $R_A = 2500$ N，$R_B = 1900$ kN

6-35 試求圖(35)中外伸樑在支承 B、C 之反力。

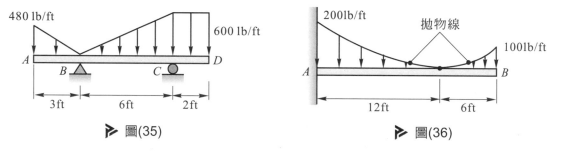

480 lb/ft 600 lb/ft
A D
B C
3ft 6ft 2ft
圖(35)

200lb/ft 拋物線 100lb/ft
A B
12ft 6ft
圖(36)

答 RB = 1360 lb，RC = 2360 lb

6-36 試求圖(36)中懸臂樑在固定端之反力 R_A 及反力矩 M_A。

答 $R_A = 1000$ lb，$M_A = 5700$ lb-ft

6-37 圖(37)中所示爲一長方形之閘門，高度爲 4 m，寬度(垂直於紙面)爲 6 m，試求當水深爲 3 m 時 B 處之反力。A 處爲閘間之水平轉軸，B 處爲一固定之凸出物可擋住閘門被水沖開。

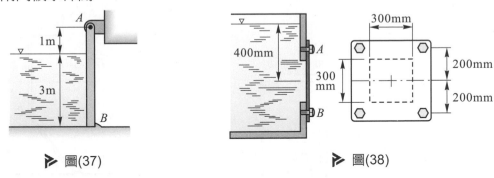

▷ 圖(37)　　　　　　　　　　　　　　　▷ 圖(38)

答 R_B =198.7 kN

6-38 圖(38)中水箱側壁有一 300 mm × 300 mm 之方形開口，並用蓋板以螺栓鎖緊而密封之。試求當水箱裝水後螺栓 A 與 B 所增加之拉力。

答 T_A = 80 N，T_B = 96.6 N

6-39 圖(39)中油槽在左下方有一 600 mm × 400 mm(與紙面垂直之寬度)之長方形開口，該處用一蓋板以密封之。試求蓋板所受之總壓力 F 及壓力中心之位置 x。

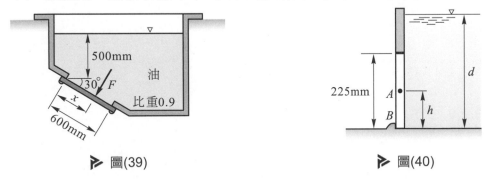

▷ 圖(39)　　　　　　　　　　　　　　　▷ 圖(40)

答 F = 1377 N，x = 323 mm

6-40 一自動閘門高度 225 mm 寬度 225 mm，如圖(40)所示，樞接點 A 之高度 h = 100 mm，則使閘門自動開啓所需之水深 d 爲何？

答 d = 450 mm

6-41 貯槽內分別裝油與鹽水，中間以 3 m 高度 2.7 m 寬度(與紙面垂直)之長方形平板隔開，如圖(41)所示，平板在 A 處為鉸支，若欲使平板在 B 處之反力為零，則鹽水所需之深度 h 為何？油之比重為 0.85，鹽水之比重為 1.03。

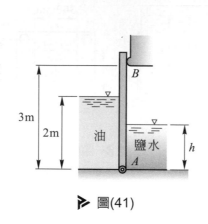

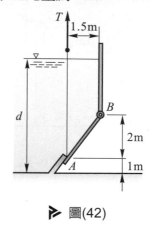

▶ 圖(41)

▶ 圖(42)

答 $h = 1.89$ m

6-42 圖(42)中之快速閘門 AB，寬度為 1.75 m(與紙面垂直)，藉一條垂直纜繩及 B 處鉸鏈保持閘門在關閉位置，當水深 $d = 6$ m 時，試求關閉閘門所需之最小張力 T？

答 $T = 155.1$ kN

6-9 ∥ 撓性繩索

　　許多工程結構物，如吊橋、纜車等所用之纜線，均懸垂於兩支承間而承受垂直荷重，此纜線均假設為具有理想之可撓性且不能伸長，故稱為撓性繩索(flexible cable)。由於具有可撓性，撓性繩索不能承受彎矩，故在任一斷面之拉力必沿繩索在該斷面之切線方向，且由於不能伸長，故撓性繩索之長度在承受負荷後仍保持不變。根據以上假設，對於承受已知荷重之撓性繩索，可建立繩索斷面張力與垂度(say)、跨距(span)及繩索長度之關係式。

　　分析撓性繩索之問題時，繩索之重量常忽略不計，但繩索用來做傳輸電線(transmission lines)、廣播天線(radio antennas)之牽索(guy)時，則重量必須考慮。故有關繩索之載重分佈，通常有兩種假設：(a)忽略繩索本身重量，繩索所受負荷沿水平方向均勻分佈，大多數橋樑載重即屬於此種情形。(b)考慮繩索重量，其負荷是沿繩索弧長均勻分佈，傳輸電線即屬於此種情形。

　　通常繩索絞緊時，其垂度與繩索長度之比甚小，故載重可假設沿水平方向均勻分佈。垂度是指繩索最低點與支承之高度差，若支承高度不同，垂度亦不相同，而跨距則指兩支承間之水平距離。

◆拋物線索

　　當撓性繩索懸垂於兩支承間，並沿水平方向承受均佈之垂直載重時，繩索所形成之曲線為拋物線，稱為**拋物線索**(parabolic cable)，如鋼索吊橋。參考圖 6-26(a)之吊橋，橋面載重為水平方向均勻分佈之垂直負荷，為求跨距、垂度與繩索張力之關係，先以拋物線索最低點 D 為原點定座標系，如圖 6-26 所示，並取 D 點右側 x 長度之部份繪分離體圖，如圖 6-26(b)所示，由平衡方程式

$$\sum F_x = 0 \quad , \quad T\cos\theta - T_D = 0 \tag{a}$$

$$\sum F_y = 0 \quad , \quad T\sin\theta - qx = 0 \tag{b}$$

式中 q 為橋面之垂直均佈荷重，T_D 為繩索在斷面 D 之張力，而 T 為 D 點右方 x 處斷面之張力。

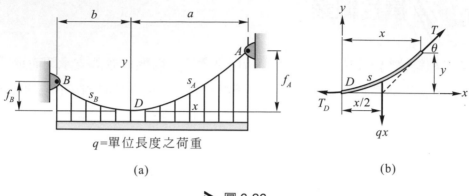

(a)　　　　　　　　　　　　　　(b)

▶ 圖 6-26

由(a)(b)兩式消去 T 得

$$\tan\theta = \frac{qx}{T_D} \tag{c}$$

因曲線之斜率 $\dfrac{dy}{dx} = \tan\theta$，代入(c)式得

$$\frac{dy}{dx} = \frac{qx}{T_D} \tag{d}$$

將(d)式積分之得 $y = \dfrac{qx^2}{2T_D} + C$，式中 C 為積分常數，依所選之座標軸而定。由圖 6-26(a)，$x = 0$ 時，$y = 0$，得 $C = 0$，故繩索之方程式為

$$y = \frac{qx^2}{2T_D} \tag{6-22}$$

上式為拋物線方程式，其頂點(vertex)在繩索之最低點。今再將(a)(b)兩式聯立，消去 θ 可得

$$T = (T_D^2 + q^2x^2)^{1/2} \tag{e}$$

上式顯示，繩索之張力在最低點 D 為最小，而距 D 點之水平距離 x 愈大，張力即愈大；圖 6-26(a)中，若 $a > b$，則 A 點之張力為最大。

由(6-22)式，垂度 $f_A = \dfrac{qa^2}{2T_D}$ ，得 $T_D = \dfrac{qa^2}{2f_A}$ ，代入(e)式

$$T_A = qa\sqrt{1+\frac{a^2}{4f_A^2}} \tag{6-23}$$

同理　　$$T_B = qb\sqrt{1+\frac{b^2}{4f_B^2}} \tag{6-24}$$

若欲求繩索最低點至兩端支承之長度，由曲線弧長之積分公式，可得 D 點至 A 端之弧長 s_A 為

$$s_A = \int_0^a \sqrt{1+\left(\frac{dy}{dx}\right)^2}\,dx = \int_0^a \sqrt{1+\frac{q^2x^2}{T_D^2}}\,dx$$

由公式(6-22) $T_D = qa^2/(2f_A)$ 代入上式

$$s_A = \int_0^a \sqrt{1+\frac{q^2x^2}{\left[qa^2/(2f_A)\right]^2}}\,dx = \int_0^a \sqrt{1+\frac{4f_A^2x^2}{d^4}}\,dx$$

$$= \int_0^a \left(1+\frac{2f_A^2x^2}{a^4}-\frac{2f_A^4x^4}{a^8}+\frac{4f_A^6x^6}{a^{12}}-\cdots\cdots\right)dx$$

$$= a\left(1+\frac{2f_A^2}{3a^2}-\frac{2f_A^4}{5a^4}+\frac{4f_A^6}{7a^6}-\cdots\cdots\right) \tag{6-25}$$

同理　　$$s_B = b\left(1+\frac{2f_B^2}{3b^2}-\frac{2f_B^4}{5b^4}+\frac{4f_B^6}{7b^6}-\cdots\cdots\right) \tag{6-26}$$

則繩索總長 $s = s_A + s_B$。因 f_A/a 與 f_B/b 之值很小，(6-25)及(6-26)式中之級數收斂很快，故僅取級數之前兩項即可獲得繩索實際長度之近似值。

◆懸索

繫於兩支承間之可撓性繩索，除其本身重量外不受其他負荷，且本身重量所導致之載重是沿繩索弧長均勻分佈者，稱為懸索（ catenary ），或稱懸鏈線索。當懸索之垂

度與跨距之比值甚小時，將懸索之曲線視爲拋物線，其誤差甚小，此種懸索之分析與前節相同。

　　爲分析懸索張力與垂度、跨距之關係，以及求得懸索之長度，參考圖 6-27(a)之懸索，切取最低點 D 右方一部份之分離體圖，如圖 6-27(b)所示，圖中 P 爲懸索曲線上之任一點，懸索最低點 D 定爲座標原點，懸索單位長度之重量爲 $q(\text{ N/m })$。設 DP 弧長爲 s，D 點張力爲 T_D，P 點張力爲 T，T 與水平方向之夾角爲 θ，由平衡方程式

$$\sum F_x = 0 \quad , \quad T\cos\theta = T_D \qquad\qquad\qquad\qquad \text{(a)}$$

$$\sum F_y = 0 \quad , \quad T\sin\theta = qs \qquad\qquad\qquad\qquad \text{(b)}$$

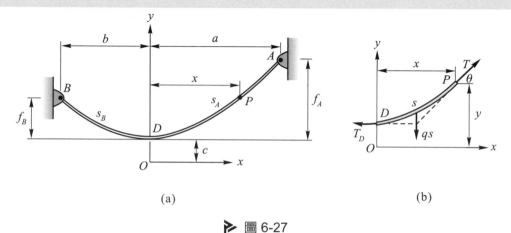

(a)　　　　　　　　　　　　　　　　　　(b)

▶ 圖 6-27

由(a)(b)兩式消去 T 得

$$\tan\theta = \frac{qs}{T_D} \quad , \quad \text{或} \quad s = \frac{T_D}{q}\tan\theta \qquad\qquad\qquad \text{(c)}$$

由(a)(b)兩式消去 θ，得 $T = \sqrt{T_D{}^2 + q^2 s^2}$，令 $T_D/q = c$

得 $\qquad T = \sqrt{T_D{}^2 + q^2 s^2} = q\sqrt{c^2 + s^2} \qquad\qquad\qquad\qquad \text{(6-27)}$

由圖 6-27(a)，$dx = ds\cos\theta$，且 $\cos\theta = T_D/T$

故 $\qquad dx = \dfrac{T_D}{T}\cdot ds = \dfrac{qc}{q\sqrt{c^2 + s^2}}\cdot ds = \dfrac{ds}{\sqrt{1 + \left(s^2/c^2\right)}}$

積分之　$x = \int \dfrac{ds}{\sqrt{1 + \left(s^2 + c^2\right)}} = c \cdot \sinh^{-1} \dfrac{s}{c} + A$

式中 A 爲積分常數。因 $x = 0$ 時，$s = 0$，得 $A = 0$，則

$$s = c \cdot \sinh \dfrac{x}{c} \qquad\qquad (6\text{-}28)$$

又　　　　$dy = dx \tan\theta$，且 $\tan\theta = \dfrac{qs}{T_D} = \dfrac{s}{c}$

得　　　　$dy = \dfrac{s}{c} dx = \left(\sinh \dfrac{x}{c}\right) dx$

積分之　$y = \int \left(\sinh \dfrac{x}{c}\right) dx = c \cdot \cosh \dfrac{x}{c} + B$

若將座標原點移至 O 點，參考圖 6-27，且令 $DO = c$，則當 $y = c$，$x = 0$ 時，$B = 0$，則

$$y = c \cdot \cosh \dfrac{x}{c} \qquad\qquad (6\text{-}29)$$

此式即爲懸索所成曲線之方程式，即懸鏈線。

懸索之垂度 f 爲

$$f = y - c \quad , \quad f_A = y_A - c \quad , \quad f_B = y_B - c \qquad\qquad (6\text{-}30)$$

由(6-28)及(6- 9)兩式

$$y^2 - s^2 = c^2 \left(\cosh^2 \dfrac{x}{c} - \sinh^2 \dfrac{x}{c}\right) = c^2$$

故　　　　$y = \sqrt{s^2 + c^2} \qquad\qquad (6\text{-}31)$

將(6-31)式代入(6-27)式，得懸索上任一點之張力爲

$$T = qy = qc \cdot \cosh \dfrac{x}{c} \qquad\qquad (6\text{-}32)$$

而懸索最低點 D 之張力 T_D，令 $x = 0$，得

$$T_D = qc \qquad\qquad (6\text{-}33)$$

由(6-27)式及(6-32)(6-33)兩式，可知

(1) 懸索內任一斷面之張力在水平方向之分量為一常數 qc，即等於最低點之斷面張力 T_D。

(2) 懸索內任一斷面之張力在垂直方向之分量等於 qs，其中 s 為該斷面至最低點 D 之弧長。

(3) 懸索內任一斷面之張力等於 qy。

懸索張力之最大值發生在端點，若 $a > b$，則 A 點之張力最大，且

$$T_A = q(f_A + c) = qc \cdot \cosh\frac{a}{c} \tag{6-34}$$

例題 6-15 ▷ 拋物線索

一鋼索吊橋，如圖所示，鋼索繫於高度相同之支柱上，已知跨距 $L = 1200$ m，橋面上之垂直均佈負荷為 4000 N/m，設鋼索之最大拉力為 10^4 kN，試求鋼索之垂度 f 及鋼索之長度 s。

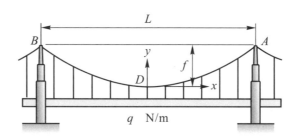

解▷ 由公式(6-23) $T = qa\sqrt{1 + \dfrac{a^2}{4f^2}}$，其中 $T = 10^7$ N，$q = 4000$ N/m，

$a = L/2 = 600$ m，則

$10^7 = (4000)(600)\sqrt{1 + \dfrac{(600)^2}{4f^2}}$，解得 $f = 74.4$ m◀

鋼索長度由(6-25)式

$s = 2s_A = 2a\left(1 + \dfrac{2f^2}{3a^2} - \cdots\cdots\right) = 2(600)\left(1 + \dfrac{2(74.4)^2}{3(600)^2} - \cdots\cdots\right) = 1210$ m◀

例題 6-16　懸索

一鋼索每公尺之質量為 12 kg，懸垂在高度相等之支承上，跨距為 300 m，垂度為 60 m，如圖所示，試求鋼索最低點之張力，最大張力，及鋼索之長度。

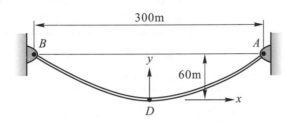

解 ▶ 由(6-29)式，$y = c \cdot \cosh \dfrac{x}{c}$，已知端點 $y = c + 60$ m，$x = 300/2 = 150$ m，則

$$c + 60 = c \cdot \cosh \frac{150}{c}$$

其中 $c = T_D/q$，$T_D = $ 最低點之張力，q 為鋼索單位長度之重量，且 $q = (12 \times 9.81)10^{-3} = 0.1177$ kN/m，代入上式得

$$\frac{T_D}{0.1177} + 60 = \frac{T_D}{0.1177} \cdot \cosh \frac{(0.1177)(150)}{T_D}$$

$$\frac{7.063}{T_D} = \cosh \frac{17.66}{T_D} - 1$$

上列方程式以圖解法求解甚為容易，先假設 T_D 值，而後算出 $\dfrac{7.063}{T_D}$ 及 $(\cosh \dfrac{17.66}{T_D} - 1)$ 之值，如下表所示。再由表中計算所得之各值繪 $\dfrac{7.063}{T_D}$ 及 $(\cosh \dfrac{17.66}{T_D} - 1)$ 之曲線圖，如下圖所示，則兩曲線之交點即為符合上列方程式之解。

T_D	$\dfrac{7.063}{T_D}$	$\cosh\dfrac{17.66}{T_D}-1$
22.5	0.314	0.324
23	0.307	0.310
23.5	0.301	0.296
24	0.294	0.283

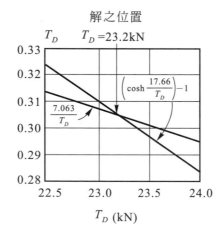

解之位置

解得　$T_D = 23.2$ kN◄

最大張力由(6-34)式，$T_{\max} = q(f+c)$，其中 $f = 60$ m，

$c = T_D/q = 23.2/0.1177 = 197$

故 $T_{\max} = 0.1177(60 + 197) = 30.2$ kN◄

鋼索總長由(6-28)式

$$2s = 2c \cdot \sinh\frac{x}{c} = (2)(197)\sinh\frac{150}{197} = 330 \text{ m} ◄$$

習　題

6-43 圖(43)中鋼索所能承受之最大拉力為 80 kN，試求鋼索所能承受之垂直均佈負荷 q。

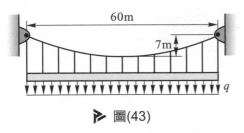

圖(43)

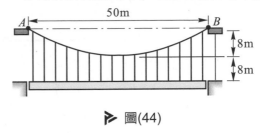

圖(44)

答 1.13 kN/m

6-44 圖(44)中質量為 5 Mg 之平台，以兩條鋼索支持在 A、B 兩端，鋼索之跨距為 50 m，垂度為 8 m，試求鋼索之最大張力。

答 T_{max} = 22.75 kN

6-45 圖(45)中鋼索承受 50 kg/m 之垂直均佈負荷(沿水平方向)，試求鋼索中之最大與最小張力。

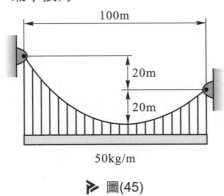

50kg/m

圖(45)

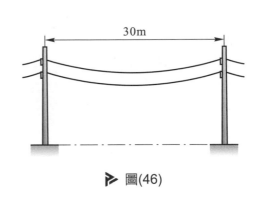

圖(46)

答 T_{max} = 35.61 kN；T_{min} = 21.04 kN

6-46 電話線之質量為 500 g/m，懸垂在跨距 30 m 之兩電線桿間，如圖(46)所示，設垂度為 1.5 m，試求電話線中之最大張力，以及兩電線桿間所需之電話線長度。

答 T_{max} == 376.7 N，s = 30.20 m

6-47 一船用 18 kg/m 之錨鏈繫住，鏈條總長 40 m，如圖(47)所示，已知錨鏈在 A 點之張力爲 7 kN，且與水平方向呈 60° 之夾角，試求 l_d 之長度及水之深度 d。設浮力之影響略而不計。

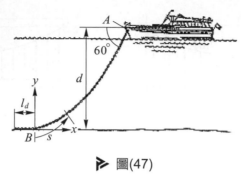

▶ 圖(47)

答 $l_d = 5.67$ m，$d = 19.82$ m

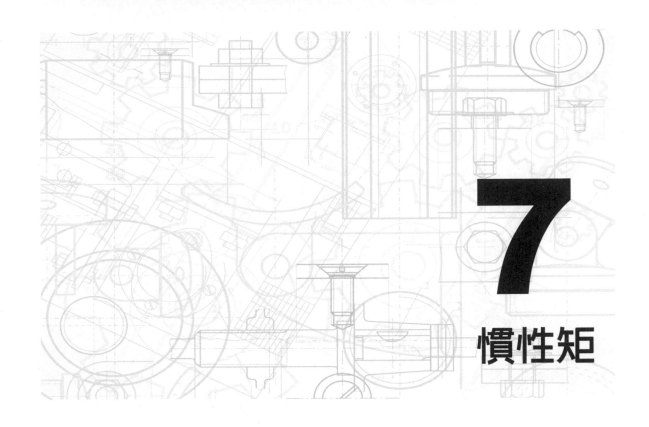

7 慣性矩

7-1 面積慣性矩(二次矩)

當面積上承受分佈負荷作用時，經常需要計算此面積上之分佈負荷對某一軸之力矩，若此分佈負荷之強度與至力矩軸之距離成正比，則所求之力矩會出現"$\int (距離)^2 d(面積)$"之積分式，此積分式稱為面積之慣性矩(moment of inertia of the area)。一面積之慣性矩為該面積幾何形狀之函數，在力學中應用相當廣泛，故必須對慣性矩之運算及性質作詳細之討論。

圖 7-1 將顯示慣性矩之物理意義。(a)圖中為平板 ABCD 承受分佈之液體壓力，壓力強度與至 AB 軸之距離 y 成正比，即 $p = ky$，微面積 dA 上所受之壓力對 AB 軸之力矩為 $dM = y\,(pdA) = y(ky)dA = ky^2 dA$，因此，面積 ABCD 上之壓力對 AB 軸之總力矩 $M = k\int y^2 dA$，積分式 $\int y^2 dA$ 即為面積 ABCD 對 AB 軸之慣性矩。

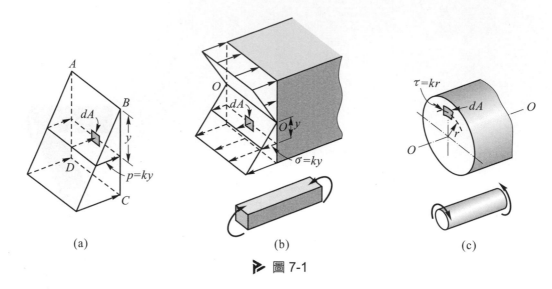

▶ 圖 7-1

(b)圖為一稜柱桿(prismatic bar)兩端承受大小相等方向相反之力偶矩(彎矩)，在材料之比例限內，橫斷面上之正交應力呈線性分佈，即$\sigma = ky$，其中 $O\text{-}O$ 軸以下之應力為正(拉應力)，以上之應力為負(壓應力)，斷面上任一微面積 dA 上之應力對 $O\text{-}O$ 軸之力矩為 $dM = y(\sigma dA) = ky^2 dA$，則斷面上之應力對 $O\text{-}O$ 軸之總力矩為 $M = k\int y^2 dA$，積分式 $\int y^2 dA$ 即為斷面對 $O\text{-}O$ 軸之慣性矩。

(c)圖為橫斷面上承受扭轉力矩(twist or torsional moment)之圓桿，為抵抗外加扭矩，圓桿斷面上會產生剪應力，在圓桿材料之比例限內，剪應力之強度與半徑 r 成正比，即$\tau = kr$，則斷面上之剪應力對中心軸線之總力矩為 $M = \int r(\tau dA) = k\int r^2 dA$。此積分式 $\int r^2 dA$ 與上述二者不同，是由於此時之力矩軸與分佈負荷之作用面垂直，並且此積分式是用極座標，故稱為極慣性矩，而前二式之力矩軸是在分佈負荷之作用面上，是用直角座標，故稱為直角慣性矩，簡稱為慣性矩，至於極慣性矩之「極」則不可省略。

雖上述所得之積分式稱為面積之慣性矩，但另一較為恰當的名稱，應稱為二次矩(second moment of area)，因積分式中為微面積乘距離平方。

面積慣性矩是力學運算中所產生之一個積分式，是純數學意義之公式，沒有任何物理意義，但在力學應用上，須熟悉如何求出各種幾何面積之慣性矩，以便往後可隨時應用。

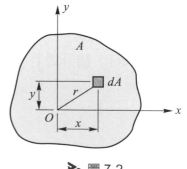

▶ 圖 7-2

參考圖 7-2 中在 x-y 平面上之面積 A，其內任一微面積 dA 對 x 軸之慣性矩，定義為 dA 至 x 軸距離 y 之平方與 dA 之乘積，即

$$dI_x = y^2 dA$$

則整個面積 A 對 x 軸之慣性矩為

$$I_x = \int y^2 dA \qquad (7\text{-}1)$$

同理，面積 A 對 y 軸之慣性矩為

$$I_y = \int x^2 dA \qquad (7\text{-}2)$$

公式(7-1)及(7-2)之慣性矩軸(x 軸及 y 軸)均在面積 A 之平面上，此種二次矩稱為直角慣性矩(rectangular moment of inerria)，簡稱慣性矩。若慣性矩軸與面積 A 之平面垂直，此種二次矩稱為極慣性矩(polar moment of inertia)，圖 7-2 中之微面積 dA 對通過 O 點且與 x-y 平面垂直之 z 軸所生之極慣性矩為 $dJ_z = r^2 dA$，故整個面積 A 對 z 軸之極慣性矩為

$$J_z = \int r^2 dA \qquad (7\text{-}3)$$

其中 r 為面積 A 內各微面積 dA 至 z 軸之距離。因 $r^2 = x^2 + y^2$，故可得

$$J_z = \int (x^2 + y^2) dA = \int x^2 dA + \int y^2 dA = I_x + I_y \qquad (7\text{-}4)$$

即 x-y 平面上之面積對 z 軸之極慣性矩(或對 O 點之極慣性矩)，等於同一面積對 x 軸與 y 軸直角慣性矩之和，其中 z 軸與 x-y 平面垂直且通過 x 軸與 y 軸之原點 O。

　　面積慣性矩為面積與距離平方之乘積，故其因次為長度之四次方[L^4]，常用之單位為 m^4，cm^4，mm^4 或 in^4。又相對於慣性矩軸之距離，其座標不論為正值或負值，平方後均為正值，故慣性矩恆為正值，此與面積之一次矩不同，面積之一次矩可能為正值或負值，視力矩軸之位置而定。

◆慣性矩之平行軸定理

設面積 A 對其平面上 x 軸之慣性矩為 I_x，
參考圖 7-3 所示，則

$$I_x = \int y^2 dA$$

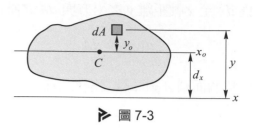

▶ 圖 7-3

在平面上另有一軸，即 x_0 軸，與 x 軸平行且通過面積 A 之形心 C，此軸稱為形心軸
(centroidal axis)。若以 y_0 表示微面積 dA 至 x_0 軸之距離，得 $y = y_0 + d_x$，其中 d_x 為兩平
行軸(x 軸與 x_0 軸)之距離，將此關係式代入 I_x，則

$$I_x = \int y^2 dA = \int (y_0 + d_x)^2 dA$$
$$= \int y_0^2 dA + 2d_x \int y_0 dA + d^2 \int dA$$

充電站

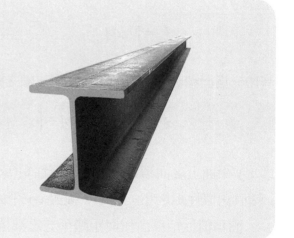

分析樑的強度與撓度需要斷面的慣
性矩

式中第一項積分為面積 A 對其形心軸(x_0 軸)之慣性矩 $\overline{I}_x$；第二項積分為面積 A 對其形心軸之一次矩，此項積分值等於零；第三項積分值等於總面積 A，故得

$$I_x = \overline{I}_x + Ad_x^2 \qquad\qquad (7\text{-}5)$$

其中 $\overline{I} = \int y_0^2 dA$。公式(7-5)表示一面積 A 對任一軸之慣性矩，等於該面積對其形心軸之慣性矩加上面積 A 與二平行軸間距離平方之乘積，此關係稱為慣性矩之平行軸定理 (parallel-axis theorem)。

參考圖 7-4，面積對平面上 y 軸之慣性矩 I_y，及對平面上 O 點 (z 軸)之極慣性矩 J_z，同理可得

$$I_y = \overline{I}_y + Ad_y^2 \qquad\qquad (7\text{-}6)$$

$$J_z = \overline{J}_z + Ad^2 \qquad\qquad (7\text{-}7)$$

其中 $\overline{I}_y = \int x_0^2 dA$，為面積 A 對通過形心之 y_0 軸之慣性矩；而 $\overline{J}_z = \int r_0^2 dA$，為面積 A 對形心 C (z_0 軸)之極慣性矩。

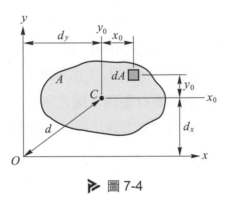

▷ 圖 7-4

◆以積分法求面積之慣性矩

以積分法求面積之慣性矩時，須先選定微面積 dA。對於微面積之選用，依面積之幾何形狀可用直角座標或極座標表示。此外，積分之演算可為一次積分或雙重積分，端視選用之微面積而定；至於積分之上下限，則由該面之範圍決定。

　　若選取適當的微面積 dA，則用一次積分即可求得面積之慣性矩。參考圖 7-5(a)之面積，若欲求 I_x，選取與 x 軸平行之微面積 dA，如(b)圖所示，由於微面積 dA 與 x 軸之距離均為 y，慣性矩為 $dI_x = y^2dA$，其中 $dA = (a-x)dy$。同理，計算 I_y 時，如(c)圖所示，選取與 y 軸平行之微面積 $dA = ydx$，因 dA 至 y 軸之距離均為 x，則 $dI_y = x^2dA$。

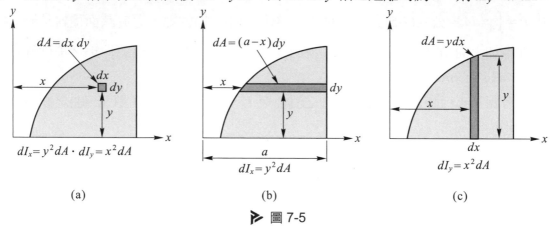

(a)　　　　　　　(b)　　　　　　　(c)

▶ 圖 7-5

◆迴轉半徑

　　參考圖 7-6(a)中 x-y 平面上之面積 A，設其對 x 軸之慣性矩已知為 I_x，今將全部面積 A 集中在距離 x 軸為 k_x 處之薄帶上，如圖 7-6(b)所示，且令 $Ak_x^2 = I_x$，則距離 k_x 稱為面積 A 對 x 軸之迴轉半徑(radius of gyration)。同理，將全部面積集中在距離 y 軸為 k_y 處之薄帶，如圖 7-6(c)所示，且令 $Ak_y^2 = I_y$，則距離 k_y 稱為面積 A 對 y 軸之迴轉半徑。另外，若將全部面積集中至距離 O 點為 k_z 處之薄圓環帶，如圖 7-6(d)所示，且令 $Ak_z^2 = J_z$，則 k_z 稱為面積 A 對 z 軸之極迴轉半徑。故迴轉半徑 k_x、k_y 與極迴轉半徑 k_z 可寫為

$$k_x = \sqrt{\frac{I_x}{A}} \quad , \quad k_y = \sqrt{\frac{I_y}{A}} \quad , \quad k_z = \sqrt{\frac{J_z}{A}} \tag{7-8}$$

若將公式(7-8)代入公式(7-4)可得

$$k_z^2 = k_x^2 + k_y^2 \tag{7-9}$$

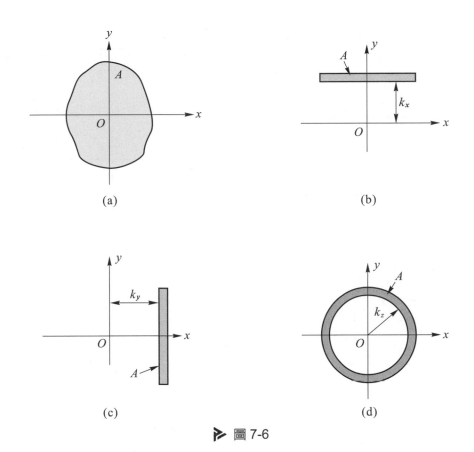

(a)

(b)

(c)

(d)

▷ 圖 7-6

◆組合面積之慣性矩

　　組合面積為含有兩個或兩個以上之簡單面積，如矩形、三角形或圓形等，亦常包含有結構用型鋼(如 S 型、H 型、L 型及 C 型等)。組合面積對任何一軸之慣性矩等於其各部份之簡單面積對同一軸慣性矩之和。若組合面積中含有被挖孔之面積，則計算慣性矩時，可先計算整個面積(含挖孔之面積)之慣性矩，再減去挖孔面積之慣性矩。

▷ 表 7-1　各種簡單面積之慣性矩

	形狀	慣性矩	迴轉半徑
長方形		$\overline{I}_x = \dfrac{bh^3}{12}$ $I_x = \dfrac{bh^3}{3}$	$\overline{k}_x = \dfrac{h}{\sqrt{12}}$ $k_x = \dfrac{h}{\sqrt{3}}$

▷ 表 7-1　各種簡單面積之慣性矩(續)

	形狀	慣性矩	迴轉半徑
三角形		$\bar{I}_x = \dfrac{bh^3}{36}$ $I_x = \dfrac{bh^3}{12}$	$\bar{k}_x = \dfrac{h}{\sqrt{18}}$ $k_x = \dfrac{h}{\sqrt{6}}$
圓形		$\bar{I}_x = \dfrac{\pi r^4}{4}$ $\bar{J}_z = \dfrac{\pi r^4}{2}$	$\bar{k}_x = \dfrac{r}{2}$ $\bar{k}_z = \dfrac{r}{\sqrt{2}}$
半圓形		$I_x = \bar{I}_y = \dfrac{\pi r^4}{8}$ $\bar{I}_x = 0.11r^4$	$k_x = \bar{k}_y = \dfrac{r}{2}$ $\bar{k}_x = 0.264r$
1/4 圓形		$I_x = I_y = \dfrac{\pi r^4}{16}$ $\bar{I}_x = \bar{I}_y = 0.055r^4$	$k_x = k_y = \dfrac{r}{2}$ $\bar{k}_x = \bar{k}_y = 0.264r$

　　組合面積中各簡單面積之慣性矩，通常易於求得，如例題中之長方形、三角形及圓形等面積之慣性矩，今將結果列於表 7-1 中，若能將表中之慣性矩熟記，並配合慣性矩之平行軸定理，則任何組合面積之慣生矩不必用積分方法即可求得，參考例題 7-6 及 7-7 之說明。至於各種型鋼之斷面積及慣性矩，可從各種機械便覽或手冊中查得。

充電站

組合面積之慣性矩(例題 7-6)

例題 7-1　長方形面積的慣性矩及極慣性矩

圖中之長方形面積，試求(a)對 x_0 軸及 x 軸之慣性矩，(b)對之 z_0 軸(通過 C 點)及 z 軸(通過 O 點)之極慣性矩。其中 C 點為長方形面積之形心。

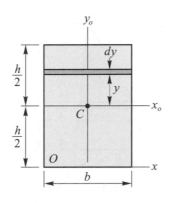

解 (a)欲求長方形面積對 x_0 軸之慣性 $\overline{I}_x$，須取與 x_0 軸平行之微面積，如圖所示，

$dA = bdy$，則由公式(7-1)

$$\overline{I}_x = \int y^2 dA = \int_{-h/2}^{h/2} y^2 b dy = \frac{1}{12} bh^3 \blacktriangleleft$$

同理，欲求面積對 y_0 軸之慣性矩 $\overline{I}_y$，須取與 y_0 軸平行之微小面積，

$dA = hdx$，則由公式(7-2)

$$\overline{I}_y = \int x^2 dA = \int_{-b/2}^{b/2} x^2 h dx = \frac{1}{12} b^3 h$$

由慣性矩之平行軸定理，長方形面積對 x 軸之慣性矩為

$$I_x = \overline{I}_x + Ad_x^2 = \frac{1}{12} bh^3 + (bh)(h/2)^2 = \frac{1}{3} bh^3 \blacktriangleleft$$

(b)面積對 z_0 軸(通過 C 點)之極慣性矩 $\overline{J}_z$，由公式(7-4)

$$\overline{J}_z = \overline{I}_x + \overline{I}_y = \frac{1}{12} bh^3 + \frac{1}{12} b^3 h = \frac{1}{12} bh(b^2 + h^2) = \frac{1}{12} A(b^2 + h^2) \blacktriangleleft$$

由慣性矩之平行軸定理，面積對 z 軸(通過 O 點)之極慣性矩為

$$J_z = \overline{J}_z + Ad^2 = \frac{1}{12} A(b^2 + h^2) + A\left[\left(\frac{b}{2}\right)^2 + \left(\frac{h}{2}\right)^2\right] = \frac{1}{3} A(b^2 + h^2) \blacktriangleleft$$

例題 7-2 ▶ 三角形面積的慣性矩

試求圖中三角形面積對 x 軸及 x' 軸之慣性矩，其中 x 軸通過三角形之底邊，x' 軸通過頂點而與底邊平行。

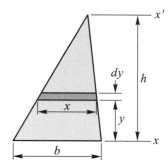

解 ▶ 取微面積 dA 與 x 軸平行，如圖所示，且 $dA = xdy$，其中 x 可由相似三角形關係求得

$$\frac{x}{b} = \frac{h-y}{h} \quad , \quad x = \frac{b}{h}(h-y)$$

即 $dA = [(h-y)b/h]dy$，由公式(7-1)

$$I_x = \int y^2 dA = \int_0^h y^2 \cdot \frac{b}{h}(h-y)dy = \frac{bh^3}{12} \blacktriangleleft$$

三角形面積對其形心軸(通過形心與底邊平行之軸)之慣性矩 $\overline{I}_x$，由慣性矩之平行軸定理

$$\overline{I}_x = I_x - Ad_x^2 = \frac{bh^3}{12} - \left(\frac{bh}{2}\right)\left(\frac{h}{3}\right)^2 = \frac{bh^3}{36}$$

三角形面積對 x' 軸之慣性矩 $I_{x'}$，再由慣性矩平行軸定理

$$I_{x'} = \overline{I}_x + Ad_x'^2 = \frac{bh^3}{36} + \left(\frac{bh}{2}\right)\left(\frac{2h}{3}\right)^2 = \frac{bh^3}{4} \blacktriangleleft$$

例題 7-3　面積的慣性矩

試求圖中拋物線下之陰影面積對 x 軸之慣性矩。

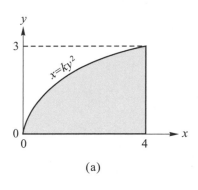

(a)

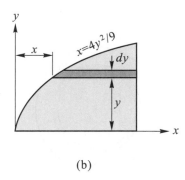

(b)

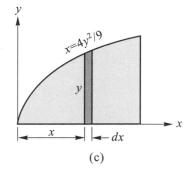

(c)

解 欲求面積對 x 軸之慣性矩，取與 x 軸平行之微面積，如(b)圖所示

$dA = (4-x)dy = 4(1-y^2/9)dy$

由公式(7-1)

$$I_x = \int y^2 dA = \int_0^3 4y^2 \left(1 - \frac{y^2}{9}\right) dy = 14.4 \blacktriangleleft$$

本題亦可選取與 y 軸平行之微面積計算 I_x，參考(c)圖所示，此微面積對 x 軸之慣性矩 dI_x，參考例題 7-1，$dI_x = y^3\,dx/3$，其中 $y = \frac{3\sqrt{x}}{2}$，則

$$I_x = \int dI_x = \frac{1}{3}\int_0^4 \left(\frac{3\sqrt{x}}{2}\right)^3 dx = 14.4 \blacktriangleleft$$

例題 7-4 ▶ 圓面積的慣性矩及極慣性矩

試用直接積分法求圓面積對其形心 C 之極慣性矩，以及對其直徑之慣性矩，並求圓面積之迴轉半徑。

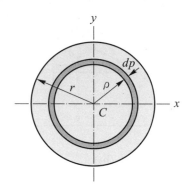

解 ▶ 欲求圓面積對圓心 C 之極慣性矩，取與 C 點等距離之環形微面積 dA，如圖所示，且 $dA = 2\pi\rho d\rho$，則

$$J_z = \int \rho^2 dA = \int_0^r \rho^2 (2\pi\rho d\rho) = 2\pi \int_0^r \rho^3 d\rho = \frac{\pi r^4}{2} \blacktriangleleft$$

因圓形面積對 x 軸及 y 軸成對稱，$I_x = I_y$，由公式(7-4)

$$J_z = I_x + I_y = 2I_x$$

故 $I_{直徑} = I_x = \dfrac{J_z}{2} = \dfrac{\pi r^4}{4} \blacktriangleleft$

圓形面積之迴轉半徑，由公式(7-8)得

$$k_x = k_y = \sqrt{\frac{I_x}{A}} = \sqrt{\left(\frac{\pi r^4}{4}\right)/\left(\pi r^2\right)} = \frac{r}{2} \blacktriangleleft$$

$$k_z = \sqrt{\frac{J_z}{A}} = \sqrt{\left(\frac{\pi r^4}{2}\right)/\left(\pi r^2\right)} = \frac{r}{\sqrt{2}} \blacktriangleleft$$

例題 7-5　半圓面積的慣性矩

試求圖中半圓面積對 x 軸之慣性矩。

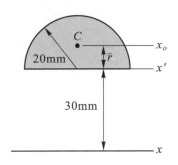

解 半圓面積對 x' 軸之慣性矩等於全圓面積對 x' 軸慣性矩之一半，由例題 7-4

$$I_{x'} = \frac{1}{2} \cdot \frac{\pi r^4}{4} = \frac{1}{2} \cdot \frac{\pi (20)^4}{4} = 2\pi \times 10^4 \, \text{mm}^4$$

半圓面積對其形心軸(x_0 軸)之慣性矩 $\overline{I}_x$，由慣性矩之平行軸定理

$$\overline{I}_x = I_{x'} - A\overline{r}^2 = 2\pi \times 10^4 - \left(\frac{\pi \times 20^2}{2}\right)\left(\frac{4 \times 20}{3\pi}\right)^2$$

$$= 1.755 \times 10^4 \, \text{mm}^4$$

半圓面積對 x 軸之慣性矩 I_x，再由慣性矩之平行軸定理

$$I_x = \overline{I}_x + A\left(\overline{r} + 30\right)^2 = 1.755 \times 10^4 + \left(\frac{\pi \times 20^2}{2}\right)\left(30 + \frac{4 \times 20}{3\pi}\right)^2$$

$$= 94.8 \times 10^4 \, \text{mm}^4 \blacktriangleleft$$

例題 7-6 ▷ T 形面積的慣性矩

試求圖中 T 形斷面對形心軸(x_0 軸)之慣性矩 $\overline{I}_x$ 及迴轉半徑 $\overline{k}_x$。

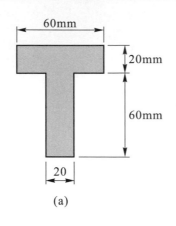

(a)

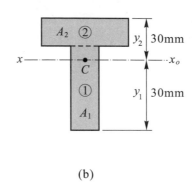

(b)

解 ▷ 將 T 型斷面分為二個簡單之長方形面積 A_1 及 A_2，如(b)圖所示，

則斷面之形心位置 y_1 及 y_2 為

$$y_1 = \frac{(20 \times 60)(30) + (60 \times 20)(70)}{(20 \times 60) + (60 \times 20)} = 50 \text{ mm}$$

$y_2 = (20 + 60) - 50 = 30$ mm

T 型斷面對其形心軸(x_0 軸)之慣性矩 $\overline{I}_x$，為面積 A_1 及 A_2 對 x 軸慣性矩之和。A_1 對 x 軸之慣性矩 I_{x1} 為

$$I_{x1} = \frac{1}{12}(20)(60)^3 + (20 \times 60)(20)^2 = 84 \times 10^4 \text{mm}^4$$

A_2 對 x 軸之慣性矩 I_{x2} 為

$$I_{x2} = \frac{1}{12}(60)(20)^3 + (60 \times 20)(20)^2 = 52 \times 10^4 \text{mm}^4$$

故 $\overline{I}_x = I_{x1} + I_{x2} = (84 + 52) \times 10^4 = 136 \times 10^4 \text{mm}^4$ ◀

T 型斷面對 x_0 軸之迴轉半徑為

$$\overline{k}_x = \sqrt{\frac{\overline{I}_x}{A}} = \sqrt{\frac{136 \times 10^4}{(60 \times 20) + (20 \times 60)}} = 23.8 \text{ mm}$$ ◀

例題 7-7 ▶ 面積的慣性矩

試求圖中陰影面積對 x 軸之慣性矩 I_x。

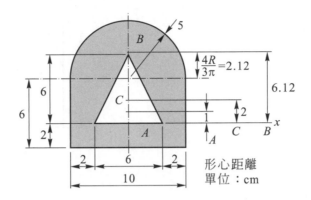

形心距離
單位：cm

解 ▶ 圖中陰影面積包括長方形面積 A_1(10cm×6cm)加半圓面積 A_2(半徑 5cm)減去三角

形面積 $A_3\left(\dfrac{1}{2}\times 6\text{cm}\times 6\text{cm}\right)$，則組合面積之慣性矩 $I_x = I_{x1} + I_{x2} - I_{x3}$，其中 I_{x1} 為長方

形面積之慣性矩，I_{x2} 為半圓面積之慣性矩，I_{x3} 為三角形面積之慣性矩。

$$I_{x1} = \frac{10(6)^3}{12} + (10\times 6)(1)^2 = 240 \text{ cm}^4$$

$$I_{x2} = \left[\frac{\pi(5)^4}{8} - \frac{\pi(5)^2}{2}(2.12)^2\right] + \frac{\pi(5)^2}{2}(6.12)^2 = 1539 \text{ cm}^4$$

$$I_{x3} = \frac{6(6)^3}{36} + \frac{6\times 6}{2}(2)^2 = 108 \text{ cm}^4$$

故 $I_x = 240 + 1539 - 108 = 1671 \text{ cm}^4$ ◀

✎ 觀念題

1. 右圖中面積 A 上有三個平行軸 O、P、Q，其中 O 軸
   通過面積 A 之形心 C，又 $b>a$，則面積 A 對此三軸
   之慣性矩大小 I_O、I_P、I_Q 有何關係？

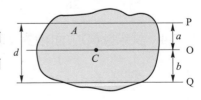

2. 同上題之圖，若已知 I_P，欲求 I_Q 時可用慣性矩平行軸定理，即 $I_Q = I_P + Ad^2$，此
   算法是否正確？

習 題

7-1 試求圖(1)中面積對 x 及 y 軸之慣性矩。

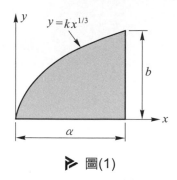

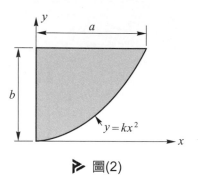

▶ 圖(1)

▶ 圖(2)

答 $I_x = \dfrac{1}{6} ab^3$ ， $I_y = \dfrac{3}{10} a^3 b$

7-2 試求圖(2)中面積對 x 及 y 軸之慣性矩。

答 $I_x = \dfrac{2}{7} ab^3$ ， $I_y = \dfrac{2}{15} a^3 b$

7-3 試求圖(3)中面積對 x 及 y 軸之慣性矩。

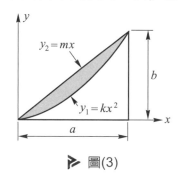

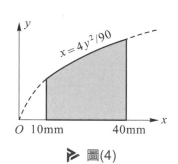

▶ 圖(3)

▶ 圖(4)

答 $I_x = \dfrac{1}{28} ab^3$ ， $I_y = \dfrac{1}{20} a^3 b$

7-4 試求圖(4)中面積對 x 軸之慣性矩。

答 $I_x = 13.95 \times 10^4 \, \text{mm}^4$

7-5　試求圖(5)中正弦曲線與 x 軸所圍面積對 x 軸之慣性矩。

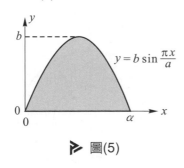

$y = b \sin \dfrac{\pi x}{a}$

▶ 圖(5)

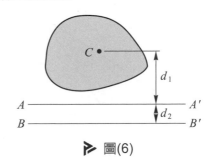

▶ 圖(6)

答　$I_x = 4ab^3/9\pi$

7-6　已知圖(6)中面積對 A-A' 及 B-B' 軸之慣性矩分別爲 $4.1 \times 10^6 \, \text{mm}^4$ 及 $6.9 \times 10^6 \, \text{mm}^4$，且 $d_1 = 30 \, \text{mm}$，$d_2 = 10 \, \text{mm}$，試求面積之大小及面積對平行於 A-A' 之形心軸所生之慣性矩。

答　$A = 4000 \, \text{mm}^2$，$\overline{I} = 500 \times 10^3 \, \text{mm}^4$

7-7　圖(7)中面積 $A = 20 \, \text{in}^2$，$d_1 = 6 \, \text{in}$，$d_2 = 5 \, \text{in}$，且已知此面積對 B 點之極慣性矩爲 $J_B = 800 \, \text{in}^4$，又 $\overline{I}_x = 4\overline{I}_y$，試求 $\overline{I}_x$ 及 J_A。

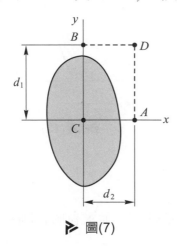

▶ 圖(7)

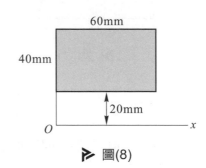

60mm

40mm

20mm

O　　　　x

▶ 圖(8)

答　$\overline{I}_x = 64 \, \text{in}^4$，$J_A = 580 \, \text{in}^4$

7-8　試求圖(8)中長方形面積對 x 軸之慣性矩及對 O 點之極慣性矩。

答　$I_x = 4.16 \times 10^6 \, \text{mm}^4$，$J_O = 7.04 \times 10^6 \, \text{mm}^4$

7-9　試求圖(9)中三角形面積對 x 軸之慣性矩。

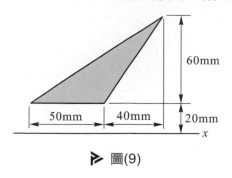

60mm

50mm　40mm　20mm

x

▶ 圖(9)

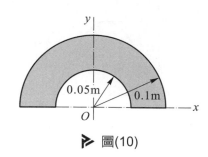

y

0.05m　0.1m

O　x

▶ 圖(10)

答 $I_x = 270 \times 10^4 \, mm^4$

7-10　試以積分法求圖(10)中陰影面積對 O 點之極慣性矩，並以此結果求面積對 x 軸之慣性矩。

答 $I_x = 0.368 \times 10^{-4} \, m^4$

7-11　試求圖(11)中半圓面積對 A 點及 B 點之極慣性矩。

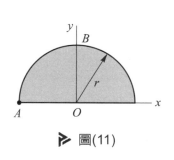

y

B

r

x

A　O

▶ 圖(11)

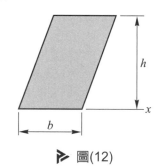

h

x

b

▶ 圖(12)

答 $J_A = \dfrac{3}{4}\pi r^4$, $J_B = r^4\left(\dfrac{3}{4}\pi - \dfrac{4}{3}\right)$

7-12　試求圖(12)中之平行四邊形面積對其底邊之慣性矩，並求對形心軸(與底邊平行)之慣性矩。

答 $I_x = \dfrac{1}{3}bh^3$, $\overline{I}_x = \dfrac{1}{12}bh^3$

7-13 試求圖(13)中 1/4 圓面積，對 A 點之迴轉半徑。

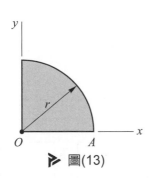

▷ 圖(13)

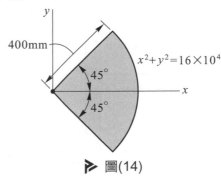

▷ 圖(14)

答 $k_A = 0.807\,r$

7-14 用積分法試求圖(14)中 1/4 面積對 x 軸之慣性矩。

答 $I_x = 1824 \times 10^6\,\text{mm}^4$

7-15 試求圖(15)中陰影面積對 y 軸之慣性矩。

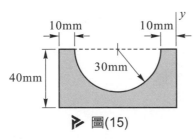

▷ 圖(15)

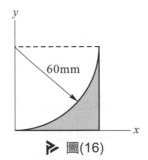

▷ 圖(16)

答 $I_y = 4.25 \times 10^6\,\text{mm}^4$

7-16 試求圖(16)中陰影面積對 x 軸之慣性矩。

答 $I_x = 236550\,\text{mm}^4$

7-17 試求圖(17)中 L 型斷面對 x_0 軸之慣性矩，圖中 x_0 軸與 y_0 軸為通過形心且與兩邊平行之形心軸。

答 $\overline{I}_x = 10.762 \times 10^6\,\text{mm}^4$

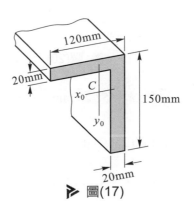

▷ 圖(17)

7-18 圖(18)中所示為一 Z 型斷面，x_0 及 y_0 軸為其形心軸，試求斷面對 x_0 軸及 y_0 軸之慣性矩。

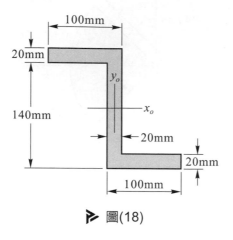

▶ 圖(18)

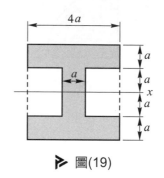

▶ 圖(19)

答 $\overline{I}_x = 22.6 \times 10^6 \text{ mm}^4$ ， $\overline{I}_y = 9.81 \times 10^6 \text{ mm}^4$

7-19 試求圖(19)中 I 型斷面對 x 軸之慣性矩。

答 $\overline{I}_x = 58\, a^4/3$

7-20 試求圖圖(20)中槽型斷面對其形心 C 之迴轉半徑。

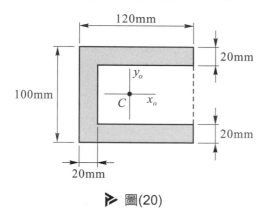

▶ 圖(20)

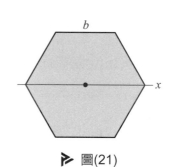

▶ 圖(21)

答 $k_z = 52.28 \text{ mm}$

7-21 試求圖(21)中正六角形面積對 x 軸之慣性矩。

答 $\overline{I}_x = 5\sqrt{3}\, b^4/16$

7-22 試求圖(22)中陰影面積對 x 軸之慣性矩。

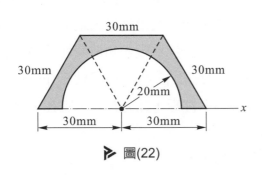

30mm

30mm　　　　30mm

20mm

30mm　　30mm

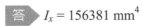

▶ 圖(22)

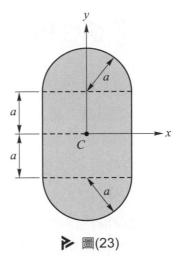

y

a

a

a

C

x

a

▶ 圖(23)

答 $I_x = 156381 \text{ mm}^4$

7-23 試求圖(23)中面積對 x 軸及 y 軸之慣性矩。$a = 20$ mm。

答 $\overline{I}_x = 1.268 \times 10^6 \text{ mm}^4$，$\overline{I}_y = 0.339 \times 10^6 \text{ mm}^4$

7-2 慣性積與主慣性矩

面積對通過某點之任一軸所生之慣性矩,隨該軸之傾斜角度而異,力學中經常需要求出對某一傾斜軸之最大或最小慣性矩,只要知道使慣性矩為最大或最小之軸,用積分法或慣性矩的平行軸定理便可求得。但是某些斷面無法預先知道慣性矩最大或最小之軸,此種情況必須要先求出面積對某兩垂直軸之慣性矩及慣性積(product of inertia),再求得任意傾斜軸之慣性矩及最大與最小慣性矩,此分析方法將在下節中討論,本節先討論慣性積之定義及其計算方法。

參考圖 7-7,微面積 dA 對 x 軸及 y 軸之慣性積 dI_{xy},定義為微小面積 dA 與其兩個坐標(x,y)之乘積,即

$$dI_{xy} = xydA$$

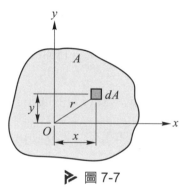

▷ 圖 7-7

⚡充電站

由斷面之慣性積與慣性矩求得主慣性矩

則面積 A 對 x 軸及 y 軸之慣性積為

$$I_{xy} = \int xy\,dA \tag{7-10}$$

慣性積之因次亦為長度之四次方$[L^4]$，常用之單位為 m^4，cm^4 或 mm^4 等。因微面積 dA 恆為正，而 xy 之積可能為正或為負，故慣性積可能為正、為負或為零。

　　若 x 軸與 y 軸有一軸為對稱軸或兩者均為對稱軸，則面積對 x 軸與 y 軸之慣性積必等於零。參考圖 7-8 中對 x 軸成對稱之面積，此面積中之任一微面積 dA，在對稱位置必存在有另一微面積 dA 與之對應，因兩者 y 坐標之符號相反，慣性積大小相等符號相反，可互相抵銷，故總面積對 x 軸與 y 軸之慣性積等於零。

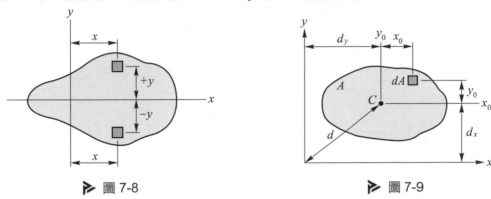

▶ 圖 7-8　　　　　　　　　　　　▶ 圖 7-9

◆慣性積之平行軸定理

　　參考圖 7-9，x_0 與 y_0 軸為面積 A 之形心軸，x 軸與 y 軸為另一組與形心軸平行之軸，面積 A 對 x 軸與 y 軸之慣性積由公式(7-10)為

$$\begin{aligned}
I_{xy} &= \int xy\,dA = \int (x_0 + d_y)(y_0 + d_x)\,dA \\
&= \int x_0 y_0\,dA + d_x \int x_0\,dA + d_y \int y_0\,dA + d_x d_y \int dA
\end{aligned}$$

得 $I_{xy} = \overline{I}_{xy} + A d_x d_y$ \tag{7-11}

◆ 主慣性矩

已知 x-y 平面上之面積 A 對 x 軸與 y 軸之慣性矩(I_x，I_y)及慣性積 I_{xy}，則面積 A 對任一組傾角為 θ 之 u 軸與 v 軸之慣性矩及慣性積即可求得，參考圖 7-10。

$$u = x \cos \theta + y \sin \theta \quad , \quad v = y \cos \theta - x \sin \theta$$

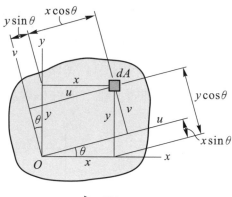

▶ 圖 7-10

面積 A 對 u 軸之慣性矩為

$$I_u = \int v^2 dA = \int \left(y \cos\theta - x \sin\theta \right)^2 dA$$
$$= I_x \cos^2 \theta + I_y \sin^2 \theta - I_{xy} \sin 2\theta$$

因 $\sin^2 \theta = \dfrac{1 - \cos 2\theta}{2}$，$\cos^2 \theta = \dfrac{1 + \cos 2\theta}{2}$，代入上式經整理後可得

$$I_u = \frac{I_x + I_y}{2} + \frac{I_x - I_y}{2} \cos 2\theta - I_{xy} \sin 2\theta \tag{7-12}$$

同理，可得面積 A 對 v 軸之慣性矩 I_v，及對 u 軸與 v 軸之慣性積 I_{uv}

$$I_v = \int u^2 dA = \int \left(y \sin\theta + x \cos\theta \right)^2 dA$$

$$= \frac{I_x + I_y}{2} - \frac{I_x - I_y}{2} \cos 2\theta + I_{xy} \sin 2\theta \tag{7-13}$$

$$I_{uv} = \int uv\,dA = \int (y\cos\theta - x\sin\theta)(y\sin\theta + x\cos\theta)\,dA$$

$$= \frac{I_x - I_y}{2}\sin 2\theta + I_{xy}\cos 2\theta \qquad (7\text{-}14)$$

將公式(7-12)及(7-13)相加可得

$$I_u + I_v = I_x + I_y = J_z$$

其中 J_z 為面積 A 對 z 軸(通過 O 點)之極慣性矩，其值與 u-v 軸之傾斜角度 θ 無關。

由公式(7-12)及(7-13)可知，面積 A 對 u 軸及 v 軸之慣性矩隨傾斜角 θ 而定，其中使面積 A 之慣性矩為最大與最小值之一組正交坐標軸(通過 O 點)，稱為該面積對 O 點之主軸(principal axis)，最大與最小之慣性矩稱為主慣性矩(principal moment of inertia)。主軸之傾斜角度 θ_p，可令 I_u 或 I_v 對 θ 之一次導數等於零求得，即

$$-(I_x - I_y)\sin 2\theta - 2I_{xy}\cos 2\theta = 0$$

將 θ 以 θ_p 取代，得主軸之傾斜角度為

$$\tan 2\theta_p = -\frac{2I_{xy}}{I_x - I_y} \qquad (7\text{-}15)$$

因 $\tan 2\theta_p = \tan(2\theta_p + \pi)$，故公式(7-15)可得到二個相隔 $180°$ 之 $2\theta_p$，即得到二個相隔 $90°$ 之 θ_p，其中之一為最大慣性矩之主軸角度 θ_{p1}，另一為小慣性矩之主軸角度 θ_{p2}。

若令公式(7-14)等於零，即 $I_{uv} = 0$，亦可得到與公式(7-15)相同之結果，因此可知主軸之慣性積等於零，又面積對其對稱軸之慣性積恆等於零，故面積之對稱軸必為該面積之主軸。由公式(7-15)可得

$$\sin 2\theta_p = \pm\frac{I_{xy}}{\sqrt{\left(\dfrac{I_x - I_y}{2}\right)^2 + I_{xy}^2}} \qquad , \qquad \cos 2\theta_p = \mp\frac{(I_x - I_y)/2}{\sqrt{\left(\dfrac{I_x - I_y}{2}\right)^2 + I_{xy}^2}}$$

將上二式代入公式(7-12)及(7-13)，化簡後可得主慣性矩

$$I_{\min} = \frac{I_x + I_y}{2} - \sqrt{\left(\frac{I_x - I_y}{2}\right)^2 + I_{xy}^2}$$

$$I_{\max} = \frac{I_x + I_y}{2} + \sqrt{\left(\frac{I_x - I_y}{2}\right)^2 + I_{xy}^2} \tag{7-16}$$

◆ 面積慣性矩之莫爾圓

公式(7-12)至(7-14)為一圓之參數方程式，若計算出任意 θ 角時 I_u 及 I_{uv}，並將所得之數據描繪在 I_u-I_{uv} 之直角坐標系中，所有之點均位於一個圓上。今將公式(7-12)及(7-14)聯立消去 θ，可得

$$\left(I_u - \frac{I_x + I_y}{2}\right)^2 + I_{uv}^2 = \left(\frac{I_x - I_y}{2}\right)^2 + I_{xy}^2 \tag{7-17}$$

$$設令 \quad I_{av} = \frac{I_x + I_y}{2} \quad , \quad R = \sqrt{\left(\frac{I_x - I_y}{2}\right)^2 + I_{xy}^2} \tag{7-18}$$

則可將公式(7-17)簡寫為

$$\left(I_u - I_{av}\right)^2 + I_{uv}^2 = R^2 \tag{7-19}$$

此方程式為一圓之方程式，圓心位於(I_{av}，0)，半徑為 R，參考圖 7-11 所示，此圓稱為莫爾圓(Mohr's circle)

利用莫爾圓可求出面積對傾斜角為 θ (逆時針方向)之 u-v 軸所生之慣性矩與慣性積，並可迅速求出主軸之角度及主慣性矩，其步驟如下：參考圖 7-11

(1) 先求面積對 x 軸與 y 軸之慣性矩(I_x，I_y)及慣性積 I_{xy}。

(2) 建立一直角坐標系，以慣性矩為橫軸，慣性積為縱軸。

(3) 以 I_x 與 I_{xy} 定出 A 點，I_y 與 $-I_{xy}$ 定出 B 點，然後以 AB 為直徑繪一圓，此圓即為莫爾圓，圓心之坐標為 $(I_{av}, 0)$，半徑為 R，其中

$$I_{av} = \frac{I_x + I_y}{2} \qquad , \qquad R = \sqrt{\left(\frac{I_x - I_y}{2}\right)^2 + I_{xy}^2}$$

(4) 欲求傾斜角為 θ (逆時針方向)之 u-v 軸之慣性矩 (I_u, I_v) 及慣性積 I_{uv}，可將莫爾圓上之直徑 AB 逆時針方向旋轉 2θ，得直徑 DE，由 D 點之橫坐標 D' 得 I_u，縱坐標得 I_{uv}，而 I_v 則由 E 點之橫坐標求得。

(5) 面積之主慣性矩，由莫爾圓與橫軸之交點 F、G 求得，F 點為最大慣性矩 I_{max}，G 點為最小慣性矩 I_{min}。而主軸之傾斜角度 θ_p，可由直徑 AB 與橫軸之夾角 $2\theta_p$ 求得。

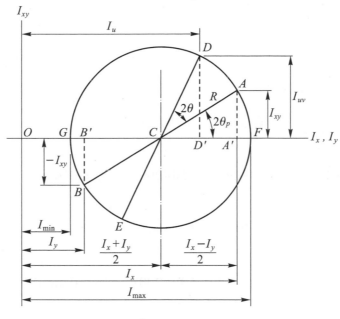

▷ 圖 7-11

例題 7-8 ▶ 面積的慣性積

試求圖中面積對 x 軸與 y 軸之慣性積。

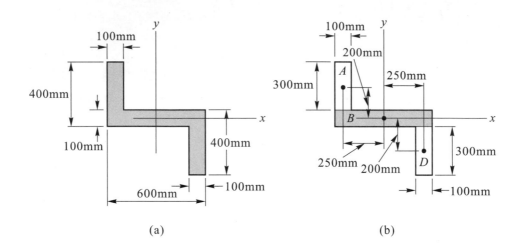

(a)　　　　　　　　　　　　　　(b)

解 ▶ 先將面積分為三塊簡單之長方形面積 A、B、D，如圖(b)所示。每塊長方形面積由於對稱 $\overline{I}_{xy} = 0$，則由慣性積之平行軸定理，可得每一塊長方形面積對 x-y 軸之慣性積為長方形面積 A

$$I_{xy} = \overline{I}_{xy} + A d_x d_y = 0 + (100 \times 300)(-250)(200) = -15 \times 10^8 \text{ mm}^4$$

長方形面積 B

$$I_{xy} = \overline{I}_{xy} + A d_x d_y = 0 + 0 = 0$$

長方形面積 D

$$I_{xy} = \overline{I}_{xy} = A d_x d_y = 0 + (100 \times 300)(250)(-200) = -15 \times 10^8 \text{ mm}^4$$

故整個面積之慣性積為

$$I_{xy} = (-15 \times 10^8) + 0 + (-15 \times 10^8) \text{ mm}^4 = -30 \times 10^8 \text{ mm}^4 ◀$$

例題 7-9　　半圓面積的慣性積

試求圖中半圓面積對 $x\text{-}y$ 軸之慣性積。

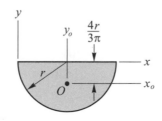

解 由慣性積之平行軸定理

$$I_{xy} = \overline{I}_{xy} + A d_x d_y$$

因半圓面積對 y_0 軸成對稱故 $\overline{I}_{xy} = 0$。

又 $d_x = r$，$d_y = -4r/3\pi$，則

$$I_{xy} = 0 + \left(\frac{\pi r^2}{2}\right)(r)\left(-\frac{4r}{3\pi}\right) = -\frac{2r^4}{3} \blacktriangleleft$$

例題 7-10　　面積的主慣性矩

試求圖中之面積對形心 C 之主慣性矩。

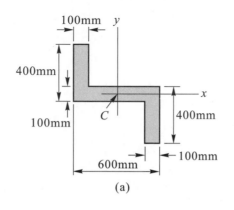

(a)

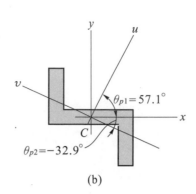

(b)

解 圖中面積對 x 軸與 y 軸之慣性矩與慣性積。

$I_x = 29 \times 10^8 \text{mm}^4$ ， $I_y = 56 \times 10^8 \text{mm}^4$

$I_{xy} = -30 \times 10^8 \text{mm}^4$ (例題 7-8)

主軸之傾斜角度由公式(7-15)

$$\tan 2\theta_{p1} = \frac{-I_{xy}}{(I_x - I_y)/2} = \frac{-(-30)}{(29-56)/2} = \frac{30}{-13.5}$$

得 $2\theta_{p1} = 114.2°$ ， $2\theta_{p2} = -65.8°$

即 $\theta_{p1} = 57.1°$◄ ， $\theta_{p2} = -32.9°$

面積對形心 C 之主慣性矩，由公式(7-16)

$$I_{\max} = \frac{I_x + I_y}{2} + \sqrt{\left(\frac{I_x - I_y}{2}\right)^2 + I_{xy}^2} = 75.4 \times 10^8 \text{mm}^4 ◄$$

$$I_{\min} = \frac{I_x + I_y}{2} - \sqrt{\left(\frac{I_x - I_y}{2}\right)^2 + I_{xy}^2} = 9.6 \times 10^8 \text{mm}^4 ◄$$

例題 7-11　用莫爾圓求面積的主慣性矩

同例題 7-10，利用莫爾圓求圖中面積對形心 C 之主慣性矩。

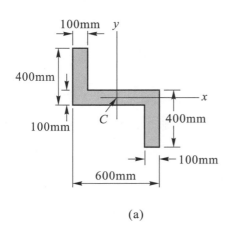

(a)

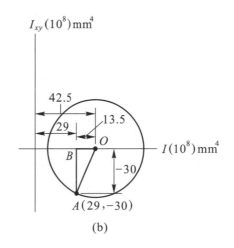

(b)

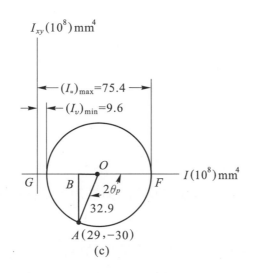

(c)

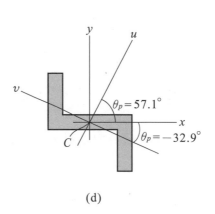

(d)

解　(1)面積對 x 軸與 y 軸之慣性矩與慣性積為

$I_x = 29 \times 10^8 \text{mm}^4$ ， $I_y = 56 \times 10^8 \text{mm}^4$ ， $I_{xy} = -30 \times 10^8 \text{mm}^4$

(2)由 I_x 及 I_{xy} 定出 A 點，並由公式(7-18)求出莫爾圓之圓心 $O(I_{av}, 0)$ 及半徑 R

$$I_{av} = \frac{I_x + I_y}{2} = \frac{29 + 56}{2} \times 10^8 = 42.5 \times 10^8 \, mm^4$$

$$R = \sqrt{\left(\frac{I_x - I_y}{2}\right)^2 + I_{xy}^2} = \sqrt{\left(\frac{29 - 56}{2}\right) + (-30)^2} \times 10^8$$

$$= \sqrt{(-13.5)^2 + (-30)^2} \times 10^8 = 32.9 \times 10^8 \, mm^4$$

(3)以 $O(42.5 \times 10^8, 0)$ 為圓心，$R = 32.9 \times 10^8 \, mm^4$ 為半徑繪莫爾圓，如(b)圖所示，

此圓與橫軸之交點 F、G 即為主慣性矩，參考(c)圖所示，且

$$I_{max} = I_{av} + R = (42.5 + 32.9) \times 10^8 = 75.4 \times 10^8 \, mm^4$$

$$I_{min} = I_{av} - R = (42.5 - 32.9) \times 10^8 = 9.6 \times 10^8 \, mm^4$$

(4)莫爾圓上令 $\angle AOF = 2\theta_{p1}$，可得主軸之傾斜角度 θ_{p1}，參考(c)圖

$$2\theta_{p1} = 180° - \sin^{-1}\left(\frac{AB}{OA}\right) = 180° - \sin^{-1}\left(\frac{30}{32.9}\right) = 114.2°$$

得 $\theta_{p1} = 57.1°$(逆時針方向)

即主軸(最大慣性矩)與正 x 軸之夾角為 $\theta_{p1} = 57.1°$(逆時針方向)，主慣性矩

(最大慣性矩)為 $I_{max} = 75.4 \times 10^8 \, mm^4$，如(d)圖所示。

觀念題

1.　一面積存在有一對稱軸，已知面積對此對稱軸有最小的慣性矩，則此面積對哪一個軸有最大慣性矩。

2.　一面積對其形心之主軸為何？又面積對其形心主軸之慣性積為何？

習題

7-24 試求圖(24)中直角三角形面積對 x-y 軸之慣性積。

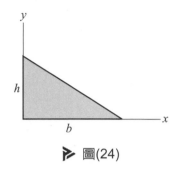

▶ 圖(24)

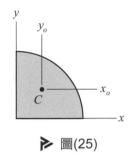

▶ 圖(25)

答 ▶ $I_{xy} = h^2b^2/24$

7-25 試求圖(25)中 1/4 圓面積對 x-y 軸之慣性積，並以此結果利用慣性積之平行軸定理求出此 1/4 圓面積對其形心軸(x_0-y_0 軸)之慣性積。

答 ▶ $I_{xy} = r^4/8$，$\overline{I}_{xy} = -0.01647\,r^4$

7-26 試求圖(26)中之長方形面積對 x'-y' 軸之慣性矩與慣性積。

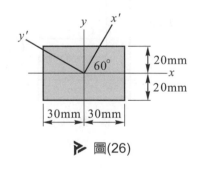

▶ 圖(26)

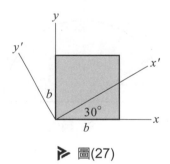

▶ 圖(27)

答 ▶ $I_{x'} = 620{,}000$ mm^4，$I_{y'} = 420{,}000$ mm^4，$I_{x'y'} = -173{,}205$ mm^4，

7-27 試求圖(27)中正方形面積對 x'-y' 軸之慣性矩與慣性積。

答 ▶ $I_{x'y'} = b^4/8$

7-28 試求圖(28)中 H 型面積對 u - v 軸之慣性矩與慣性積。

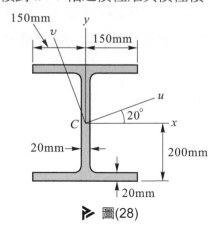

▶ 圖(28)

答 $I_u = 462.1 \times 10^6 \text{mm}^4$，$I_v = 139.5 \times 10^6 \text{mm}^4$，$I_{uv} = 135.345 \times 10^6 \text{mm}^4$

7-29 試求圖(29)中半圓面積對 u - v 軸之慣性矩(I_u，I_v)與慣性積 I_{uv}。半圓之半徑為 40mm，u 軸與 x 軸之夾角為 30°。

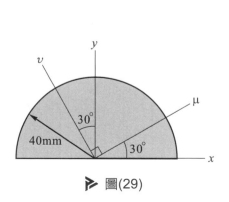

▶ 圖(29)

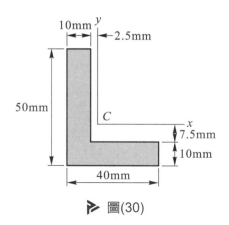

▶ 圖(30)

答 $I_u = I_v = \pi r^4/8 = 1.005 \times 10^6 \text{mm}^4$

7-30 試求圖(30)中 L 型面積對形心 C 之主慣性矩，並求出主軸之傾斜角度 θ_p。

答 $I_{max} = 22.667 \times 10^4 \text{mm}^4$，$I_{min} = 5.667 \times 10^4 \text{mm}^4$，$\theta_{p1} = 31.0°$

7-31 試求圖(31)中 Z 型面積對形心之主慣性矩,並求出主軸(最大慣性矩之軸)與 x_0 軸之夾角。

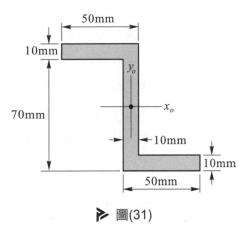

▷ 圖(31)

答 $I_{\max} = 1.819 \times 10^6 \, \text{mm}^4$,$I_{\min} = 0.207 \times 10^6 \, \text{mm}^4$,$\theta_{p1} = 30.14°$

7-3 // 質量慣性矩的定義

一質量爲Δm之小球繫於細桿之一端,另一端固定在AA'軸上,如圖 7-12 所示,設細桿質量忽略不計,今欲加一力偶矩使小球Δm繞AA'軸轉動,由經驗可知,使小球繞AA'軸轉動之難易程度與小球質量Δm及距離r之平方成正比,當$r^2\Delta m$之乘積愈大,轉動之阻力愈大,轉動小球較爲困難,因此,乘積$r^2\Delta m$表示轉動之慣性,即表示轉動阻力的大小,故$r^2\Delta m$稱爲質量Δm對AA'軸之**質量慣性矩**(mass moment of inertia),或稱爲**轉動慣量**。

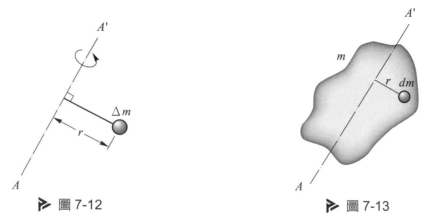

▷ 圖 7-12　　　　　　　　　　　　　　　　▷ 圖 7-13

質量爲m之物體,可視爲無數個微小質量dm之組成,如圖 7-13,則所有微小質量dm對AA'軸慣性矩之總和,即爲該物體對AA'軸之質量慣性矩

$$I = \int r^2 dm \tag{7-20}$$

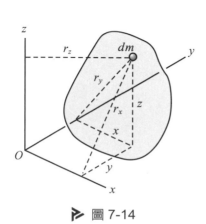

▷ 圖 7-14

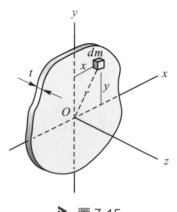

▷ 圖 7-15

一物體對一座標軸之質量慣性矩，可由其所有微小質量 dm 之座標(x,y,z)輕易求得。參考圖 7-14，物體對 x 軸之質量慣性矩為

$$I_{xx} = \int r_x^2 dm = \int (y^2 + z^2) dm \tag{7-21}$$

同理，亦可求得物體對 y 軸與 z 軸之質量慣性矩為

$$I_{yy} = \int r_y^2 dm = \int (x^2 + z^2) dm \tag{7-22}$$

$$I_{zz} = \int r_z^2 dm = \int (x^2 + y^2) dm \tag{7-23}$$

對於薄板之物體，其質量慣性矩與面積慣性矩間有特殊之關係存在。參考圖 7-15 中密度為ρ且厚度均勻之薄板，其對 z 軸之質量慣性矩為

$$I_{zz} = \int r^2 dm = \int r^2 (\rho t dA) = \rho t \int r^2 dA = \rho t J_z \tag{7-24}$$

即薄板對 z 軸之質量慣性矩，等於薄板單位面積之質量ρt與該薄板面積對 z 軸極慣性矩之乘積。

同理，薄板對 x 軸與 y 軸之質量慣性矩亦可得為

$$I_{xx} = \int y^2 dm = \rho t \int y^2 dA = \rho t I_x \tag{7-25}$$

$$I_{yy} = \int x^2 dm = \rho t \int x^2 dA = \rho t I_y \tag{7-26}$$

因此，對於薄板之物體，質量慣性矩等於該薄板單位面積之質量ρt與其相關面積慣性矩之乘積。對於面積慣性矩恆有 $J_z = I_x + I_y$，同理薄板之質量慣性矩亦有類似之關係，即

$$I_{zz} = I_{xx} + I_{yy} \tag{7-27}$$

需注意公式$(7\text{-}24)$至$(7\text{-}27)$僅適用於薄板之物體。

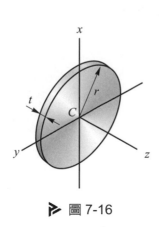

▷ 圖 7-16

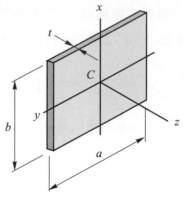

▷ 圖 7-17

對於圓形之薄板，參考圖 7-16，由公式(7-24)與(7-25)可得

$$I_{zz} = \rho t J_z = \rho t \left(\frac{1}{2}\pi r^4\right) = \frac{1}{2}\left[\rho(\pi r^2 \cdot t)\right]r^2 = \frac{1}{2}mr^2 \qquad (7\text{-}28)$$

$$I_{xx} = \rho t I_x = \rho t \left(\frac{1}{4}\pi r^4\right) = \frac{1}{4}\left[\rho(\pi r^2 \cdot t)\right]r^2 = \frac{1}{4}mr^2 \qquad (7\text{-}29)$$

$$\text{同理 } I_{yy} = \frac{1}{4}mr^2 \qquad (7\text{-}30)$$

至於長方形之薄板，參考圖 7-17，其質量慣性矩亦由公式(7-25)及(7-26)可得

$$I_{xx} = \rho t I_x = \rho t \left(\frac{1}{12}a^3 b\right) = \frac{1}{12}\left[\rho(ab \cdot t)\right]a^2 = \frac{1}{12}ma^2 \qquad (7\text{-}31)$$

$$I_{yy} = \rho t I_y = \rho t \left(\frac{1}{12}ab^3\right) = \frac{1}{12}\left[\rho(ab \cdot t)\right]b^2 = \frac{1}{12}mb^2 \qquad (7\text{-}32)$$

再由公式(7-27)可得

$$I_{zz} = I_{xx} + I_{yy} = \frac{1}{12}m(a^2 + b^2) \qquad (7\text{-}33)$$

充電站

啓動或停止飛輪轉動的難易度與飛輪的質量慣性矩有關

7-4 質量慣性矩之平行軸定理

　　若一物體對通過其質心軸之質量慣性矩爲已知，則物體對平行於此質心軸之任意軸所生的質量慣性矩便可輕易求得。參考圖 7-18 中之物體及距離爲 d 的兩平行軸，其中有一軸通過物體之質心 G。設物體上之微小質量 dm 至該兩軸之垂直距離分別爲 r_0 及 r，如圖 7-18 所示，由餘弦定律 $r^2 = r_O^2 + d^2 + 2r_O d\cos\theta$，則物體對另一非質心軸之慣性矩爲

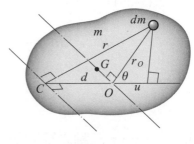

▶ 圖 7-18

$$I = \int r^2 dm = \int (r_O^2 + d^2 + 2r_O d\cos\theta)dm$$
$$= \int r_O^2 dm + d^2 \int dm + 2d \int u\,dm$$

上式中第一項積分爲物體對質心軸之慣性矩 I_G，第二項積分等於 md^2，第三項積分爲零，因此可得**質量慣性矩之平行軸定理**爲

$$I = I_G + md^2 \tag{7-34}$$

<table>
<tr><td>7-5</td><td>以積分法求質量之慣性矩</td></tr>
</table>

物體之慣性矩可由 $I = \int r^2 dm$ 之積分式計算求得。對於密度均勻之物體，$dm = \rho dV$，則 $I = \rho \int r^2 dV$，此積分式取決於該物體之形狀。為了求出此積分值，通常需要用到三重積分，至少也要用二重積分演算。

對於具有二個對稱面之物體，通常經由一次積分即可求得慣性矩，此時所選取之微小質量 dm 需與物體之對稱面垂直。例如圖 7-19 中所示之物體，x-y 平面及 x-z 平面為其對稱面，則選取與此二平面垂直之微小質量，如圖中之薄圓盤，$dm = \rho \pi r^2 dx$，由公式(7-28)

$$dI_{xx} = \frac{1}{2} r^2 dm$$

再由公式(7-29) (7-30)及公式(7-34)可得

$$dI_{yy} = dI_{y'y'} + x^2 dm = \left(\frac{1}{4} r^2 + x^2 \right) dm$$

$$dI_{zz} = dI_{z'z'} + x^2 dm = \left(\frac{1}{4} r^2 + x^2 \right) dm$$

物體對 x、y、z 三軸之質量慣性矩將上列三式積分即可求得。參考例題 7-12 至 7-14 中有關積分方法之應用。

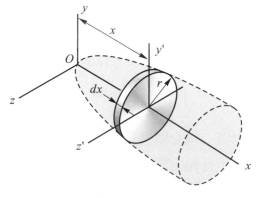

▶ 圖 7-19

例題 7-12　細長桿件的質量慣性矩

試求長度為 L 質量為 m 之細長桿對垂直於該桿並通過桿端之軸所生之質量慣性矩。

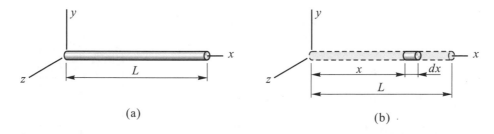

(a)

(b)

解　選取微小質量如(b)圖所示，$dm = mdx/L$，則

$$I_{yy} = \int x^2 dm = \int_o^L x^2 \frac{m}{L} dx = \frac{mL^2}{3} \blacktriangleleft$$

例題 7-13 ▶ 圓柱形物體的質量慣性矩

試求均質之圓柱形物體(空心或實心)對其對稱軸之質量慣性矩。圓柱體之質量為 M，內半徑為 R_1，外半徑為 R_2，長度為 L。

解 ▶ 在半徑 r 處取厚度為 dr 長度為 L 之筒狀薄層為體積元素，其微小質量為

$$dm = \rho dV = 2\pi \rho L r dr$$

其中 ρ 為物體之密度。則質量慣性矩為

$$I = \rho \int r^2 dV = 2\pi \rho L \int_{R_1}^{R_2} r^3 dr = \frac{\pi \rho L}{2}(R_2^4 - R_1^4)$$

$$= \frac{\pi \rho L}{2}(R_2^2 - R_1^2)(R_2^2 + R_1^2)$$

圓柱體的總質量為 $M = \pi L \rho (R_2^2 - R_1^2)$

故 $I = \dfrac{1}{2}M(R_1^2 + R_2^2)$ ◀

若為實心圓柱，$R_1 = 0$，以 R 表示外半徑，則 $I = \dfrac{1}{2}MR^2$ ◀

若為薄壁圓管，R_1 很接近於 R_2，且以 R 表示，則 $I = MR^2$ ◀

註：所得質量慣性矩與 L 無關，只要質量與半徑相同，圓柱體與圓盤之質量慣性矩相同。

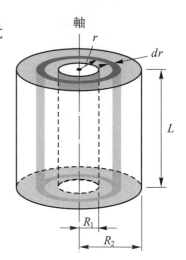

例題 7-14 ▶ 圓球的質量慣性矩

試求半徑為 r 質量為 m 之均質圓球對其直徑之質量慣性矩。

解▶ 如圖所示，在距球心 x 處取薄圓盤之微小質量

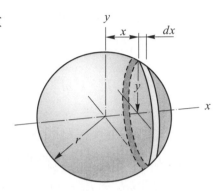

dm，其半徑為 y 厚度為 dx，則

$$dI_x = \frac{1}{2}(dm)y^2 = \frac{1}{2}(\pi\rho y^2 dx)y^2 = \frac{\pi\rho}{2}(r^2 - x^2)^2 dx$$

故 $I_x = \frac{\pi\rho}{2}\int_{-r}^{r}(r^2 - x^2)dx = \frac{8}{15}\pi\rho r^5 = \frac{2}{5}mr^2$ ◀

其中圓球質量 $m = \rho \cdot \frac{4}{3}\pi r^3$。

例題 7-15 ▶ 長方體的質量慣性矩

試圖中均質長方體對 z 軸之質量慣性矩。

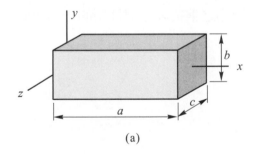

(a)

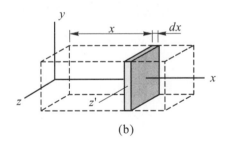

(b)

解▶ 選取微小質量如(b)圖所示，則 $dm = \rho bcdx$ 由公式(7-31)可得 $dI_{z'z'} = \frac{1}{12}b^2 dm$

再由慣性矩的平行軸定理

$$dI_{zz} = dI_{z'z'} + x^2 dm = \frac{1}{12}b^2 dm + x^2 dm = \left(\frac{1}{12}b^2 + x^2\right)\rho bcdx$$

則 $I_{zz} = \int dI_{zz} = \int_{o}^{a}\left(\frac{1}{12}b^2 + x^2\right)\rho bcdx = \rho abc\left(\frac{1}{12}b^2 + \frac{1}{3}a^2\right)$

長方體之總質量 $m = \rho abc$，故 $I_{zz} = m\left(\frac{1}{12}b^2 + \frac{1}{3}a^2\right) = \frac{1}{12}m(4a^2 + b^2)$ ◀

7-6 // 質量之迴轉半徑

由質量慣性矩(以下簡稱慣性矩)之定義可知其因次為質量與長度平方之乘積,因此,物體對某一軸之迴轉半徑(radius of gyration),定義為一長度,此長度之平方與物體質量之乘積即為物體對該軸之慣性矩,以數學式表之為:

$$I = k^2 m \quad , \quad \text{或} \quad k = \sqrt{I/m} \tag{7-35}$$

式中 k 為迴轉半徑,I 為物體對同一軸之慣性矩。

設 I_G 表示物體對其質心軸之慣性矩,而 I 為對平行於此質心軸之另一軸的慣性矩,且 $I = mk^2$,$I_G = mk_G^2$,其中 k_G 為物體對其質心軸之迴轉半徑,由平行軸定理

$$k^2 = k_G^2 + d^2 \tag{7-36}$$

其中 d 為兩平行軸間之距離。

迴轉半徑可想像為物體全部質量所集中之處與慣性軸的距離,並不具有特殊之物理意義,只不過是以質量與一長度(即迴轉半徑)之乘積表示慣性矩的一個簡便方法。

組合質量之慣性矩

　　欲求組合物體之慣性矩,可將此組合體分解為數個簡單形狀之物體,如圓柱、圓球、長方體或桿子等形狀,當這些簡單物體對某一軸之慣性矩已知時,則組合體之慣性矩等於其組成之各簡單物體對同一軸慣性矩之總和。表 7-2 中列出各種簡單物體之質量慣性矩,利用表中之資料,配合慣性矩之平行軸定理,則組合體之慣性矩可不必使用積分方式求得。參考例題 7-16 之說明。

▶ 表 7-2　幾種簡單物體之質量慣性矩

名稱	形　狀	質量慣性矩
細長桿		$I_{xx} = I_{yy} = \dfrac{1}{12} m\ell^2$ $I_{x'x'} = I_{y'y'} = \dfrac{1}{3} m\ell^2$
長方體		$I_{xx} = m(a^2+h^2)/12$ $I_{yy} = m(b^2+h^2)/12$ $I_{zz} = I_{z'z'} = m(a^2+b^2)/12$ $I_{x'x'} = m(a^2+4h^2)/12$ $I_{y'y'} = m(b^2+4h^2)/12$
圓球		$I_{xx} = I_{yy} = I_{zz} = \dfrac{2}{5} mr^2$

名稱	形　狀	質量慣性矩
薄圓環		$I_{xx} = I_{yy} = \dfrac{1}{2}mr^2$ $I_{zz} = mr^2$
薄圓盤		$I_{xx} = I_{yy} = \dfrac{1}{4}mr^2$ $I_{zz} = \dfrac{1}{2}mr^2$
圓柱體		$I_{xx} = I_{yy} = \dfrac{1}{12}m(3r^2+h^2)$ $I_{zz} = I_{z'z'} = \dfrac{1}{2}mr^2$ $I_{x'x'} = I_{y'y'} = \dfrac{1}{12}m(3r^2+4h^2)$

例題 7-16 均質物體的質量慣性矩

試求圖中之均質物體對 x、y、z 三軸之質量慣性矩，物體之密度爲 $\rho = 7850 \text{ kg/m}^3$。

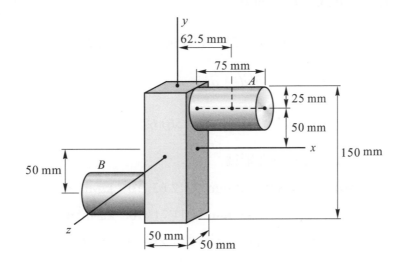

解 將物體分解爲三個簡單部份，包括一個長方體及二個圓柱體：

長方體：$V = (50)^2(150) = 0.375 \times 10^6 \text{ mm}^3 = 0.375 \times 10^{-3} \text{ m}^3$

$\qquad m = \rho V = (7850)(0.375 \times 10^{-3}) = 2.94 \text{ kg}$

圓柱體：$V = \pi r^2 h = \pi(25)^2(75) = 0.1473 \times 10^6 \text{ mm}^3 = 0.1473 \times 10^{-3} \text{ m}^3$

$\qquad m = \rho V = (7850)(0.1473 \times 10^{-3}) = 1.156 \text{ kg}$

物體對 x、y、z 三軸之慣性矩等於其組成之各部份對此三軸慣性矩之總和。

每一部份對此三軸之慣性矩計算如下：

長方體：$I_{xx} = I_{zz} = \dfrac{1}{12}(2.94)(150^2 + 50^2) = 6125 \text{ kg-mm}^2$

$\qquad I_{yy} = \dfrac{1}{12}(2.94)(50^2 + 50^2) = 1225 \text{ kg-mm}^2$

圓柱體：$I_{xx} = \dfrac{1}{2}ma^2 + md_y^2 = \dfrac{1}{2}(1.156)(25)^2 + (1.156)(50)^2 = 3250$ kg-mm^2

$\qquad I_{yy} = \dfrac{1}{12}m(3a^2 + L^2) + md_x^2$

$\qquad\qquad = \dfrac{1}{12}(1.156)[3(25)^2 + 75^2] + (1.156)(62.5)^2 = 5240$ kg-mm^2

$\qquad I_{zz} = \dfrac{1}{12}m(3a^2 + L^2) + m\left(d_x^2 + d_y^2\right)$

$\qquad\qquad = \dfrac{1}{12}(1.156)[3(25^2) + 75^2] + (1.156)(62.5^2 + 50^2) = 8130$ kg-mm^2

故物體對 x、y、z 三軸之慣性矩為

$I_{xx} = 6125 + 2(3250) = 12.63 \times 10^3$ kg-mm$^2 = 12.63 \times 10^{-3}$ kg-m^2 ◄

$I_{yy} = 1225 + 2(5240) = 11.71 \times 10^3$ kg-mm$^2 = 11.71 \times 10^{-3}$ kg-m^2 ◄

$I_{zz} = 6125 + 2(8130) = 22.4 \times 10^3$ kg-mm$^2 = 22.4 \times 10^{-3}$ kg-m^2 ◄

✏ 習　題

7-32 試求如圖(32)習題 7-32 中半圓球殼對 x 軸與 z 軸之質量慣性矩。

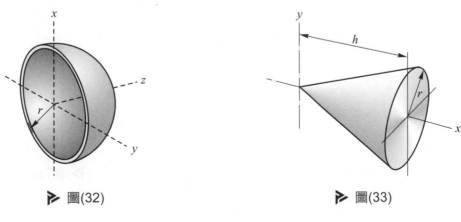

▶ 圖(32)　　　　　　　　　　　　　　　▶ 圖(33)

答 ▶ $I_{xx} = I_{zz} = \dfrac{2}{3} mr^2$

7-33 試求如圖(33)習題 7-33 中質量為 m 之均質圓錐體對 x 軸與 y 軸之質量慣性矩。

答 ▶ $I_{xx} = \dfrac{3}{10} mr^2$ ， $I_{yy} = \dfrac{3}{5} m\left(\dfrac{r^2}{4} + h^2 \right)$

7-34 如圖(34)習題 7-34 中之實心體為半橢圓繞 z 軸轉動所形成，試求對 x 軸及 z 軸之質量慣性矩。

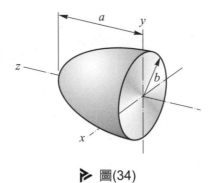

▶ 圖(34)

答 ▶ $I_{xx} = \dfrac{1}{5} m(a^2+b^2)$ ， $I_{zz} = \dfrac{2}{5} mb^2$

7-35 試求如圖(35)習題 7-35 中質量為 m 之均質拋物線錐體對 y 軸及 z 軸之質量慣性矩。

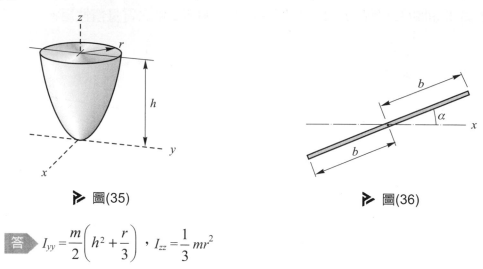

▶ 圖(35)

▶ 圖(36)

答 $I_{yy} = \dfrac{m}{2}\left(h^2 + \dfrac{r}{3}\right)$, $I_{zz} = \dfrac{1}{3}mr^2$

7-36 如圖(36)習題 7-36 中質量為 m 之細長桿,試求對 x 軸之質量慣性矩。

答 $I_{xx} = \dfrac{1}{3}mb^2\sin^2\alpha$

7-37 如圖(37)習題 7-37 中半圓薄板之質量為 2kg,試求對 x、y、z 及 y'四軸之質量慣性矩。

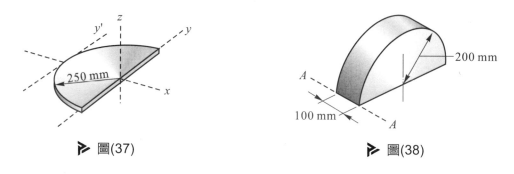

▶ 圖(37)

▶ 圖(38)

答 $I_{xx} = I_{yy} = 0.03125$ kg-m^2 , $I_{zz} = 0.0625$ kg-m^2 , $I_{y'y'} = 0.05025$ kg-m^2

7-38 如圖(38)習題 7-38 中半圓柱體之質量為 45 kg,試求對 A-A 軸之質量慣性矩。

答 $I_{AA} = 2.70$ kg-m^2

7-39 如圖(39)習題 7-39 所示，試求質量為 m 之半圓環對 a-a 軸與 b-b 軸之質量慣性矩，設圓環斷面尺寸甚小於半徑 r。

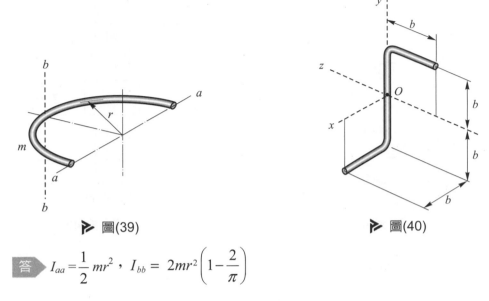

▶ 圖(39)　　　　　　　　　　　　　　　▶ 圖(40)

答 $I_{aa} = \dfrac{1}{2} mr^2$，$I_{bb} = 2mr^2 \left(1 - \dfrac{2}{\pi}\right)$

7-40 如圖(40)習題 7-40，所示，質量為 m 長度為 $4b$ 之均質細圓桿彎成圖示之形狀，試求此細桿對 x、y、z 三軸之質量慣性矩。設細圓桿直徑甚小於桿長可忽略不計。

答 $I_{xx} = \dfrac{3}{4} mb^2$，$I_{yy} = \dfrac{1}{6} mb^2$，$I_{zz} = \dfrac{3}{4} mb^2$

7-41 試求如圖(41)習題 7-41 中大頭鎚對 x 軸之質量慣性矩。木質把手的密度為 800 kg/m^3，金屬鎚頭之密度為 9000 kg/m^3。圓柱型鎚頭之軸向與 x 軸垂直。

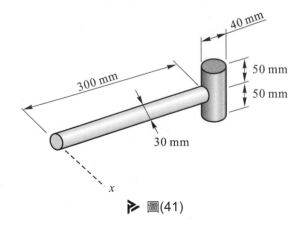

40 mm

300 mm

50 mm

50 mm

30 mm

x

▶ 圖(41)

答 $I_{xx} = 0.1220$ kg-m^2

7-42 試求如圖(42)習題 7-42 中鋼製零件對 O-O 軸之迴轉半徑 k_o。

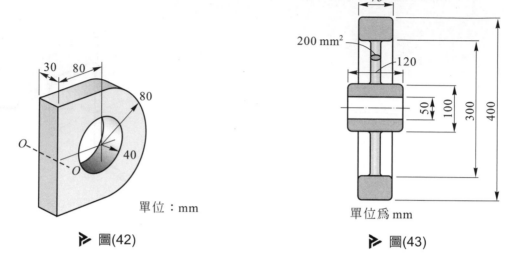

單位：mm

▶ 圖(42)

單位為 mm

▶ 圖(43)

答 $k_o = 97.5$ mm

7-43 試求如圖(43)習題 7-43 中鋼製飛輪對其轉軸之質量慣性矩。飛輪內有 8 個截面積為 200 mm² 之輪輻。鋼之密度為 7830 kg/m³。

答 $I = 1.031$ kg/m²

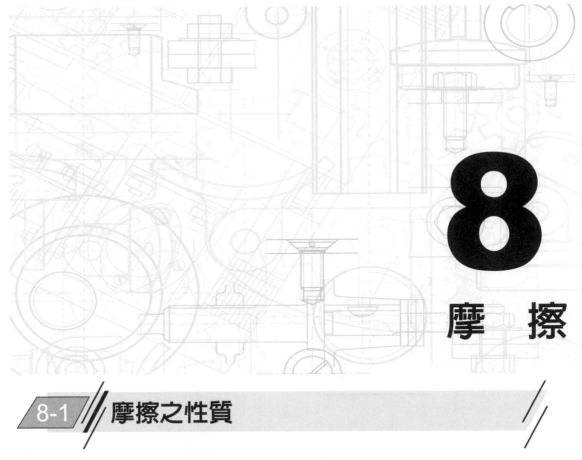

8 摩 擦

8-1 // 摩擦之性質

當兩物體在彼此接觸面間有相對滑動或有滑動傾向時，會在接觸面上產生阻礙此相對滑動或滑動傾向之力，稱之為**摩擦力**(frictional force)，簡稱**摩擦**(friction)。通常表面愈粗糙者，摩擦也愈大。

摩擦在工程應用上甚為重要，因其作用方向恆與物體所欲運動之方向相反，因此在某些機器中成為不利於運轉且損耗機械能之因素，在此種情形下，常需使用潤滑劑來減少動力的損耗及機件之磨損。但相反的，許多機器反而需要摩擦效應以發揮其功能，如制動器(煞車)、摩擦傳動之摩擦輪與摩擦離合器等均是。另外，在日常生活中，如走路或駕駛汽車，如無摩擦效應則無法達成。

摩擦有**乾摩擦**(dry friction)及**流體摩擦**(fluid friction)兩種。乾摩擦為物體與物體直接接觸所生之摩擦，即無潤滑之摩擦。流體摩擦為物體與物體間介有潤滑劑時所生之摩擦，此摩擦力隨潤滑劑本身之黏性、溫度以及其他因素而變化，有關流體摩擦以後在流體力學之課程中會討論到，本書中所討論之摩擦均為乾摩擦。

充電站

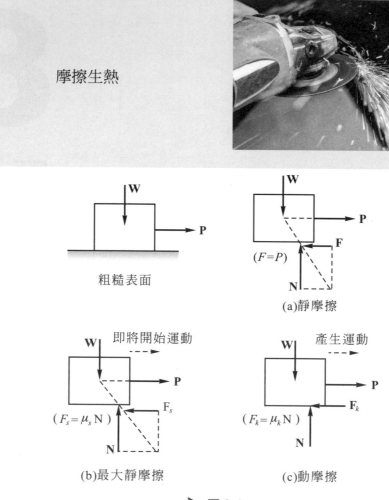

摩擦生熱

粗糙表面

$(F=P)$

(a)靜摩擦

即將開始運動

$(F_s = \mu_s N)$

(b)最大靜摩擦

產生運動

$(F_k = \mu_k N)$

(c)動摩擦

▷ 圖 8-1

　　圖 8-1 中物體與水平粗糙面接觸時，在接觸面所生之摩擦力可能有四種不同之情形。首先考慮物體(重量為 **W**)靜止放置在一水平粗糙面上(不受任何外力，**P** = 0)，由於物體無滑動傾向，接觸面沒有摩擦力，作用在物體上之力只有物體之重量 **W** 及接觸面之正壓力 **N**。若有一水平力 **P** 作用在物體上，如圖 8-1(a)所示，當 **P** 很小時，物體不會滑動，仍然在靜止狀態，由平衡關係可知在接觸面上有一摩擦力 **F** 存在，以阻止水平力 **P** 對物體所生之運動傾向，此種摩擦力稱為**靜摩擦力**(static-frictional force)。當水平力 **P** 增加時，靜摩擦力 **F** 亦隨之增加，不過靜摩擦力之增加有一限度，

當 **P** 超過此限度時，靜摩擦力便不能再與 **P** 保持平衡，則物體開始滑動。靜摩擦力之最大限度，亦即物體即將開始滑動時之摩擦力，稱為**最大靜摩擦力**或**極限摩擦力**（ limiting frictional force ），以 $\mathbf{F}_s$ 表示之，參考圖 8-1(b)所示。當水平力 **P** 大於 $\mathbf{F}_s$ 時，物體滑動，此時接觸面所產生阻止物體滑動之阻力稱為**動摩擦力**（ kinetic-frictional force ），以 $\mathbf{F}_k$ 表示之，如圖 8-1(c)所示。

8-2 摩擦定律與摩擦係數

關於物體即將滑動時接觸面之最大靜摩擦力 $\mathbf{F}_s$，以及物體發生滑動時接觸面之動摩擦力 $\mathbf{F}_k$，庫倫氏（ C.A de Coulomb ）首先於 1781 年發表其乾摩擦實驗之結果，經後世學者證實與修正，最後得到關於乾摩擦之定律主要有下列幾項：

(1) 當物體對另一物體有相對滑動運動或滑動傾向時，摩擦力與兩物體之接觸面相切，而摩擦力之方向與該物體發生滑動或滑動傾向之方向相反。

(2) 當物體相對於另一物體即將開始滑動時，接觸面之最大靜摩擦力 F_s 與兩物體接觸面之正壓力 N（ normal force ）成正比，即

$$F_s = \mu_s N \tag{8-1}$$

其中比例常數 μ_s 稱為靜摩擦係數（ coefficient of static friction ）。μ_s 通常由實驗求得，其值與兩接觸表面之種類及粗糙度有關。

(3) 當物體相對於另一物體產生滑動運動時，接觸面之動摩擦力 F_k 亦與兩物體接觸面之正壓力 N 成正比，即

$$F_k = \mu_k N \tag{8-2}$$

其中比例常數 μ_k 稱為動摩擦係數（ coefficient of kinetic friction ）。

又由實驗顯示，當兩物體間之相對滑動速度不甚大時，動摩擦力與相對滑動速度之大小無關。

(4) 任意兩接觸面之最大靜摩擦力 F_s，通常大於該接觸面之動摩擦力 F_k，即 $\mu_s > \mu_k$。但接觸面之相對滑動速度甚小時，F_k 甚接近於 F_s。

(5) 兩物體在接觸面之摩擦力與接觸面積之大小無關。

上述之摩擦定律是基於實驗之結果，基本上屬於經驗成果，雖然有很多學者，試圖由理論解釋摩擦力之變化，但至今尚無定論，而上述之摩擦定律，目前在工程上仍有其使用價值。

對於重量為 W 之物體，放在一水平粗糙面上，如圖 8-1 所示，當其所承受之水平力 P 由零逐漸增加時，由摩擦定律可得接觸面之摩擦力 F 與 P 之關係如圖 8-2 所示。

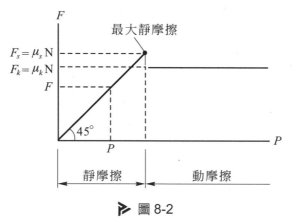

▶ 圖 8-2

 **摩擦角**

一物體放在水平粗糙面上，承受水平力 P 作用而達到即將滑動之狀態，如圖 8-3(a) 所示，設 R_s 為正壓力 N 與最大靜摩擦力 F_s 之合力，則合力 R_s 與正壓力 N 之夾角定義為**靜摩擦角** ϕ_s (angle of static friction)，由圖可得

$$\tan\phi_s = \frac{F_s}{N} = \frac{\mu_s N}{N} = \mu_s \quad , \quad \tan\phi_s = \mu_s \tag{8-3}$$

即靜摩擦角之正切值等於接觸面之靜摩擦係數。

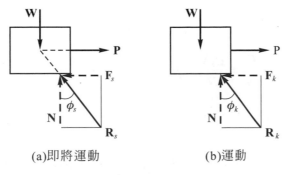

(a)即將運動　　　　　(b)運動

▶ 圖 8-3

同理，水平力 **P** 使物體沿粗糙面滑動時，設動摩擦力 $\mathbf{F}_k$ 與正壓力 **N** 之合力為 $\mathbf{R}_k$，如圖 8-3(b)所示，則定義 $\mathbf{R}_k$ 與 **N** 之夾角為**動摩擦角** ϕ_k(angle of kinetic friction)，且

$$\tan\phi_k = \frac{F_k}{N} = \frac{\mu_k N}{N} = \mu_k \quad , \quad \tan\phi_k = \mu_k \tag{8-4}$$

即動摩擦角之正切值等於接觸面之動摩擦係數。注意，物體滑動時通常不是平衡狀態，只有在等速滑動時才是平衡狀態，故滑動時圖 8-3(b)中 **W**、**P** 與 $\mathbf{R}_k$ 三力不一定交於一點。

靜摩擦角 ϕ_s 亦可由另一定義求得。參考圖 8-4(a)，將一物體放在一粗糙面上，然後將此粗糙面之傾角逐漸增加，當傾斜至一極限角度 θ_s 時，物體即將開始下滑，此極限角度稱為**靜止角**(angle of repose)。今將物體即將滑下斜面時之分離體圖繪出，如圖 8-4(b)所示，則由平衡方程式

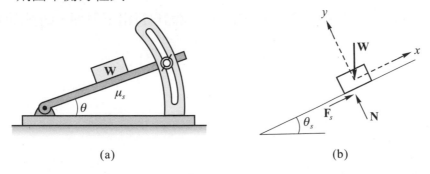

(a)　　　　　　　　　(b)

▶ 圖 8-4

$$\sum F_y = 0 \quad , \quad N - W\cos\theta_s = 0 \quad , \quad N = W\cos\theta_s \tag{a}$$

$$\sum F_x = 0 \quad , \quad F_s - W\sin\theta_s = 0 \quad , \quad F_s = W\sin\theta_s \tag{b}$$

(b) ÷ (a)式得：

$$\frac{W\sin\theta_s}{W\cos\theta_s} = \frac{F_s}{N} = \frac{\mu_s N}{N} = \mu_s$$

$$\tan\theta_s = \mu_s \qquad\qquad (8\text{-}5)$$

比較公式(8-5)與(8-4)，可知靜摩擦角 ϕ_s 等於靜止角 θ_s，因此對於任意接觸面，可藉圖 8-4 之實驗方法求得靜止角 θ_s，再由公式(8-5)求得接觸面之靜摩擦係數 μ_s。

觀念題

1. 兩物體在接觸面之摩擦力與下列何者有關？
  (1) 接觸面之面積大小
  (2) 接觸表面之種類
  (3) 接觸表面之粗糙度
  (4) 兩物體間之相對滑動速度

2. 一物體放在水平粗糙面上，承受一水平推力 **P**，當 **P** 由零逐漸增加時，接觸面之摩擦力 **F** 與 **P** 之關係圖為何？

3. 摩擦角與摩擦係數之關係為何？

4. 一物體與斜面之靜摩擦係數為 μ_s，若欲使物體自行滑下斜面，則斜面所需之傾斜角度為何？

8-4 ‖ 含摩擦力之問題

力學中所涉及的摩擦問題，通常可分為二類：

第一類摩擦問題，為已知物體達到即將滑動之狀態，此時可令各接觸面之摩擦力為最大靜摩擦力 F_s，且確定其方向(與滑動傾向之方向相反)，然後由平衡方程式解出問題中之未知數。

第二類摩擦問題，為物體在已知外力作用下，無法確定其為靜止平衡，或即將滑動，或已滑動，接觸面上之摩擦力可能為靜摩擦力，或最大靜摩擦力，或動摩擦力。對此類摩擦問題通常先假設物體在已知外力作用下欲保持靜止平衡，接觸面需要一靜摩擦力 F，再由平衡方程式解出 F 及接觸面之正壓力 N，比較 F 與接觸面之最大靜摩擦力($F_s = \mu_s N$)便可確定物體之狀態。若 $F < \mu_s N$，則物體仍然靜止，僅有滑動傾向，此時接觸面為靜摩擦力 F。若 $F > \mu_s N$，則接觸面無足夠之靜摩擦力以支持平衡，物體必滑動，此時接觸面為動摩擦力 F_k，且 $F_k = \mu_k N$。若 $F = \mu_s N$，則接觸面之最大靜摩擦力 F_s 恰可支持物體靜止不動，即物體在即將滑動之狀態。

◆ 傾倒與滑動之摩擦問題

摩擦問題中，尚有一種特殊情況，即物體在外力作用下在還沒發生滑動之前可能已先傾倒，如圖 8-5(a)中之物體，當水平作用力 **P** 由零逐漸增加時，物體是先傾倒或先滑動？欲判斷何種情況會發生，需分別計算滑動與傾倒所需之水平力 **P**，則 **P** 值較小之情況將會先發生。但需注意兩種情況之分離體圖不盡相同。當物體即將滑動時，接觸面之正壓力 **N** 及最大靜摩擦力 **F**$_s$ 之作用點位置 x，為 $0 \leq x \leq b/2$，如圖 8-5(b)所示，且 $F_s = \mu_s N$。而當物體即將傾倒時，**N** 及 **F** 之作用點位置 x，為 $x = b/2$，即物體與水平粗糙面僅在 A 點接觸，如圖 8-5(c)所示，且 $F \leq \mu_s N$，此時施力 **P** 對於物體所生之傾倒力矩 Ph，恰與物體自重所生之穩定力矩 $Wb/2$ 相等。

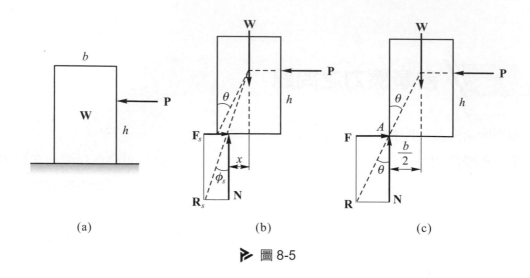

(a) (b) (c)

▷ 圖 8-5

例題 8-1　最大靜摩擦力

一均質物體重為 100 N，置於水平粗糙面上，接觸面之 $\mu_s = 0.40$，如圖所示，則拉動此物體所需之作用力 P 為若干？並求接觸面反力之位置。

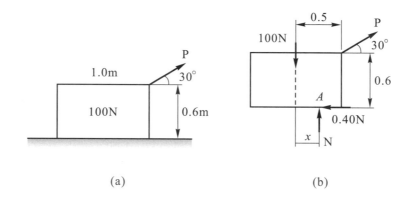

(a) (b)

解 拉動物體需克服接觸面之最大靜摩擦力,故取物體即將滑動時之分離體圖,
如(b)圖所示,由平衡方程式

$\sum F_y = 0$,$N + P\sin30° - 100 = 0$ ·····························(1)

$\sum F_x = 0$,$P\cos30° - 0.40N = 0$···························(2)

$\sum M_A = 0$,$P\cos30°(0.6) - P\sin30°(0.5-x) - 100x = 0$ ···(3)

(1)代入(2):$P\cos30° - 0.40(100 - P\sin30°) = 0$

得 $P = 37.5$ N◀

代入(3)式得 $x = 0.125$◀

註1:$x < 0.5$ m (物體寬度之一半)時,物體先滑動,否則物體會先傾倒

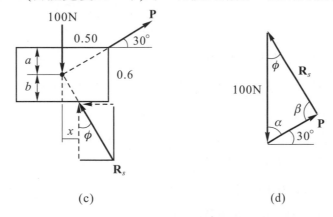

(c)   (d)

註2:本題亦可用三力平衡求解。將正壓力 N 及最大靜摩擦力 F_s 合為一力 $\mathbf{R}_s$,
則 $\mathbf{R}_s$ 與 $\mathbf{W}$ 及 $\mathbf{P}$ 三力呈平衡,必相交於一點,且可構成一封閉之三角形,
參考圖(c)(d)兩圖

$\tan\phi = 0.40$, $\phi = 21.8°$

$\alpha = 60°$, $\beta = 180° - (60° + 21.8°) = 98.2°$

由正弦定律:$\dfrac{P}{\sin21.8°} = \dfrac{100}{\sin98.2°}$, $P = 37.5$N◀

由(c)圖,$a = 0.50\tan30° = 0.289$ m,$b = 0.6 - 0.289 = 0.311$ m

得 $x = b\tan\phi = 0.311(0.40) = 0.125$ m◀

例題 8-2 ▷ 最大靜摩擦力

重量爲 100 N 之物體置於水平粗糙面上,接觸面之靜摩擦係數 $\mu = 0.40$,則使物體滑動之最小拉力 P 爲若干?且最小拉力與水平方向之夾角 θ 爲若干?

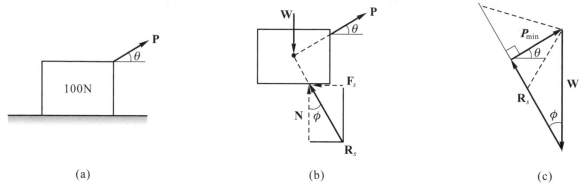

(a)　　　　　　　　　　　　　(b)　　　　　　　　　　　　　(c)

解 ▷ 當物體即將滑動時,取其分離體圖,如(b)圖所示,其中 $\mathbf{R}_s$ 爲接觸面正壓力 $\mathbf{N}$ 與最大靜摩擦力 $\mathbf{F}_s$ 之合力,則 $\mathbf{P}$、$\mathbf{W}$ 與 $\mathbf{R}_s$ 三力平衡必相交於一點,且可構成一封閉三角形,如(c)圖所示

因 $\mathbf{W}$ 之大小及方向已知,而 $\mathbf{R}_s$ 僅方向已知,則 $\mathbf{P}$ 與 $\mathbf{W}$、$\mathbf{R}_s$ 所構成之封閉三角形中,當 $\mathbf{P}$ 與 $\mathbf{R}_s$ 垂直時 P 值最小,此時 $\theta = \phi$,即

$\theta = \phi = \tan^{-1}\mu = \tan^{-1}0.40 = 21.8°$ ◀

且 $P_{\min} = W\sin\phi = 100\sin21.8° = 37.1$ N ◀

註:由本題可知,在水平粗糙面上欲用最小力拉動物體,則仰角 θ 須等於接觸面之摩擦角 ϕ。

例題 8-3　靜摩擦力

圖中 100 kg 之物體置於傾角為 20° 之粗糙斜面上，已知接觸面之靜摩擦係數 μ_s = 0.20，動摩擦係數 μ_k = 0.17，試求當水平力(1)P = 700 N 及(2)P = 250 N 時，接觸面之摩擦力為何？

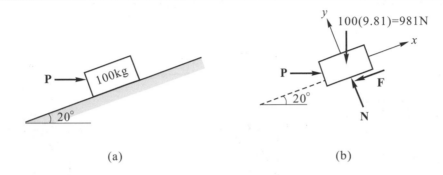

(a)　　　　　　　　　　　　　(b)

解　水平力 **P** 作用於物體時，由題意，無法確知物體為靜止(滑上或滑下斜面之傾向)，或即將運動(即將滑上或滑下斜面)，或已經滑動(滑上斜面或滑下斜面)，故本題屬於第二類摩擦問題。分析此類問題，先假設物體受水平力 **P** 作用時，接觸面需有沿斜面向下之靜摩擦力 **F** 以保持靜止平衡，此時之分離體圖如(b)圖所示，由平衡方程式

$\sum F_x = 0$ ， $P\cos20° - F - (100 \times 9.81)\sin20° = 0$ (a)

$\sum F_y = 0$ ， $N - P\sin20° - (100 \times 9.81)\cos20° = 0$ (b)

(1)P = 700 N 時，代入(a)(b)兩式可解得

　$F = 322$ N ， $N = 1161$ N

　此時接觸面之最大靜摩擦力 $F_s = \mu_s N = 0.20 \times 1161 = 232$ N，得 $F > \mu_s N$，

　即接觸面無足夠之靜摩擦力維持靜止平衡，故物體滑上斜面，接觸面為動摩擦力

　$F_k = \mu_k N = (0.17)(1161) = 197$ N(沿斜面向下) ◀

(2)P = 250 N 時，代入(a)(b)兩式可解得

　$F = -101$ N ， $N = 1007$ N

　F 為負號，表示支持物體靜止在斜面上所需之靜摩擦力 **F** 與設定之方向相反，即 **F** 之方向應為沿斜面向上。此時接觸面之最大靜摩擦力 $F_s = \mu_s N = 0.20 \times 1007$ = 201 N，得 $F < \mu_s N$，即接觸面有足夠之靜摩擦力以維持靜止平衡，但物體有滑下斜面之傾向，接觸面為靜摩擦力，且 $F = 101$ N(沿斜面向上) ◀

例題 8-4 ▶ 傾倒與滑動

一均質立方體滑塊質量為 m，寬 b，高度 H，放在一水平粗糙面上並承受一水平推力 P，如圖所示，設滑塊與水平面間的動摩擦係數為μ，則(1)當滑塊在水平面上作等速滑動時，防止滑塊傾倒，水平力 P 作用之最大高度 h 為何？(2)若水平力 P 之作用高度為 $H/2$ 時滑塊作等速滑動，則接觸面反力之位置為何？

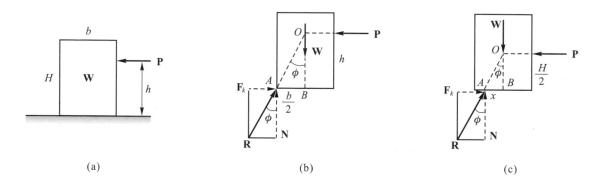

(a)   (b)   (c)

解 ▶ (1)推動滑塊作等速滑動，避免滑塊傾倒，水平力 P 作用之最大高度 h，位於使滑塊即將傾倒之位置，此時接觸面之反力 **R** (正壓力與動摩擦力之合力)恰作用於角落 A 點，如(b)圖所示之分離體圖，其中 **P**、**W** 與 **R** 三力平衡必交於一點。

由(b)圖中ΔAOB：$\tan\phi = \dfrac{b/2}{h} = \mu$ ， 得 $h = \dfrac{b}{2\mu}$ ◀

(2) 滑塊作等速滑動時是在平衡狀態，因此 **P**、**W** 與 **R** (正壓力 N 及動摩擦力之合力)三力必交於一點，其分離體圖如(c)圖所示，其中 x 為 **R** 之作用點 A 至重心之水平距離。

由(c)圖中ΔAOB：$\tan\phi = \dfrac{x}{H/2} = \mu$ ， 得 $x = \dfrac{\mu H}{2}$ ◀

例題 8-5　靜摩擦力

　　一梯子長 3m，質量為 10 kg，斜靠在光滑牆壁上，如圖所示，今有一質量為 45 kg 之人爬至距梯腳 2m 處時梯子是否會滑動？梯子與地板之靜摩擦係數為 $\mu = 0.40$。

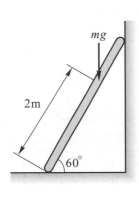

(a)

(b)

解　當人爬至距腳 2 m 處時，梯子若欲保持靜止平衡，設梯子與地板間所需之靜摩擦力為 F，繪此時之分離體圖如(b)圖所示，由平衡方程式

$\sum M_A = 0$ ，　$N_B(3\sin 60°) - 441(2\cos 60°) - 98.1(1.5\cos 60°) = 0$ ，　$N_B = 198$ N

$\sum F_x = 0$ ，　$F = N_B = 198$ N

$\sum F_y = 0$ ，　$N_A = 441 + 98.1 = 539$ N

梯腳與地板接觸面之最大靜摩擦力　$\mu_s N_A = 0.40(539) = 216$ N

因 $F < \mu_s N_A$，故梯子仍然靜止不動，梯腳與地板間之靜摩擦力為 $F = 198$ N◀

例題 8-6 ▷ 最大靜摩擦力

(1) 如圖所示，一輛重 3000 N 之後輪驅動汽車，以 60 km/hr 之速度等速前進，設作用於汽車之總阻力爲 400 N(其位置及方向如圖所示)，試求地面與前、後輪間之正向力？

(2) 若上題之汽車輪胎與地面保持純滾動接觸(pure rolling contact)，則輪胎與地面間之摩擦係數(coefficient of friction)至少應爲若干才能使汽車保持等速前進？

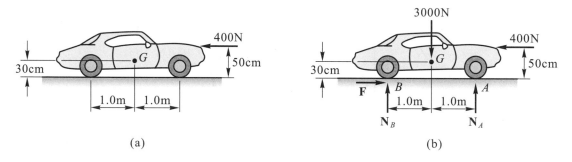

(a)   (b)

解 ▷ 因汽車爲後輪傳動，僅後輪能產生使汽車前進之靜摩擦力 **F**，繪汽車等速前進(平衡狀態)時之分離體圖如(b)圖所示，由平衡方程式

$\sum F_x = 0$ ， $F = 400$ N

$\sum M_B = 0$ ， $N_A(2.0) + 400(0.5) - 3000(1.0) = 0$ ， $N_A = 1400$ N ◀

$\sum F_y = 0$ ， $N_B + N_A = 3000$ ， 得 $N_B = 1600$ N ◀

後輪與地面間所需之最小靜摩擦係數爲 $(\mu_s)_{min} = \dfrac{F}{N_B} = \dfrac{400}{1600} = 0.25$ ◀

例題 8-7　最大靜摩擦力

圖中軸之轉動力矩 $M = 100$ N-m，軸與制動桿間之摩擦係數為 0.3，試求煞住此軸所需之力 P。制動桿之重量忽略。

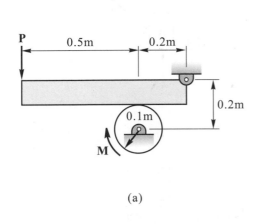

(a)

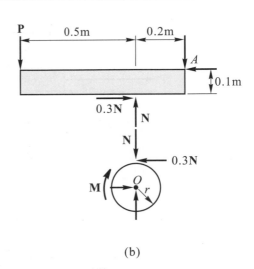

(b)

解 將制動桿與軸之分離體圖繪出，如(b)圖所示。

首先由軸之分離體圖

$\sum M_O = 0$ ， $0.3\,N \cdot r = M$ ， $0.3\,N\,(0.1) = 100$

得 $N = 3333$ N

再由制動桿之分離體圖

$\sum M_A = 0$ ， $P(0.7) + 0.3\,N(0.1) - N(0.2) = 0$

得 $P = 810$ N ◀

例題 8-8　最大靜摩擦力

試求使圖中滑塊 B 移動所需之最小作用力 P？設所有滑塊不會傾倒。

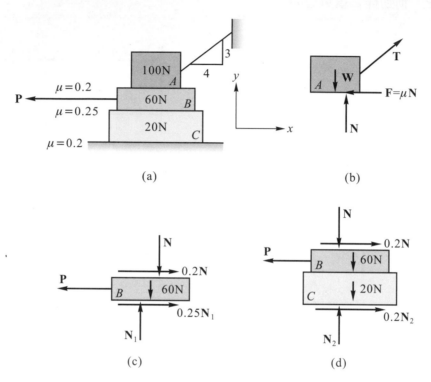

(a)　　　　(b)

(c)　　　　(d)

解　滑塊 B 有兩種可能移動情況，即滑塊 B 單獨滑動，或滑塊 B 與 C 合在一起滑動，故需分別討論此兩種情況所需之水平力 P，再比較何種情況 P 較小。

繪滑塊 B 單獨滑動之分離體圖，如(c)圖所示；繪滑塊 B 與 C 合在一起滑動之分離體圖，如(d)圖所示。兩種情況均需先求得滑塊 A 與 B 間之正壓力 N。

首先由滑塊 A 之分離體圖，如(b)圖所示，由平衡方程式

$$\sum F_x = 0 \quad , \quad \frac{4}{5}T - 0.2\,N = 0 \quad \cdots\cdots\cdots\cdots\cdots\cdots\cdots\cdots\cdots(1)$$

$$\sum F_y = 0 \quad , \quad N + \frac{3}{5}T - 100 = 0 \quad \cdots\cdots\cdots\cdots\cdots\cdots\cdots\cdots(2)$$

由(1)(2)得　$T = 21.7\,\text{N}$　，　$N = 87.0\,\text{N}$

(a) 滑塊 B 單獨滑動所需之作用力 P，參考(c)圖之分離體圖，由平衡方程式：

$$\sum F_x = 0 \quad , \quad P - 0.2(87.0) - 0.25\,N_1 = 0 \quad \cdots\cdots\cdots\cdots\cdots(3)$$

$\sum F_y = 0$ ， $N_1 - 87.0 - 60 = 0$ ⋯⋯⋯⋯⋯⋯⋯⋯⋯⋯(4)

由(3)(4)得 $N_1 = 147\,\text{N}$ ， $P = 54.2\,\text{N}$

(b) 滑塊 B 與 C 合在一起滑動所需之作用力 P，參考(d)圖之分離體圖，由平衡方程式：

$\sum F_x = 0$ ， $P - 0.2(87.0) - 0.2N_2 = 0$ ⋯⋯⋯⋯⋯⋯⋯⋯(5)

$\sum F_y = 0$ ， $N_2 - 20 - 60 - 87.0 = 0$ ⋯⋯⋯⋯⋯⋯⋯(6)

由(5)(6)得 $N_2 = 167\,\text{N}$ ， $P = 50.8\,\text{N}$

由(a)(b)可知，使滑塊 B 移動所需之最小作用力 $P = 50.8\,\text{N}$◀，此時滑塊 B 與滑塊 C 合在一起滑動。

習 題

8-1 圖(1)中重量為 100 N 之物體原靜止在水平面上，已知接觸面之 $\mu_s = 0.30$，$\mu_k = 0.25$，試求當水平力 P 為下列各值時接觸面所生之摩擦力。
(a)$P = 20$ N，(b)$P = 27$ N，(c)$P = 30$ N，(d)$P = 40$ N，(e)$P = 45$ N，

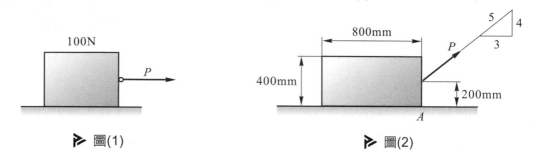

▶ 圖(1)   **▶ 圖(2)**

> **答** (a) 20 N，(b) 27 N，(c) 30 N，(d) 25 N，(a) 25 N，

8-2 圖(2)中均質滑塊質量為 40 kg，與水平粗糙面之靜摩擦係數為 $\mu_s = 0.3$，試求拉動此滑塊所需之拉力 P 為若干？並求此時接觸面反力之作用點與 A 點之距離。

> **答** $P = 140$ N，$x = 500$ mm

8-3 20 kg 之均質物體放在一傾角 $\theta = 30°$ 之粗糙面上，如圖所示，已知物體與斜面間之摩擦係數 $\mu_s = 0.3$，試求將物體推上斜面所需之作用力 P，以及此時接觸面反力之位置。

> **答** $P = 149$ N，$x = 0.06$ m(與底邊中點距離)

8-4 圖(4)中 100 N 之物體與斜面間之靜摩擦係數 $\mu_s = 0.30$，則使物體保持靜止在斜面上之吊重 W 為若干？

> **答** 36 N $\leq W \leq 84$ N

8-5　圖(5)中 100 kg 物體原靜置於斜面上，設物體與斜面間之靜摩擦係數與動摩擦係數分別為 $\mu_s = 0.30$ 與 $\mu_k = 0.20$，試求

(a)當 $P = 200$ N 時，接觸面間之摩擦力 F 為何？

(b)使物體由靜止滑上斜面所需之最小作用力 P 為何？

(c)當 $P = 600$ N 時，接觸面間之摩擦力為何？

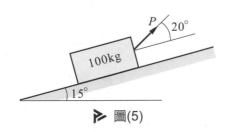

▷ 圖(5)

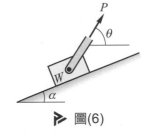

▷ 圖(6)

答　(a)$F = 66.0$ N，(b)$P = 516$ N，(c)$F = 148$ N

8-6　圖(6)中滑塊 $W = 60$N，斜面傾角 $\alpha = 20°$，摩擦係數 $\mu_s = 0.30$，(a)試求將滑塊拉上斜面所需之最小拉力 P 及其方向 θ 為若干？(b)試求防止滑塊滑下斜面所需之最小拉力 P 及其方向。

答　(a)$P = 35.9$N，$\theta = 36.7°$，(b)$P = 3.45$N，$\theta = 3.30°$

8-7　圖(7)中滑塊 A 重量為 50 lb，滑塊 B 重量為 25 lb，設所有接觸面之靜摩擦係數均為 0.15，若欲使系統保持在斜面上靜止不動，則斜面之最大傾角為若干？

▷ 圖(7)　　　　　　　　　　　　　　　　▷ 圖(8)

答　$\theta = 46.4°$

8-8　圖(8)中重量為 W 之物體置於傾角為 θ 之粗糙之斜面上，設物體與斜面間之靜摩擦角為 ϕ，(a)試求使物體滑上斜面所需之水平力(向右)為何？(b)若 $\theta > \phi$，試求避免物體滑下斜面所需之水平力(向右)為何？(c)若 $\theta < \phi$，試求將物體拉下斜面所需之水平力(向左)為何？

答　(a)$P = W\tan(\theta + \phi)$，(b)$P = W\tan(\theta - \phi)$，(c) $P = W\tan(\phi - \theta)$，

8-9　一均質物體重 480 N，靜止放置在一水平粗糙面上，設 $\mu_s = 0.2$；今在物體上加一水平力 P，如圖(9)所示，則當 P 由零逐漸增加時物體先滑動或傾倒？

圖(9)　　　　　圖(10)

答　$P = 80$ N，物體先傾倒

8-10　(a)圖(10)中之均質滑塊，試求作用力 P 傾角 θ 之範圍，俾使滑塊產生滑動，而不致傾倒。(b)試求 μ_s 之範圍，俾使滑塊產生滑動而不致傾倒。(c)設 $a = 90$ mm，$b = 135$ mm，$m = 6$ kg，$P = 22$ N，試求(a)(b)之答案。

答　(a)$\theta > \cos^{-1}\left(\dfrac{mga}{2Pb}\right)$　(b)$\mu_s < \dfrac{P\cos\theta}{mg - P\sin\theta}$　(c)$\theta > 27°$，$\mu s < 0.402$

8-11　圖(11)中 200 kg 之均質物體，欲使其傾倒，試求作用力 P 最小值時之 α 角，及此時接觸面所需之最小摩擦係數 μ_{min}。

圖(11)　　　　　圖(12)

答　$\alpha = 45°$，$\mu_{min} = 1/3$

8-12　一均質立方塊重量為 W，置於斜面上，如圖(12)所示，$\mu_s = 0.55$，試求使物體保持靜止斜面之最大傾角 θ 為若干。($a = 0.5$ m，$b = 1.0$ m)

答　$\theta = 26.6°$(即將傾倒)

8-13 圖(13)中均質桿 A 端置於水平面上，B 端靠在斜面上，已知兩端接觸面的摩擦係數均為 0.25，試求使桿子保持水平能夠支持負荷 W 的最大距離 a 為若干。設桿子的重量忽不計。

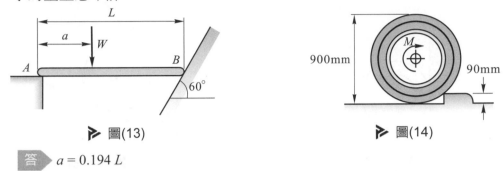

圖(13)

圖(14)

答　$a = 0.194 L$

8-14 圖(14)中圓輪質量為 30 kg，試求

(a)使圓輪滾上高度為 90 mm 之台階所需作用於圓輪之力偶矩 M 為若干？

(b)圓輪與台階接觸面所需的最小摩擦係數 μ 為若干？

答　(a)79.5 N-m　(b)$\mu = 0.75$

8-15 圖(15)中質量為 25 kg 之均質梯子斜靠在牆角，設牆壁為光滑，則梯子在圖示位置保持靜止平衡，梯子與地板間所需之摩擦係數為何？

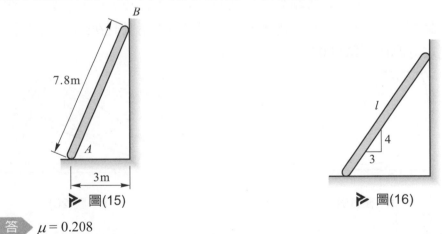

圖(15)

圖(16)

答　$\mu = 0.208$

8-16 長為 l 質量為 m 之均質細長桿斜靠在牆角，如圖(16)所示，試求使桿子在圖示位置保持靜止平衡所需之最小摩擦係數為何？設桿子與牆壁及地板之摩擦係數相同。

答　$\mu_{min} = 1/3$

8-17 圖(17)中圓柱重爲 W，半徑爲 r，在 A、B 兩處之靜摩擦係數均爲 μ，若欲避免圓柱轉動，則作用於圓柱上之最大力偶矩 M 爲何？

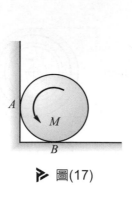

▶ 圖(17)

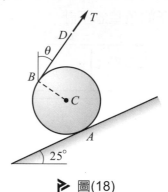

▶ 圖(18)

答 $M = Wr\mu(1+\mu)/(1+\mu^2)$

8-18 圖(18)中圓柱重量爲 W，半徑爲 r，周緣纏繞一繩索，並在繩索施加一方向 $\theta = 40°$ 之拉力 T，使圓柱在傾角爲 25° 之斜面上保持靜止平衡，試求圓柱與斜面間所需之最小靜摩擦係數，並求此時繩中之張力 T。

答 $\mu_s = 0.273$，$T = 0.222\ W$

8-19 圖(19)中半圓柱形之均質鐵殼質量爲 m，平均半徑爲 r，邊緣受一水平力 P 作用而滾動 θ 角度。當水平力 P 逐漸增加，鐵殼產生滑動時 θ 角爲若干？鐵殼與接觸面間之靜摩擦係數爲 0.2。

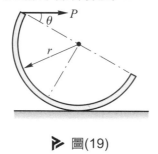

▶ 圖(19)

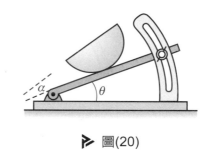

▶ 圖(20)

答 $\theta = 27.3°$

8-20 一均質之實心半圓柱置於傾角可變之斜面上，若半圓柱與斜面間之 $\mu_s = 0.30$，則使半圓柱保持靜止在斜面上，斜面之最大傾角 θ 爲若干？且此時 α 角爲若干？

答 $\theta = 16.7°$，$\alpha = 25.9°$

8-21 已知圖(21)中 $W_A = 2000$ N，$W_B = 1000$ N，試求使 A 滑動所需之水平拉力 P 為何？所有接觸面之靜摩擦係數 $\mu = 0.2$。

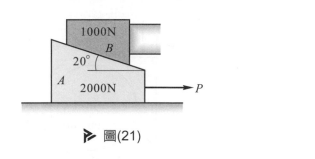

圖(21)

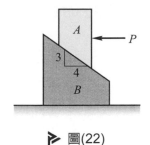

圖(22)

答 $P = 1318$ N

8-22 圖(22)中滑塊 A 重 100 N，滑塊 B 重 150 N，滑塊 B 與水平面間之摩擦係數為 0.30，而滑塊 A 與滑塊 B 間之摩擦係數為 0.20，試求使滑塊 A 移動所需之水平力 P。

答 $P = 75$ N

8-23 圖(23)中 500 kg 之水泥塊，欲利用一 5° 之楔塊(重量不計)向下施一力 P 使水泥塊移動，設楔塊兩邊表面之摩擦係數均為 0.3，而水泥塊與水平粗糙面間之摩擦係數為 0.6，試求移動水泥塊所需之作用力 P。

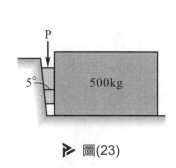

圖(23)

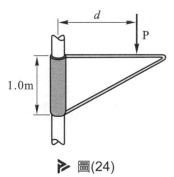

圖(24)

答 $P = 2505$ N

8-24 一三角支架套在一直立圓桿上，如圖(24)所示，已知兩者接觸面間之摩擦係數 $\mu_s = 0.3$，圓柱之直徑為 0.4 m，今三角架欲支持一負荷 P 而不致滑落，則負荷 P 至圓桿中心線所需之最小距離 d 為何？

答 $d = 1.67$ m

8-25 推高機欲將質量爲 1200 kg 之紙捲筒推上傾角爲 30° 之斜面上，設紙捲筒與斜面及推高機推板間之摩擦係數均爲 0.40，則推高機對紙捲筒需施加若干水平推力方可將紙捲筒推上斜面。

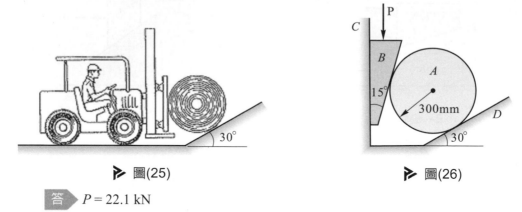

圖(25)

圖(26)

答 $P = 22.1$ kN

8-26 圖(26)中圓柱質量爲 50 kg，已知靜摩擦係數 $\mu_{AB} = 0.3$，$\mu_{BC} = 0.2$，$\mu_{AD} = 0.5$，試求使圓柱移動所需作用於楔塊 B 之垂直力 P 爲若干？

答 $P = 913$ N

8-27 圖(27)中所示爲鋼板滾軋機之簡圖，兩直徑 $d = 50$ cm 之滾子以相反方向轉動，兩滾子間距爲 $a = 0.5$ cm，滾子與熱鋼板間之 $\mu = 0.1$。設滾子爲剛體，則使滾子能將鋼板帶入滾軋，鋼板之最大厚度 b 爲若干？

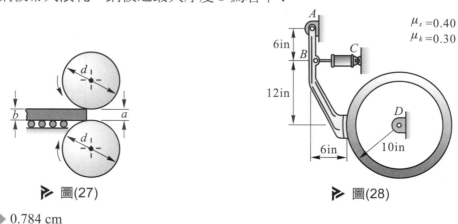

圖(27)

圖(28)

答 0.784 cm

8-28 圖(28)中所示爲一制動器，已知輪鼓上受有大小爲 50 lb-ft 的力偶矩，若輪鼓保持靜止不旋轉，當力偶矩的方向爲(a)順時針方向；(b)逆時針方向時，試求液壓缸必須作用於制動桿之最小作用力。(鼓輪半徑爲 10 in，$\mu_s = 0.40$，$\mu_k = 0.30$)

答 (a)390 lb，(b)510 lb

8-29 長度為 3 m 之均質桿子質量為 30 kg，置於兩平行之軌道上，如圖(29)所示，桿子與軌道垂直，則使桿子移動所需之水平力 P (與軌道平行)為若干？桿子與軌道間之靜摩擦係數為 $\mu_A = 0.40$，$\mu_B = 0.50$

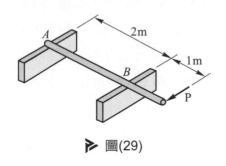

▶ 圖(29)

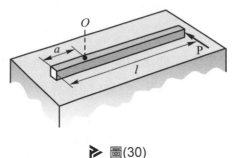

▶ 圖(30)

答▶ $P = 58.9$ N

8-30 圖(30)中質量為 m 長度為 l 的均質木桿(質量沿桿長均勻分佈)，置於一水平粗糙面上，接觸面之摩擦係數為 μ，則移動此木桿所需之水平力 P 為若干？又木桿開始轉動時，桿端至轉軸 O 之距離 a 為若干？(設桿與接觸面之正壓力及摩擦力均沿桿長呈均勻分佈)。

答▶ $P = 0.414 \, \mu \, mg$，$a = 0.293 \, l$

螺　旋

螺旋為斜面原理之應用，參考圖 8-6 左下方之$\Delta C\mathcal{D}C$所示，將底邊為 $2\pi r$ 高為 L 之斜面環繞在一半徑為 r 之圓柱面上，斜邊即構成一螺旋。其中 L 為螺旋迴轉一圈沿軸方向所移動之距離，稱為**導程**(lead)。對於單線螺紋，L 亦為相鄰兩螺紋間之距離，稱為螺距(pitch)，而 θ 稱為**導程角**(Lead angle)或**螺距角**(pitch angle)，其間之關係為

$$\tan\theta = \frac{L}{2\pi r} \tag{8-6}$$

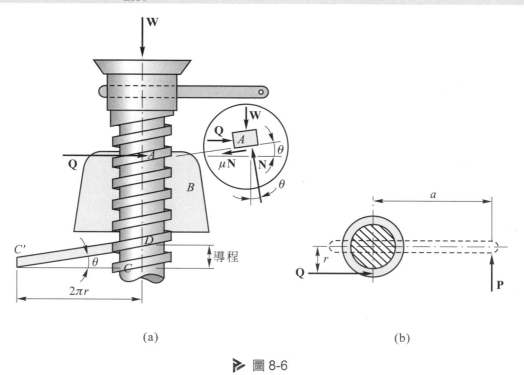

(a)　　　　　　　　　　　　　　(b)

▶ 圖 8-6

螺旋在機械上常於連結或鎖緊機件，此時常用三角螺紋；但亦經常使用螺旋來傳送動力，如車床之導螺桿以及螺旋起重機，此時之螺紋則常用方形螺紋。圖 8-6 所示為一典型之螺旋起重機。

因螺旋為斜面之應用，當螺旋起重機在舉升重物 W 時，可想像為沿螺紋斜面將重物 W 以水平力 Q 推上斜面，如圖 8-6(a)所示。若螺旋起重機臂桿上之施力為 P，則此力對螺桿中心軸所生之力矩為 Pa，參考圖 8-6(b)所示，在螺紋斜面欲產生相當之力矩時，則沿螺紋斜面所需之水平力 Q 為

$$Q = \frac{Pa}{r} \tag{8-7}$$

其中 a 爲螺旋起重機臂桿之長度。

螺旋起重機在舉升重物 W 時，相當於在傾角等於螺距角 θ 之斜面上，以水平力 Q 將重物 W 推上斜面，此時接觸面之摩擦係數 μ 爲螺桿之陽螺紋與本體陰螺紋間之摩擦係數。繪此時重物 W 之分離體圖，如圖 8-7 所示，其中 ϕ 爲摩擦角，且 $\phi = \tan^{-1}(\mu)$。由平衡關係

$$Q = W\tan(\phi + \theta) = W\frac{2\mu\pi r + L}{2\pi r - \mu L} \tag{8-8}$$

故螺旋起重機在舉升重物時，對螺桿所需施加之力矩爲

$$M = Pa = Qr = Wr\tan(\phi + \theta) \tag{8-9}$$

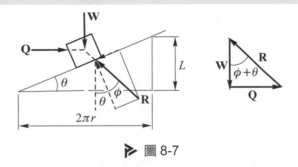

▷ 圖 8-7

⚡充電站

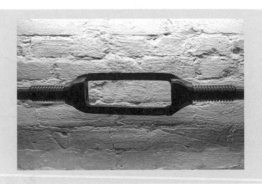

鬆緊螺旋扣(螺旋摩擦)

至於螺旋起重機欲將舉升後之重物卸下時，相當於在傾角等於螺距角 θ 之斜面上，以水平力 Q 將重物推下，此時重物 W 之分離體圖如圖 8-8 所示。由平衡關係

$$Q = W\tan(\phi - \theta) = W\frac{2\mu\pi r - L}{2\pi r + \mu L} \tag{8-10}$$

故卸下重物時，對起重機螺桿所需施加之力矩爲

$$M = Pa = Qr = Wr\tan(\phi - \theta) \tag{8-11}$$

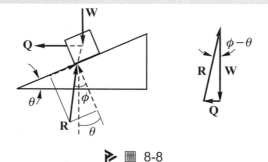

▷ 圖 8-8

由公式(8-11)，當 $\phi > \theta$ 時，螺旋起重機於舉升重物後，需加一反向之水平力 Q 方能使螺桿逆轉卸重，若不施力，則螺桿可藉摩擦維持不動，此種情形稱此螺旋起重機具有「自鎖(self-locking)」之功能，通常螺旋起重機都需要具有自鎖性。而 $\phi < \theta$ 時，$Q < 0$，即螺旋起重機將重物舉升後，需加一上推之水平力 Q 方可防止螺桿逆轉下降，若不施力，螺桿可自行逆轉卸重，此種情形螺桿無自鎖功能，如圖 8-9 所示，且

$$Q = W\tan(\theta - \phi) \tag{8-12}$$

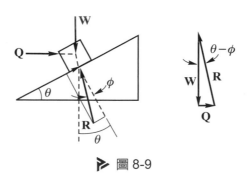

▷ 圖 8-9

充電站

螺栓利用螺紋間的摩擦鎖緊

例題 8-9 ▶ 方形螺旋之摩擦

　　圖中 C 型夾將二木塊夾緊，螺桿為雙線方形螺紋，其平均直徑為 10 mm，螺距為 2 mm，螺紋間之摩擦係數 $\mu = 0.30$。今在螺桿上施加 40 N-m 之力矩將木頭夾緊，試求 (a)夾緊木頭之力為若干？(b)將夾緊木頭之力放鬆對螺桿所需施加之力矩為若干？

解 ▶ 螺桿之導程 $L = 2p = 2(2) = 4$ mm，則導程角 θ 可求得如下：

$$\tan\theta = \frac{L}{\pi d} = \frac{4}{\pi(10)} = 0.1273 \quad , \quad \theta = 7.3°$$

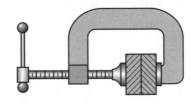

摩擦角 ϕ 可由摩擦係數求得，即

$\tan\phi = \mu = 0.30$ ， $\phi = 16.7°$

(a)夾緊力矩：$M_1 = Wr\tan(\phi+\theta)$

　　$40 = W(5)\tan(16.7°+7.3°)$ ， 得 $W = 17.97$ kN ◀

(b)放鬆力矩：$M_2 = Wr\tan(\phi-\theta)$

　　$M_2 = (17.97)(5)\tan(16.7°-7.3°) = 14.87$ kN-mm $= 14.87$ N-m ◀

例題 8-10 方形螺旋之摩擦

圖中螺旋起重機用於舉起 6000 N 之荷重，已知螺桿 ABC 兩端均為單線螺紋(A 處為右旋 C 處為左旋螺紋)，螺距均為 2.5 mm，平均直徑為 9 mm，螺紋之 $\mu = 0.15$，試求舉起荷重所需施加在螺桿之力矩 M？

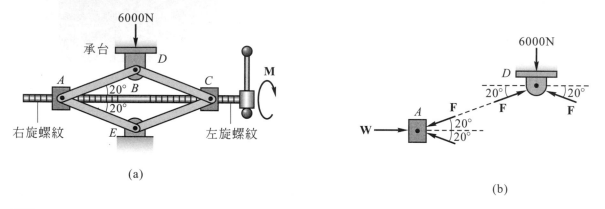

(a)

(b)

解 由承台 D 之分離體圖，如(b)圖所示

$\sum F_y = 0$ ，$2F\sin20° = 6000$ ············(1)

由螺帽 A 之分離體圖，如(b)圖所示

$\sum F_x = 0$ ，$2F\cos20° = W$ ···············(2)

(1)代入(2)得 $W = 16485$ N

又 $\tan\theta = \dfrac{p}{\pi d} = \dfrac{2.5}{\pi(9)} = 8.842 \times 10^{-2}$ ，$\theta = 5.053°$

$\tan\phi = \mu = 0.15$ ，$\phi = 8.531°$

起重力矩 $M_1 = 2Wr\tan(\phi+\theta)$

$M_1 = 2(16485)(4.5)\tan(8.531°+5.053°) = 35.8$ N-m◀

✎ 觀念題

1. 一螺旋起重機之螺桿為方形螺紋，若欲具有自鎖性，則所需要的條件為何？

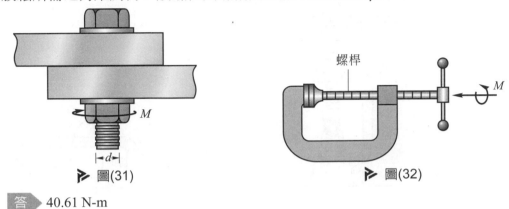

習　題

8-31 方形螺紋(單線)之螺栓將二平板連接在一起，如圖(31)所示，若螺栓之平均值徑 $d = 20$ mm，螺距 $p = 3$ mm。已知鎖緊時螺栓所受之拉力為 40 kN，試求將螺栓放鬆所需之力矩為何？設螺栓與螺帽間之靜摩擦係數為 $\mu_s = 0.15$。

螺桿

M

▶ 圖(31)

▶ 圖(32)

答　40.61 N-m

8-32 圖(32)中所示為一 C 型夾，今在螺桿上施加 8 N-m 之力矩將木塊夾緊，試求木塊所受之壓力。螺桿為單線之方形螺紋，平均半徑為 10 mm，螺距為 3 mm，螺紋之摩擦係數 $\mu = 0.35$。

答　1.98 kN

8-33 圖(33)中螺旋起重機欲舉升 3 kN 之荷重，則所需施加在槓桿上之作用力 P 為若干？螺桿為單線之方形螺紋，平均直徑為 60 mm，螺距為 5 mm，螺紋之摩擦係數為 0.2。

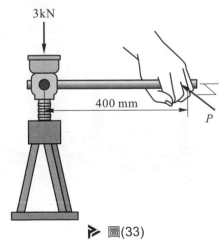

3kN

400 mm

P

▶ 圖(33)

答　$P = 5.12$ N

8-34 圖(34)中虎鉗用於將鋼管夾緊,若在槓桿上距轉軸 10 in 處施加一與槓桿垂直之水平力 $P = 25$ lb,試求螺桿對鋼管之壓力。螺桿為單線之方形螺紋,平均直徑為 1.5 in,螺距為 0.2 in,螺紋之摩擦係數為 0.3。若欲將夾緊之鋼管放鬆,則槓桿上同一位置所需施加與槓桿垂直之水平力為若干?

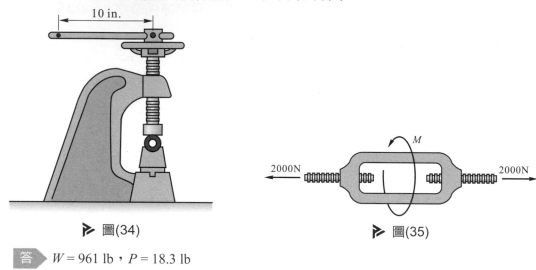

▶ 圖(34)

▶ 圖(35)

答 $W = 961$ lb,$P = 18.3$ lb

8-35 圖(35)中所示為方形螺紋之鬆緊螺旋扣(turnbuckle),其平均半徑為 5 mm,螺距為 2 mm,若螺紋間之摩擦係數為 0.25,則旋緊產生 2000 N 之拉力所需施加之轉矩 M 為何?又此鬆緊螺旋扣是否具有自鎖性?

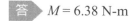

答 $M = 6.38$ N-m

8-36 圖(36)中質量為 100 kg 之荷重利用一 10° 之楔塊及螺旋調整其位置,試求將此荷重舉起所需施加在螺桿上之力矩為若干?螺桿為單線之方形螺紋,平均直徑為 30 mm,螺距為 10 mm,螺紋的摩擦係數為 0.25,荷重、楔塊與承台間之摩擦係數均為 0.40。設楔塊之質量及 A 處之摩擦忽略不計。

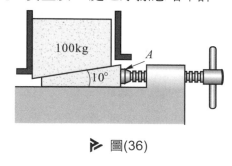

▶ 圖(36)

答 7.30 N-m

8-37 圖(37)中制動器是利用螺桿驅動制動桿而產生煞車作用，螺桿上具有右旋及左旋螺紋(方形單線螺紋)，當轉動螺桿時兩制動桿會互相靠近或遠離。螺桿之平均直徑為 12 mm，導程為 4 mm，螺紋間之摩擦係數為 0.35。今對螺桿施加 5 N-m 之鎖緊力矩，試求鼓輪所受之制動力矩(摩擦力矩)M。鼓輪朝順時針方向轉動，且鼓輪與制動塊間之動摩擦係數為 0.5。

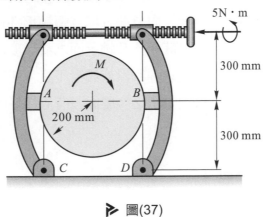

▶ 圖(37)

答 352 N-m

靜力學

8-6 /// 軸承摩擦

支持轉軸並限制轉軸運動的機件稱為**軸承**(bearing)，用於承受軸向負荷者稱為**推力軸承**(trust bearing)，而用於承受徑向負荷者稱為**頸軸承**(journal bearing)。若軸承完全潤滑，其摩擦阻力視轉速、潤滑液黏性及軸承面之清潔度而定，此種問題屬於流體力學的範圍，本節所討論的情形是未經潤滑或潤滑不良，使軸與軸承之金屬面直接接觸的乾摩擦情形，完全潤滑時軸與軸承之金屬面沒有直接接觸，其間有一層油膜將兩金屬面隔開。

◆推力軸承；圓盤摩擦

圖 8-10 為二種主要之止推滑動軸承，(a)圖為**樞軸承**(pivot bearing)(b)圖為**套環軸承**(collar bearing)。當轉軸以等角速旋轉並承受軸向負荷時，若軸承不予潤滑，則摩擦將發生在整個圓形接觸面(樞軸承)或環形接觸面(套環軸承)上，因此軸上需加一力矩 **M** 克服摩擦，以維持轉軸等角速轉動。

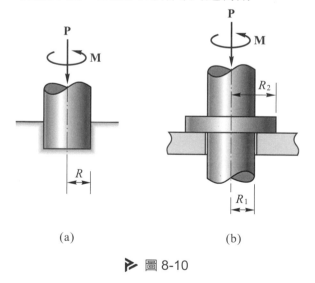

(a)　　　　　　　　(b)

▷ 圖 8-10

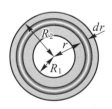

▷ 圖 8-11

充電站

圓盤摩擦

　　為求得轉軸維持等角速轉動所需之轉矩 **M**，今考慮一套環軸承，承受之軸向推力為 **P**，套環與軸承之接觸面積為 $\pi\left(R_2^2 - R_1^2\right)$，如圖 8-11 所示，設接觸面壓力為均勻分佈，則接觸面所受之壓力(pressure)p 為

$$p = \frac{P}{\pi\left(R_2^2 - R_1^2\right)} \qquad (8\text{-}13)$$

　　對微面積 $dA = 2\pi rdr$ 所受之正壓力為 $dN = pdA = p(2\pi rdr)$，此微面積之摩擦力為

$$dF - \mu dN = \mu p(2\pi rdr)$$

　　微面積之摩擦力矩為 $dM = rdF = r\mu p(2\pi rdr)$，則

$$M = \int dM = \int_{R_1}^{R_2} r\mu p\left(2\pi rdr\right) = \int_{R_1}^{R_2} r\mu \cdot \frac{P}{\pi\left(R_2^2 - R_1^2\right)}\left(2\pi rdr\right)$$

得 　　　　 $$M = \frac{2\mu P}{3}\left(\frac{R_2^3 - R_1^3}{R_2^2 - R_1^2}\right) \qquad (8\text{-}14)$$

對於樞軸承，$R_2 = R$，$R_1 = 0$，則上式可簡化為

$$M = \frac{2}{3}\mu PR \qquad (8\text{-}15)$$

　　圓盤離合器是利用兩圓盤接觸面之摩擦力以傳遞兩軸間之轉矩，如圖 8-12 所示。若兩圓盤接觸面之摩擦係數為 μ，並假設軸向推力 P 均勻分佈在圓盤接觸面上，則此離合器所能傳遞之轉矩 M，與公式(8-15)相同為

$$M = \frac{2}{3} \mu P R = \frac{1}{3} \mu P d \tag{8-16}$$

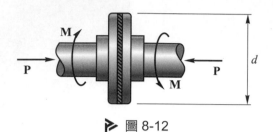

▶ 圖 8-12

◆頸軸承

圖 8-13(a)中所示為一典型的頸軸承，當轉軸以圖示之方向作等角速度轉動時，轉軸之分離體圖如圖 8-13(b)所示，其中在 A 處接觸線之反力 **R** 必與軸承之徑向負荷 **W** 大小相等方向相反，且 **R** 與 **W** 所形成之力偶矩與軸的轉矩 M 平衡，即

$$M = W(r\sin\phi) = Wr_f$$

其中 μ 為軸與軸承在接觸處之動摩擦係數，且 $r_f = r\sin\phi$，通常將半徑為 r_f 之圓稱為摩擦圓(friction circle)，當軸以等角速轉動時 **R** 恒與此圓相切。

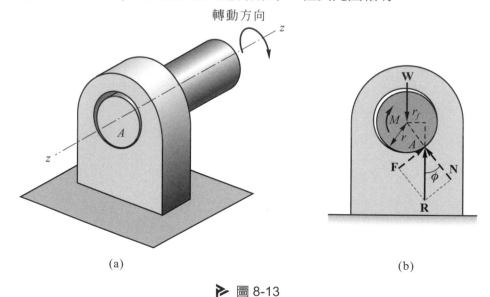

(a)   (b)

▶ 圖 8-13

由於軸承面之 μ 甚小，因此 $\mu = \tan\phi \approx \sin\phi \approx \phi$，故克服軸頸摩擦使軸保持等角速轉動所需之力矩為

$$M = \mu \, r \, W \tag{8-17}$$

例題 8-11　頸軸承之摩擦

　　直徑 100 mm 之滑輪可繞一直徑為 50 mm 之固定軸旋轉，如圖所示，滑輪與軸間之 $\mu_s = \mu_k = 0.20$，試求(a)升高 2 kN 荷重所需之拉力；(b)支持 2 kN 荷重所需之最小拉力，(c)升高 2 kN 之荷重所需之水平拉力？

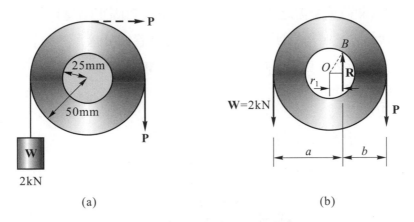

(a)　　　　　　　　　　　　　　　　(b)

解 (a)欲升高 2 kN 荷重所需之最小拉力 P，是使滑輪對固定軸達到即將朝順時針方向滑動之狀態，此時滑輪與固定軸之接觸點會偏向中心點右側，如(b)圖中之 B 點，反力 $\mathbf{R}$ 至滑輪圓心之距離 r_f 為

$r_f = \mu \, r = 0.20(25) = 5$ mm

則 $\mathbf{W}$ 及 $\mathbf{P}$ 至 $\mathbf{R}$ 之距離分別為

$a = 50 + r_f = 55$ mm ， $b = 50 - r_f = 45$ mm

由平衡方程式

$\sum M_B = 0$ ， $P(b) = W(a)$ ， $P(45) = 2(55)$

得 $P = 2.44$ kN ◀

(b)支持 2 kN 荷重(不致掉落)所需之最小拉力,是使
滑輪對固定軸達到即將朝逆時針方向滑動之狀
態,此時滑輪與固定軸之接觸點會偏向中心點左
側,如(c)圖中之 C 點,反力 $\mathbf{R}$ 至滑輪圓心之距離
同樣為 $r_f = 5$mm,則

$a = 50 - r_f = 45$ mm , $b = 50 + r_f = 55$ mm

由平衡方程式

$\sum M_C = 0$, $P(b) = W(a)$, $P(55) = 2(45)$

$P = 1.64$ kN◀

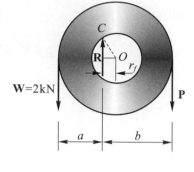

(c)

(c)欲升高 2 kN 荷重所需之水平拉力,是使滑輪對固定軸達到即將朝順時針方向
滑動之狀態,此時滑輪所受固定軸反力之位置如(d)圖所示,同樣 $r_f = 5$mm。
由於三力平衡必相交於一點,故 $\mathbf{R}$ 必通過 $\mathbf{W}$ 與 $\mathbf{P}$ 之交點 D,由(d)圖

$\sin\theta = \dfrac{\overline{OE}}{\overline{OD}} = \dfrac{5\text{mm}}{50\sqrt{2}} = 0.0707$, $\theta = 4.1°$

由三力平衡所構成之封閉三角形,如(d)圖

$P = W\cot(45° - \theta) = (2)\cot 40.9° = 2.31$ kN◀

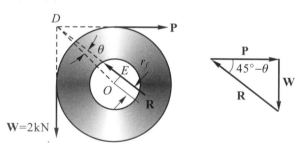

(d)

例題 8-12　推力軸承之摩擦

圖中所示為圓錐形承壓面之樞軸承，假設接觸面之壓力(pressure)為均勻分佈，則軸轉動時所需克服之摩擦力矩 M 為若干？設軸之推力負荷(thrust load)為 L，接觸面之動摩擦係數為 μ。

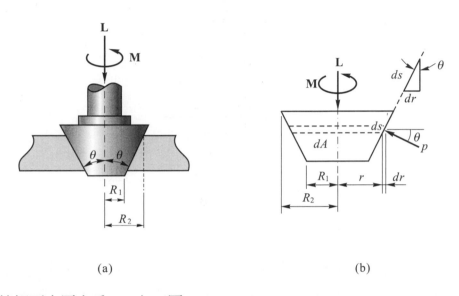

(a)　　　　　　　　　　　　　　(b)

解 設接觸面之壓力為 p，由(b)圖 $dA = 2\pi r\, ds$

$$\sum F_y = 0 \quad , \quad L = \int p\,dA \sin\theta = \int p(2\pi r\,ds)\sin\theta$$

$$L = \int_{R_1}^{R_2} p\left(2\pi r \cdot \frac{dr}{\sin\theta}\right)\sin\theta = \int_{R_1}^{R_2} p(2\pi r\,dr) = 2\pi p\frac{R_2^2 - R_1^2}{2}$$

得　$p = \dfrac{L}{\pi(R_2^2 - R_1^2)}$

面積 dA 上之摩擦力 $dF = \mu dN = \mu p\,dA$，其摩擦力矩為 $dM = r\,dF$，故

$$M = \int r\,dF = \int r(\mu p\,dA) = \int r(\mu p)\left(2\pi r\frac{dr}{\sin\theta}\right)$$

$$= \frac{2\pi\mu p}{\sin\theta}\int_{R_1}^{R_2} r^2 dr = \frac{2\pi\mu p}{\sin\theta}\left(\frac{R_2^3 - R_1^3}{3}\right) = \frac{2\pi\mu}{\sin\theta}\left[\frac{L}{\pi(R_2^2 - R_1^2)}\right]\left(\frac{R_2^3 - R_1^3}{3}\right)$$

$$= \frac{2\mu L}{3\sin\theta}\left(\frac{R_2^3 - R_1^3}{R_2^2 - R_1^2}\right) \blacktriangleleft$$

8-38 圖(38)中套環軸承之軸向負荷 $P = 800$ lb，接觸面之靜摩擦係數為 0.3，試求轉動此軸所需克服之摩擦力矩 M。設接觸面之壓力為均勻分佈。$d_1 = 2$ in，$d_2 = 3$in。

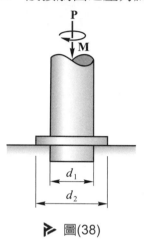

▷ 圖(38)

答 ▷ $M = 304$ lb-in

8-39 同上題之套環軸承，軸向推力 $P = 5$ kN，已知使軸轉動所需克服之摩擦力矩為 $M = 40$ N-m，設 $d_1 = 40$ mm，$d_2 = 60$ mm，試求接觸面之摩擦係數。設接觸面之壓力為均勻分佈。

答 ▷ $\mu = 0.316$

8-40 設圖(40)中圓盤刷子 D 與牆壁面間之壓力為均勻分佈，接觸面之摩擦係數為 0.59，試求保持平衡所需作用在握把上之作用力 F

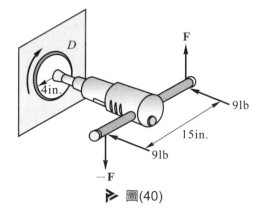

▷ 圖(40)

答 ▷ $F = 1.89$ lb

8-41 圖(41)中所示為一錐形摩擦離合器，接觸面之靜摩擦係數為 0.30，試求當
$F = 100$ lb 時離合器能傳遞之最大摩擦力矩。設接觸面之壓力為均勻分佈。

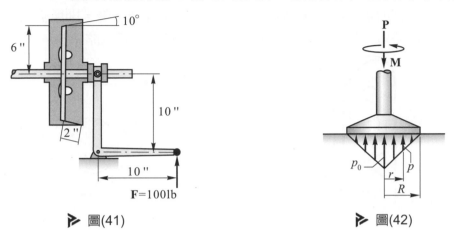

▷ 圖(41)　　　　　　　　　　　　　　　　　▷ 圖(42)

答 $M = 1067$ lb-in

8-42 圖(42)中所示為一樞軸承，由於軸端邊緣接觸面之磨耗，使接觸面之壓力呈如圖
所示之線性分佈，試求當軸向推力為 P 時轉動此軸所需之力矩 M。設接觸面間
之摩擦係數為 μ，軸之半徑為 R。

答 $M = \dfrac{1}{2}\mu PR$

8-43 圖(43)中所示為一球面樞軸承，承受軸向推力 P，試求轉動此軸所需之力矩 M?
設接觸面之壓力與 $\sin\alpha$ 成正比，且接觸面之摩擦係數為 μ。

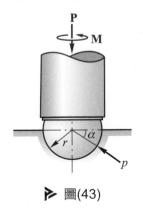

▷ 圖(43)

答 $M = \mu Pr$

8-44 圖(44)中所示為直徑為 100 mm 之滑輪套在直徑為 10 mm 之固定圓桿上,兩者為鬆配合,接觸面之靜摩擦係數與動摩擦係數均為 0.4。(a)若欲將 100 kg 之荷重等速拉起,則所需之拉力 T 為若干?(b)若使荷重等速下降,則所需之拉力 T 為若干?設皮帶與滑輪間不會滑動,且皮帶及滑輪之重量忽略不計。

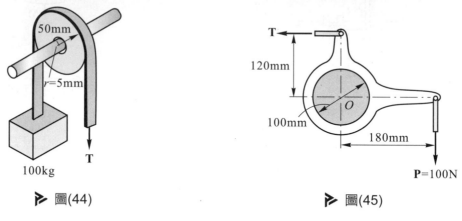

▷ 圖(44)　　　　　　　　　　　　　　　　　▷ 圖(45)

答 (a)1063 N,(b)901 N

8-45 一鐘形曲柄鬆弛地套在一固定圓軸上,如圖所示,右側承受一垂直力 **P** = 100 N,若欲使曲柄在圖(45)示之位置保持靜止不動,則所需之水平力 **T** 為若干?曲柄與固定軸間之摩擦數為 0.20,且曲柄之重量忽略不計。

答 $136 \, N \leq T \leq 166 \, N$

皮帶摩擦

一撓性皮帶環繞於表面粗糙之帶輪上，如圖 8-14(a)所示，設皮帶與帶輪間之接觸角(angle of wrap)為β，接觸面之靜摩擦係數為μ。今令帶輪固定不動，且皮帶兩邊之張力 T_1 及 T_2 恰使皮帶相對於帶輪有即將朝順時針方向滑動之傾向，此時 $T_1 > T_2$。

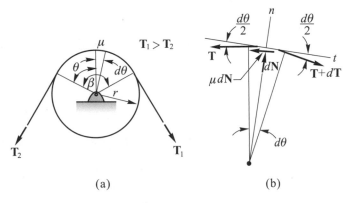

(a)　　　　　　　　　　　(b)

▶ 圖 8-14

為求 T_1 與 T_2 之關係，考慮圓心角為 $d\theta$ 之一微小段皮帶，繪其分離體圖如圖 8-14(b)所示，由切線及法線方向之平衡方程式

$$\sum F_t = 0 \quad , \quad -T\cos\frac{d\theta}{2} + (T + dT)\cos\frac{d\theta}{2} - \mu\, dN = 0$$

得　　　$$dT\cos\frac{d\theta}{2} = \mu\, dN \tag{a}$$

$$\sum F_n = 0 \quad , \quad -T\sin\frac{d\theta}{2} - (T + dT)\sin\frac{d\theta}{2} + dN = 0$$

得　　　$$-2\,T\sin\frac{d\theta}{2} - dT\sin\frac{d\theta}{2} + dN = 0 \tag{b}$$

因 $d\theta$ 甚小，$\sin\dfrac{d\theta}{2} \approx \dfrac{d\theta}{2}$，$\cos\dfrac{d\theta}{2} \approx 1$，則(a)(b)兩式可簡化為

$$dT = \mu\, dN \tag{c}$$

$$-T\,d\theta - dT\frac{d\theta}{2} + dN = 0 \tag{d}$$

(d)式中 $dT\dfrac{d\theta}{2}$ 甚小於其他兩項，可忽略不計，故(d)式又可簡化為

$$T d\theta = dN \qquad\qquad\qquad\qquad (e)$$

將(e)式代入(c)式可得

$$dT = \mu\, T d\theta \quad , \quad 或 \quad \dfrac{dT}{T} = \mu\, d\theta \qquad\qquad (f)$$

將(f)式積分，$\displaystyle\int_{T_2}^{T_1}\dfrac{dT}{T} = \int_0^{\beta}\mu d\theta$，得 $\ln\dfrac{T_1}{T_2} = \mu\beta$，兩邊取指數後可寫為

$$\dfrac{T_1}{T_2} = e^{\mu\beta} \qquad\qquad\qquad\qquad (8\text{-}18)$$

上式表示皮帶環繞在固定帶輪上而達即將滑動時兩端張力之關係、其中 T_1 稱為緊邊張力，T_2 稱為鬆邊張力，而接觸角 β 之單位為弳度(rad)。

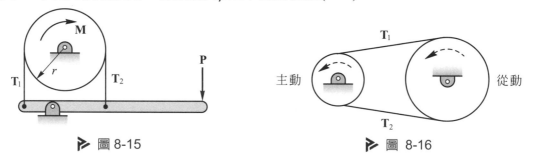

▶ 圖 8-15　　　　　　　　　　▶ 圖 8-16

充電站

利用皮帶與帶輪間之摩擦傳動

公式(8-18)亦可適用於皮帶相對於圓柱發生滑動之情形，此時式中之 μ 為動摩擦係數。例如圖 8-15 中之帶式制動器，鼓輪朝順時針方向轉動，當制動桿上之力 P 向下

作用，使皮帶產生緊邊張力 T_1 與鬆邊張力 T_2，兩者之關係與公式(8-18)相同，但μ為皮帶與鼓輪間之動摩擦係數，而鼓輪所受之摩擦力矩為 $M_f = (T_1 - T_2)r$，參考例題 8-14。但需注意，若皮帶相對於圓柱只有滑動傾向而尚未達到即將滑動狀態時，接觸面僅為靜摩擦力而未達最大靜摩擦力，則公式(8-18)不能適用。例如圖 8-16 中之皮帶傳動裝置，通常皮帶與帶輪間僅為靜摩擦力，緊邊張力 T_1 與鬆邊張力 T_2 之關係不能適用公式(8-18)，若欲求此裝置之最大傳動功率，則以皮帶與小帶輪間達最大靜摩擦力時考慮之，此時公式(8-18)便可適用，但式中β為小帶輪與皮帶之接觸角，因小帶輪之接觸角較小會先達到最大靜摩擦，參考例題 8-15。至於皮帶之傳動功率為 $P = (T_1 - T_2)v$，其中 v 為皮帶速度。

◆三角皮帶之摩擦

斷面為梯型之皮帶，環繞在有凹槽之固定帶輪上，如圖 8-17(a)所示，當皮帶兩端之張力 T_1 及 T_2 使皮帶達到即將朝順時方向滑動時，T_1 與 T_2 之關係，可切取圓心角為 $d\theta$ 之一微小段皮帶來討論，如圖 8-17(b)所示。因三角皮帶之兩側傾斜面與帶輪接觸，摩擦力之產生與上節之平皮帶並不相同。設 dN 為此微小段三角皮帶在兩側傾斜面之正壓力，由平衡方程式

$$\sum F_y = 0 \quad , \quad 2\,dN\sin\frac{\alpha}{2} - T\sin\frac{d\theta}{2} - (T+dT)\sin\frac{d\theta}{2} = 0 \qquad \text{(a)}$$

$$\sum F_x = 0 \quad , \quad (T+dT)\cos\frac{d\theta}{2} - 2dF - T\cos\frac{d\theta}{2} = 0 \qquad \text{(b)}$$

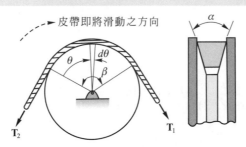

(a)

▶ 圖 8-17

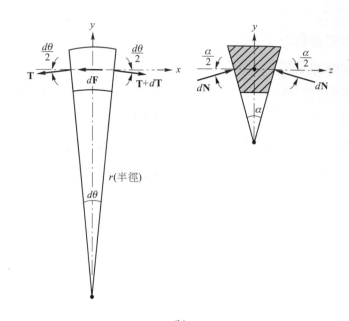

(b)

▶ 圖 8-17　（續）

因 $d\theta$ 甚小，$\sin\dfrac{d\theta}{2} \approx \dfrac{d\theta}{2}$，$\cos\dfrac{d\theta}{2} \approx 1$；而 $dF = \mu\,dN$。又高次微分可略去不計，則 (a)(b)兩式可簡化得

$$2dN\sin\frac{\alpha}{2} = Td\theta \tag{c}$$

$$dT = 2\mu\,dN \tag{d}$$

將(d)式代入(c)式可得

$$\frac{dT}{T} = \frac{\mu d\theta}{\sin(\alpha/2)}$$

積分之 $\displaystyle\int_{T_2}^{T_1}\frac{dT}{T} = \int_0^{\beta}\frac{\mu}{\sin(\alpha/2)}d\theta$ ，得 $\ln\dfrac{T_1}{T_2} = \dfrac{\mu\beta}{\sin(\alpha/2)}$ ，兩邊取指數後可寫為

$$故 \quad \frac{T_1}{T_2} = e^{\mu\beta/\sin(\alpha/2)} \tag{8-19}$$

例題 8-13 繩索與圓柱之摩擦

一繩索繞過直徑爲 250 mm 之固定圓柱,並支持 100 N 之荷重,如圖所示,試求 (1)支持荷重所需之最小拉力?(2)將荷重拉上升所需之最小拉力?(3)使荷重在圖示位置保持靜止不動,所需之拉力爲何?繩索與圓柱間之靜摩擦係數爲 0.24。

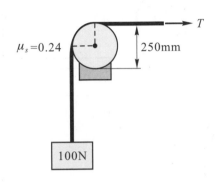

解 (1)僅支撐 100 N 之荷重不致滑落,即繩索相對於固定圓柱即將朝逆時針方向滑動,此時 $T < 100$ N,繩索在荷重之一端爲緊邊拉力,而拉力 T 之一端爲鬆邊拉力,由公式(8-18)

$$\frac{100}{T} = e^{\mu\beta} = e^{0.24(\pi/2)} = 1.46 \quad , \quad 得 \quad T = 68.5 \text{ N} \blacktriangleleft$$

(2)若欲將荷重拉上升,即繩索相對於固定圓柱即將朝順時針方向滑動,此時繩索在 100 N 荷重之一端爲鬆邊拉力,而在拉力 T 之一端爲緊邊拉力,即 $T > 100$ N,由公式(8-18)

$$\frac{T}{100} = e^{\mu\beta} = e^{0.24(\pi/2)} = 1.46 \quad , \quad 得 \quad T = 146 \text{ N} \blacktriangleleft$$

(3)由(1)得到荷重即將滑落時之拉力爲 $T = 68.5$ N,由(2)得到荷重即將上升時之拉力 $T = 146$ N,故維持荷重靜止不動之拉力爲 $68.5 \text{ N} \leq T \leq 146 \text{ N}$。

例題 8-14 ▶ 帶式制動器之摩擦

圖中所示為一帶式制動器，已知 $d = 0.10$ m，$a = 0.38$ m，制動力 $P = 60$ N， 當(1)鼓輪逆時針方向旋轉，(2)鼓輪順時針方向旋轉時，試求鼓輪所受之摩擦力矩。

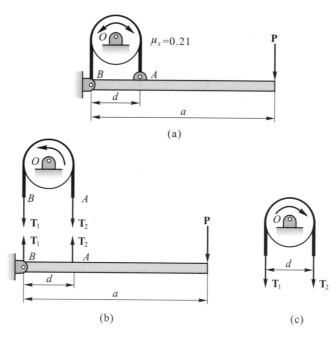

(a)

(b)

(c)

解 ▶ (1)鼓輪逆時針方向旋轉時，皮帶兩端之拉力為 $T_2 > T_1$，摩擦力矩 $M = (T_2 - T_1)\dfrac{d}{2}$，參考(b)圖所示。由制動桿分離體圖之平衡方程式

$\sum M_B = 0$ ， $P(a) = T_2(d)$ ， $T_2 = \dfrac{a}{d}P = \dfrac{0.38}{0.10}(60) = 228$ N

因此時 T_2 為緊邊張力，T_1 為鬆邊張力，由公式(8-18)得

$\dfrac{T_2}{T_1} = e^{\mu\beta} = e^{0.21\times\pi} = 1.934$

$T_1 = \dfrac{T_2}{1.934} = \dfrac{228}{1.934} = 118$ N

故摩擦力矩 $M = (T_2 - T_1)\dfrac{d}{2} = (228-118)\left(\dfrac{0.10}{2}\right) = 5.5$ N-m ◀

(2)鼓輪順時針方向旋轉時，$T_1 > T_2$，T_1 為緊邊張力，T_2 為鬆邊張力，

由公式(8-18)得

$$\frac{T_1}{T_2} = e^{\mu\beta} = e^{0.21 \times \pi} = 1.934$$

$T_1 = 1.934 \, T_2 = 1.934(228) = 441 \, N$

故摩擦力矩

$$M = (T_1 - T_2)\frac{d}{2} = (441 - 228)\left(\frac{0.10}{2}\right) = 10.65 \, N\text{-}m \blacktriangleleft$$

例題 8-15 ▶ 平皮帶傳動之摩擦

圖中之平皮帶傳動裝置，已知兩帶輪與皮帶間之 $\mu_s = 0.25$，$\mu_k = 0.20$，皮帶之容許最大拉力為 3 kN，試求皮帶可作用於帶輪 A 之最大力矩。

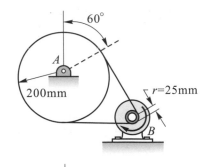

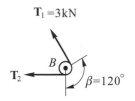

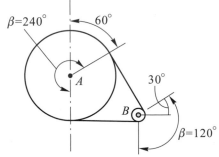

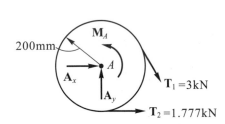

解 ▶ 皮帶可作用於帶輪 A 之最大力矩發生在皮帶與小帶輪達到即將滑動狀態且

緊邊張力 $T_1 = 3$ kN。考慮小帶輪,接觸角 $\beta = 120° = 2\pi/3$(rad),由公式(8-18)

可得皮帶之鬆邊拉力 T_2

$$\frac{T_1}{T_2} = e^{\mu\beta} \quad , \quad \frac{3}{T_2} = e^{(0.25)(2\pi/3)} = 1.688 \quad , \quad T_2 = 1.777 \text{ kN}$$

故帶輪 A 之最大傳動力矩(摩擦力矩)M_f 為

$$M_f = M_A = (T_1 - T_2)\, r_A = (3 - 1.777)(200) = 244.6 \text{ N-m} ◀$$

帶輪 A 以等角速轉動時,所受之摩擦力矩 M_f 等於其負載力矩 M_A

註:本題皮帶與小帶輪 B 達到最大靜摩擦時,皮帶與大帶輪 A 僅為靜摩擦,尚

未達到最大靜摩擦,公式(8-18)不能適用於大帶輪。

✎ 觀念題

1. 平皮帶傳動裝置是利用皮帶與帶輪間之摩擦力傳動,若其間為靜摩擦力而尚未達

最大靜摩擦力,則公式(8-18)是否可適用?

8-8 // 滾動摩擦

重量為 **W** 之剛性圓柱(rigid cylinder)沿一剛性面(rigid surface)滾動時，除本身之重量 **W** 及接觸面之反力 **N** 之外，無其他外力作用在圓柱上，即圓柱滾動時無任何阻力存在，如圖 8-18(a)所示，此時圓柱可持續滾動而不停止。但是事實上並無絕對剛性之材料存在，接觸面受壓時總是會有或多或少之變形。設圓柱較平面為硬，當圓柱向前滾動時，接觸平面之前緣受擠壓變形而凸起，如圖 8-18(b)所示，而使接觸面反力 **N** 之作用點移向前面之 A 點，並與垂直方向夾 θ 之角度，如 8-18(c)所示，反力 **N** 在水平方向之分量即為圓柱向前滾動之阻力，若欲維持圓柱向前持續滾動，則圓柱需施加一水平力 P 以抵抗滾動阻力，因此由平衡方程式

$$\sum F_x = 0 \quad , \quad P = N\sin\theta \tag{a}$$

$$\sum F_y = 0 \quad , \quad W = N\cos\theta \tag{b}$$

通常 θ 甚小，$\cos\theta \approx 1$，且由圖 8-18(c)可得 $\sin\theta = a/r$，故

$$P = \frac{Wa}{r} \tag{8-20}$$

其中距離 a 稱為**滾動摩擦係數**(coefficient of rolling resistance)以 in 或 mm 等單位表示之。

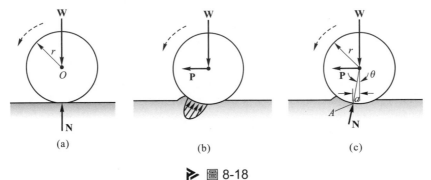

▶ 圖 8-18

充電站

鋼輪(硬面)與鋼軌(硬面)間之滾動摩擦力較小

橡膠輪胎(軟面)與地面(軟面)間之滾動摩擦力較大

　　有關滾動摩擦阻力之定律尚未完全確立,需作進一步之研究,通常由試驗所得之滾動摩擦係數,各家所得之值並不一致,應用時須特別注意。但是由試驗結果,可確定圓柱與接觸之平面愈硬,滾動摩擦係數愈小,例如火車鋼輪與鐵軌間之滾動摩擦係數約為 0.02 ~ 0.03 mm 左右,而充氣橡膠輪胎在光滑之柏油路面上之行駛時,其滾動摩擦係數約為 0.5 ~ 0.7 mm 左右。

例題 8-16 ▶ 滾動摩擦

火車之曳引車重 100 ton，鋼輪之直徑爲 750 mm，試求其滾動阻力？另有一重量相等之貨櫃車，其輪胎之直徑爲 1200 mm，試比較兩者之滾動阻力。已知火車鋼輪與鐵軌間之滾動摩擦係數爲 0.025 mm，而貨櫃車輪胎與柏油路面間之滾動摩擦係數爲 0.6 mm。

解 ▶ 設火車鋼輪之滾動阻力爲 P_1，貨櫃車輪胎之滾動阻力爲 P_2，

則由公式(8-20)得

$$P_1 = \frac{(100 \times 1000 \times 9.81)(0.025)}{375} = 65.3 \text{ N} \blacktriangleleft$$

$$P_2 = \frac{(100 \times 1000 \times 9.81)(0.6)}{600} = 980 \text{ N} \blacktriangleleft$$

因此可知火車鋼輪之滾動阻力較小，行駛較爲經濟。

✏️ 習 題

8-46 一繩索繞過一直徑為 250 mm 之固定圓柱,並支持 100 N 之荷重,如圖(46)所示,設繩索與圓柱面之靜摩擦係數為 0.24,試求保持荷重靜止之張力 T?

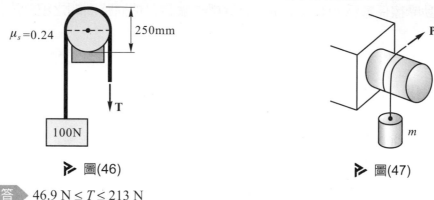

▶ 圖(46)　　　　　　　　　　　　　　　▶ 圖(47)

答 ▷ 46.9 N ≤ T ≤ 213 N

8-47 圖(47)中為一繩索在固定之圓柱上環繞 5/4 圈,並懸吊一質量為 m 之物體,當繩索另一端施加上拉力 $P = 5\,mg$ 時,恰可將物體拉上升,試求繩索與圓柱面間之靜摩擦係數。

答 ▷ μ = 0.205

8-48 圖(48)中所示為一繫船之鋼柱,當繫船索之拉力為 7500 N 時,碼頭工人將繩索在鋼柱上繞兩圈,另一端施 150 N 之力恰可使繩索不會滑動,試求(a)繩索與鋼柱間之摩擦係數,(b)若將繩索在鋼柱上繞三圈,則工人同樣施 150 N 之力時繫船索可支持之最大拉力為若干?

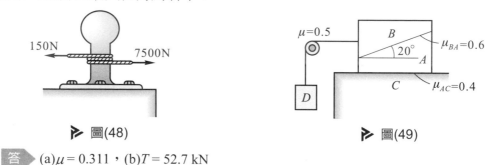

▶ 圖(48)　　　　　　　　　　　　　　　▶ 圖(49)

答 ▷ (a)μ = 0.311,(b)T = 52.7 kN

8-49 圖(49)中 W_A = 50 lb,W_B = 30 lb,μ_{AB} = 0.6,μ_{AC} = 0.4,若欲使 A、B 保持靜止,則荷重 D 之最大值為若干?繩索與固定圓柱間之摩擦係數μ = 0.5。

答 ▷ W_D = 12.7 lb

8-50 圖(50)中 50 kg 之物體與斜面間之摩擦係數為 0.20,繩索與固定圓柱間之摩擦係數為 0.30,若欲使系統保持靜止,則質量 m 之範圍為何?

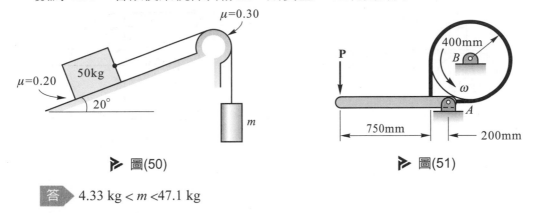

> 圖(50)

> 圖(51)

答 4.33 kg < m < 47.1 kg

8-51 圖(51)中所示為一帶式制動器,當 P = 30 N 時,鼓輪所受之摩擦力矩 M 為何?設 μ = 0.30。鼓輪是朝逆時針方向轉動。

答 M = 177 N-m

8-52 圖(52)中所示為一差動帶式制動器,皮帶與鼓輪間之 μ_s = 0.40,μ_k = 0.35,鼓輪朝逆時針方向轉動,當 P = 30 lb 時,鼓輪所受之摩擦力矩為何?

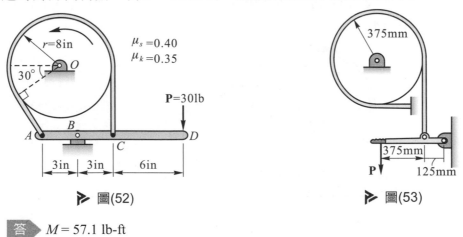

> 圖(52)

> 圖(53)

答 M = 57.1 lb-ft

8-53 圖(53)中所示之帶式制動器用於調節鼓輪之轉速,已知 μ_s = 0.30,μ_k = 0.25,鼓輪 (a)朝逆時針方向轉動,(b)朝順時針方向旋轉,當 P = 50 N 時,試求皮帶作用在鼓輪之摩擦力矩?

答 (a)51.9 N-m,(b)168.6 N-m

8-54 圖(54)中之平皮帶傳動裝置，已知皮帶與帶輪間之 $\mu_s = 0.30$，若皮帶之容許拉力為 3 kN，試求此裝置能傳遞之最大摩擦力矩。帶輪半徑均為 50 mm。

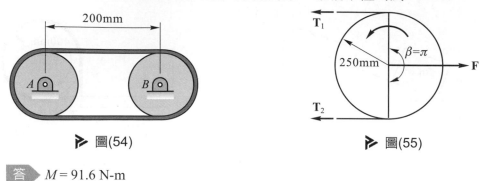

▶ 圖(54)   ▶ 圖(55)

答 $M = 91.6$ N-m

8-55 圖(55)中所示之皮帶輪需要 200 N-m 之轉矩使其運轉，若欲使皮帶產生足夠之張力以驅動帶輪旋轉，則所需之最小水平力 F 為何？設皮帶與帶輪間之摩擦係數為 0.20。

答 $F = 2630$ N

8-56 圖(56)中皮帶傳動裝置，已知皮帶與帶輪間之 $\mu_s = 0.40$，$\mu_k = 0.30$，皮帶容許之最大拉力為 3500 N，試求(a)馬達作用於小帶輪 A 之最大力矩，(b)皮帶作用於大帶輪 B 之最大力矩。

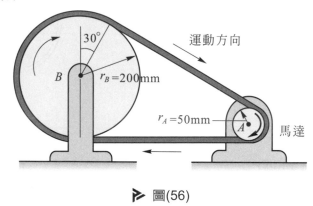

▶ 圖(56)

答 (a)113.6 N-m，(b)454 N-m

8-57 欲使質量 100 kg 之滾筒在草地上滾動，試求所需之推力 P？滾筒與草地之滾動
摩擦係數為 25 mm。滾筒半徑為 250 mm。

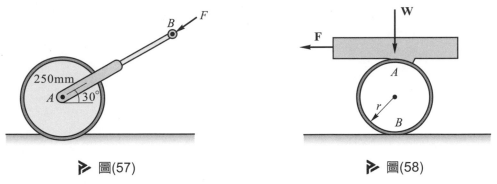

▶ 圖(57)　　　　　　　　　　　　　　▶ 圖(58)

答 ▶ $P = 120.2$ N

8-58 荷重 W 置於半徑為 r 之管子上，荷重上承受一水平拉力 P，如圖(58)所示，試求
移動荷重使管子滾動所需之水平力 P。設管子與上面荷重之滾動摩擦係數為 a_A，
與地面之滾動摩擦係數為 a_B

答 ▶ $P = \dfrac{W(a_A + a_B)}{2r}$

靜力學

9

虛功原理

概　論

　　前面幾章都是利用平衡方程式來解決剛體之平衡問題，此種方法在分析靜止剛體所受之支承反力特別有用。但對於求解數個連接剛體系統之平衡位置時，則顯得較為複雜，本章將提供虛功原理以解決此類問題。雖然虛功原理會涉及到較複雜之數學(須用到微積分，而不是傳統的向量分析)，但是這種方法不必將剛體系統分為數個單獨之分離體圖，也不必求出在連接處之作用力，而只要建立虛功方程式或系統之位能函數，即可直接解出答案。此外，本章也利用位能觀念來討論剛體平衡位置之穩定性問題。

9-2 // 功

當一力 $\mathbf{F}$ 作用在一質點上,使質點沿其運動路徑移動了一微小位移 $d\mathbf{s}$,如圖 9-1 所示,則力 $\mathbf{F}$ 對此質點所作之功定義為 $\mathbf{F}$ 與 $d\mathbf{s}$ 之純量積即

$$dU = \mathbf{F} \cdot d\mathbf{s} = Fds \cos\theta = F(ds \cos\theta) = (F\cos\theta)\, d\theta \qquad (9\text{-}1)$$

其中 θ 為 $\mathbf{F}$ 與 $d\mathbf{s}$ 之夾角。

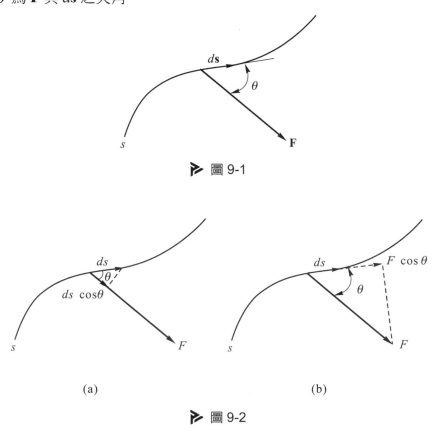

> 圖 9-1

> 圖 9-2

功可視為 F 與 $d\mathbf{s}$ 在 $\mathbf{F}$ 方向上分量 $ds \cos\theta$ 之乘積,如圖 9-2(a)所示,或視為 $d\mathbf{s}$ 與 $\mathbf{F}$ 在 $d\mathbf{s}$ 方向上分量 $F\cos\theta$ 之乘積,如圖 9-2(b)所示。由(公式 9-1)可知,若 θ 角為銳角,即 $F\cos\theta$ 與 $d\mathbf{s}$ 之方向相同,功為正值;若 θ 角為鈍角,即 $F\cos\theta$ 與 $d\mathbf{s}$ 之方向相反,功為負值;此外,當 $\theta = 90°$ 時,即 $\mathbf{F}$ 與 $d\mathbf{s}$ 垂直,則 $\mathbf{F}$ 所作之功為零。

由功之定義可知，功之因次為[力]與[長度]之乘積，因此在 SI 單位中，功之單位為 "N-m" ，稱為焦耳(joule)，以 J 表示之，即 1N 之力在力之方向上使質點移動 1 m 所作之功等於 1 焦耳。在英制系統中，常用功之單位為"ft-lb"。

對於剛體內各質點彼此間之作用力(內力)所作之功，參考圖 9-3 中剛體內之質點 A 與 B，兩者彼此間之作用力 $\mathbf{F}$ 與 $-\mathbf{F}$ 大小相等方向相反。當剛體移動時，此兩質點之位移分別為 $d\mathbf{s}$ 與 $d\mathbf{s}'$，但剛體內任二質點之距離恆保持不變，即兩質點之位移沿著 AB 之分量必相等。因此，$\mathbf{F}$ 與 $-\mathbf{F}$ 所作之功大小相等符號相反，亦即 A、B 兩質點彼此之作用力所作功之和為零，故剛體內各質點彼此間之內力所作功之總和為零。

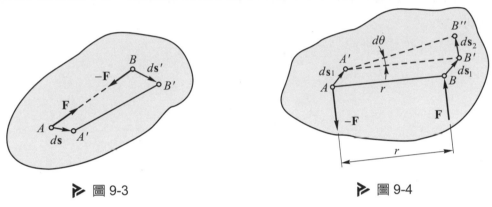

▷ 圖 9-3　　　　　　　　　　　　　　▷ 圖 9-4

◆力偶所作之功

剛體承受外加力偶作用，如圖 9-4 中所示之力偶 $\mathbf{F}$ 與 $-\mathbf{F}$，其力偶矩為 $M = Fr$。欲求此力偶對剛體所作之功，可由兩力偶力所作功之和求得。設將剛體內之 A、B 兩點由圖示位置 AB 移動至位置 $A'B''$ 之位移分為兩個位移，即剛體隨 A 移動之平移位移 $d\mathbf{s}_1$ 與剛體繞 A' 旋轉之角位移 $d\theta$，其中$(-\mathbf{F})$作用點 A 之位移為 $d\mathbf{s}_1$，$\mathbf{F}$ 作用點 B 之位移包括 $d\mathbf{s}_1$ 與 $d\mathbf{s}_2$，其中 $d s_2 = r d\theta$。因 F 與$(-F)$對平移位移 $d\mathbf{s}_1$ 所作功之和為零，而 F 對位移 $d\mathbf{s}_2$ 所作之功為 $dU = F d s_2 = F(r d\theta) = (Fr) d\theta = M d\theta$，故力偶 $\mathbf{F}$ 與$(-\mathbf{F})$所作之功為

$$dU = M d\theta \tag{9-2}$$

其中 M 為力偶 $\mathbf{F}$ 與$(-\mathbf{F})$之力偶矩，而 $d\theta$ 為剛體轉動之角位移，以弧度(rad)表示。當 $\mathbf{M}$ 之方向與 $d\theta$ 之方向相同時，功為正值，而兩者方向相反時，功為負值。

9-3 // 虛功原理

◆ 質點之虛功原理

考慮一質點承受數個力 $\mathbf{F}_1$、$\mathbf{F}_2$、……、$\mathbf{F}_n$ 所作用，如圖 9-5 所示，假設此質點由位置 A 移動了一微小位移至位置 A'，此位移有可能發生，但並不一定要發生，爲一個假設的微小位移稱爲**虛位移**(virtual displacement)，用 $\delta\mathbf{s}$ 表示，與眞實的微小位移 $d\mathbf{s}$ 有所區別。

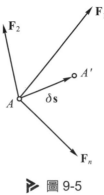

▷ 圖 9-5

由於質點之虛位移，質點上之各力 $\mathbf{F}_1$、$\mathbf{F}_2$、……、$\mathbf{F}_n$ 所作之功稱爲虛功(virtual work)。圖 9-5 中質點上之各力由於虛位移 $\delta\mathbf{s}$ 所作虛功之總和爲

$$\delta U = \mathbf{F}_1 \cdot \delta\mathbf{s} + \mathbf{F}_2 \cdot \delta\mathbf{s} + \cdots\cdots + \mathbf{F}_n \cdot \delta\mathbf{s} = (\mathbf{F}_1 + \mathbf{F}_2 + \cdots\cdots + \mathbf{F}_n) \cdot \delta\mathbf{s}$$

$$\delta U = \mathbf{R} \cdot \delta\mathbf{s} \tag{9-3}$$

其中 $\mathbf{R} = \sum\mathbf{F}_i = \mathbf{F}_1 + \mathbf{F}_2 + \cdots\cdots + \mathbf{F}_n$。即質點上之各力所作虛功之總和等於其合力 $\mathbf{R}$ 所作之虛功。

若質點在平衡狀態，$\mathbf{R} = 0$，由公式(9-3)可知總虛功爲零。因此對一質點之**虛功原理**(principle of virture work)可敘述爲：若一質點在平衡狀態，則作用在質點上之所有力對此質點之任何虛位移所作之虛功總和爲零。相反地，若作用在質點上之所有力對任何虛位移所作之虛功總和爲零時，$\mathbf{R} \cdot \delta\mathbf{s} = 0$，因 $\delta\mathbf{s} \neq 0$，故 $\mathbf{R} = 0$，即質點在平衡狀態。

◆剛體之虛功原理

　　剛體在平衡狀態時,構成此剛體之所有質點都在平衡狀態,且作用於所有質點之力所作之虛功總和必為零,但剛體內力之總功為零,故外力所作之總功亦為零,因此對剛體之虛功原理可敘述為:若剛體在平衡狀態,則作用於剛體之外力對此剛體之任何虛位移所作之虛功總和為零。相反地,若剛體之外力所作之虛功總和為零時,則剛體處於平衡狀態。

　　圖 9-6 中所示為數個剛體連接之系統,虛功原理最適合於求解此類剛體系統之平衡問題。對任一剛體系統,能獲得獨立虛功方程式之個數,與系統之獨立虛位移(自由度)之個數有關。

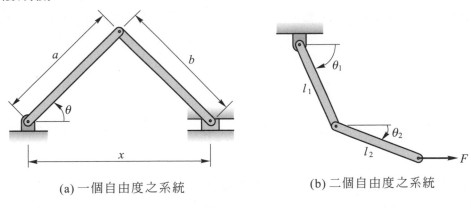

(a) 一個自由度之系統　　　　(b) 二個自由度之系統

▶ 圖 9-6

▣充電站

分析機構(數個構件所組成)之平衡位
置用虛功原理較為容易

◆自由度

對於剛體系統，獨立虛位移之個數，等於完全地描述系統各構件位置所需之最少獨立坐標數，此獨立坐標 q 之個數稱為此剛體系統之**自由度**(degree of freedom)。因此，對於 n 個自由度之系統，須用 n 個獨立坐標來描述系統所有構件相對於一參考點之位置。圖 9-6(a)中所示之機構為一個自由度之剛體系統，此系統可用獨立坐標 $q = \theta$ 來描述各連桿與滑塊之位置；亦可用獨立坐標 $q = x$ 來描述各連桿與滑塊之位置。但由於滑塊被限制在滑槽內運動，因此 x 與 θ 為相依之關係，並非獨立，兩者之關係可由餘弦定律求得，即 $b^2 = a^2 + x^2 - 2ax\cos\theta$。至於圖 9-6(b)中所示為二個自由度之剛體系統，若欲確定各連桿之位置，必須確定角度 θ_1 與 θ_2，因兩桿之轉動是彼此獨立的。

通常對於 n 個自由度之剛體系統，可寫出 n 個獨立之虛功方程式，每一個獨立坐標可列一個虛功方程式，而將其餘 $(n-1)$ 個坐標視為固定不變。

◆用虛功原理分析之步驟

下列步驟提供一個利用虛功原理之方法，以分析一個自由度之無摩擦剛體系統之平衡問題。

(1) 分離圖圖：繪出整個剛體系統之分離體圖，並確定描述系統位置之獨立坐標 q。在分離體圖上繪出系統產生一正虛位移之變形位置，並找出由於此虛位移而有作功之力或力矩。

(2) 虛位移：在分離體圖上，標出第 i 個作用力或力矩之作用點相對於固定參考點之位置坐標 s_i，此坐標軸須與該作用力或力矩作用之方向相同。再找出位置坐標 s_i 與獨立坐標 q 間之關係，然後微分，將虛位移 δs_i 以 δq 表示。

(3) 虛功方程式：假設所有之位置坐標 s_i 都產生一正虛位移 δs_i，列出系統之虛功方程式，將方程式中各作用力或力矩所作之功以獨立虛位移 δq 表示，然後將共同項 δq 提出，即可得到一個求解未知力、力矩或平衡位置之方程式。

若剛體系統含有 n 個自由度，則必須設定 n 個獨立坐標 q_1、q_2、……、q_n，在此情況，只須令任一個獨立坐標有虛位移，而將其他 $(n-1)$ 個坐標視為固定不動，如此即可寫出 n 個虛功方程式以供求解。本章主要是討論一個自由度之剛體系統(無摩擦)，至於 n 個自由度之系統，學者可熟習本章後再作進一步之研究，這部份不在本書之討論範圍。

例題 9-1 　虛功原理

圖中兩連桿之長度 $L = 2$ ft，並用一彈簧支持荷重 $W = 100$ lb，若系統在 $\theta = 30°$ 之位置呈平衡，試求彈簧之彈力常數。設連桿重量忽略不計，且 $\theta = 0°$ 時彈簧為自由長度。

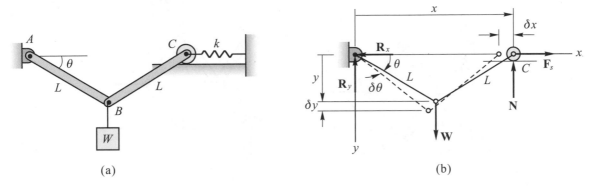

(a)　　　　　　　　　　　　　　(b)

解　**分離體圖**：此系統之自由度為 1，因兩連桿之位置可用一獨立坐標 θ (AB 桿與 x 軸之夾角)描述，如(b)圖所示。當連桿 AB 朝順時針方向轉　動一虛角位移 $d\theta$ 時，只有彈力 $\mathbf{F}_s$ 與荷重 $\mathbf{W}$ 有作功，至於支承 A 之反力 $\mathbf{R}_x$ 與 $\mathbf{R}_y$ 因 A 點無位移，故不作功，又正壓力 $\mathbf{N}$ 與 C 點之位移垂直亦不作功。

虛位移：設 A 點為參考固定點，$\mathbf{F}_s$ 與 $\mathbf{W}$ 作用點之位置坐標分別為 x 與 y，如(b)圖所示。將 x 與 y 以獨立坐標 θ 之函數表示，微分後即可求得各相關作用力之虛位移。

$x = 2L\cos\theta$ ，　$\delta x = -2L\sin\theta\,\delta\theta$

$y = L\sin\theta$ ，　$\delta y = L\cos\theta\,\delta\theta$

虛功方程式：$\mathbf{F}_s$ 作用在正 x 方向，$\mathbf{W}$ 作用在正 y 方向，因此對於虛位移 $\delta\theta$，系統之虛功方程式為

$\delta U = 0$ ，　$F_s\delta x + W\delta y = 0$

其中 $F_s = k\Delta = k[2L(1-\cos\theta)]$，代入上式

$2kL(1-\cos\theta)(-2L\sin\theta\,\delta\theta) + W(L\cos\theta\,\delta\theta) = 0$

得　$k = \dfrac{W\cos\theta}{4L\sin\theta(1-\cos\theta)}$

將已知之數據代入

$k = \dfrac{10\cos 30°}{4(2)\sin 30°(1-\cos 30°)} = 161.6$ lb/ft◄

例題 9-2 ▶ 虛功原理

試求使圖中機構維持平衡所需力矩偶 **M** 之大小。

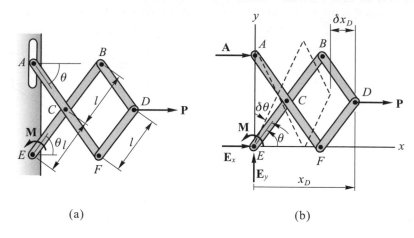

(a)　　　　　　　　　　　(b)

解 ▶ (1)**分離體圖**：此系統之自由度為 1，即機構之位置可用獨立坐標θ(ECB 桿與 x 軸之夾角)描述。系統之分離體圖如(b)圖所示。當構件 ECB 逆時針轉動 一虛 角位移$\delta\theta$ 時，僅 **P** 與 **M** 有作功。

(2)**虛位移**：取 E 點為固定參考點，則 **P** 之作用點 D 之位置坐標為 $x_D = 3\,l\cos\theta$， 故對於正虛角位移$\delta\theta$(逆時針方向)D 點之虛位移為

$\delta x_D = -3\,l\sin\theta\,\delta\theta$

(3)**虛功方程式**：**M** 作用在正θ方向，**P** 作用在正 x_D方向，對於虛角位移$\delta\theta$ 與虛 位移δx_D，力偶矩 **M** 與力 **P** 所作之虛功為$\delta U = M\delta\theta + P\delta x_D$，由虛功原理

$\delta U = 0$ ， $M\delta\theta + P(-3\,l\sin\theta\,\delta\theta) = 0$

$M = 3Pl\sin\theta$ ◀

✏️ 習 題

9-1 試求圖(1)中兩連桿平衡時之角度 θ。兩連桿之質量均爲 10 kg。

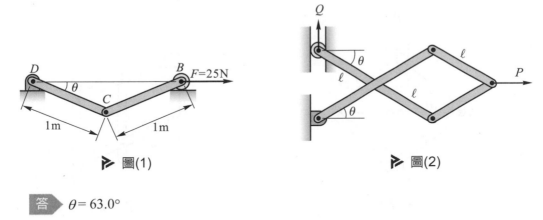

▷ 圖(1)　　　　　　　▷ 圖(2)

答▷ $\theta = 63.0°$

9-2 試求圖(2)中機構平衡時 P 與 Q 之關係式。桿件自重忽略不計。

答▷ $Q = \dfrac{3}{2} P \tan \theta$

9-3 圖(3)中之機構平衡時，試求平衡之角度 θ 與彈簧之張力。彈簧未拉伸時原有長度爲 h，彈簧常數爲 k。設構件之重量忽略不計。

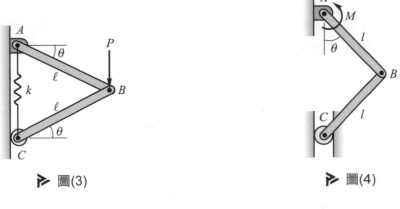

▷ 圖(3)　　　　　　　▷ 圖(4)

答▷ $\sin \theta = \dfrac{P + 2kh}{4kl}$ ，$F = 0.5\,P$

9-4 圖(4)中 AB 及 BC 兩桿之重量均爲 W，試求此機構在某一角度 θ 平衡時所需力偶矩 M 之大小。

答▷ $M = 2Wl\sin\theta$

9-5 如圖(5)所示之平面機構,以光滑銷釘連接,當 $\theta = 60°$ 時,彈簧為自由長度,今在 A 點加一垂直力 P 後,試以 θ、k、L 及 P 等參數表示機構平衡時所需滿足的關係式。設摩擦忽略不計。

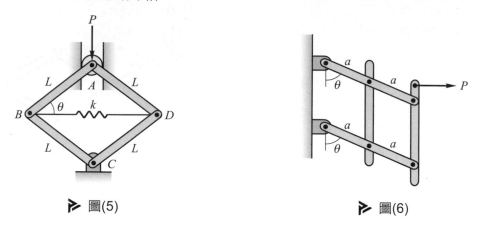

▷ 圖(5) ▷ 圖(6)

答 $P = kL(2\sin\theta - \tan\theta)$

9-6 圖(6)中四根均質之連桿,質量均為 m,若欲在圖示之位置保持平衡,則所需之水平力 P 為若干?

答 $P = \dfrac{5}{2}mg\tan\theta$

9-7 圖(7)中 AB 桿之長度為 $2l$,試求此機構在某一 θ 角之位置保持平衡時 P 與 M 之關係式。設桿件重量忽略不計。

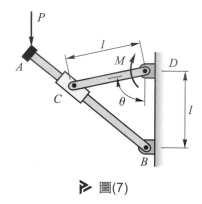

▷ 圖(7)

答 $M = Pl\cos\dfrac{\theta}{2}$

9-8 圖(8)中機構在 $\theta = 30°$ 之位置保持平衡，試求所需施加在 O 點之力偶矩 M。C 點圓盤之質量為 m_0，BAC 桿之質量為 $2\,m$，OA 桿之質量為 m。

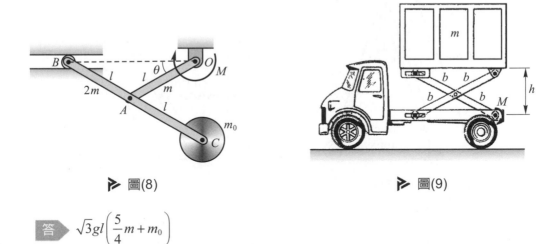

▷ 圖(8)　　　　　　　　　　　　　　　　▷ 圖(9)

答 $\sqrt{3}gl\left(\dfrac{5}{4}m + m_0\right)$

9-9 圖(9)中卡車之貨物箱可用一機構舉起，若貨物箱之質量為 m，則將貨物箱舉升 h 之高度所需之力矩 M 為若干？

答 $M = 2\,mgb\sqrt{1-\left(\dfrac{h}{2b}\right)^2}$

9-10 圖(10)中為一螺旋起重機構，螺栓之導程為 L，設轉動螺栓所需克服之摩擦力矩為 M_f(包括螺紋摩擦及軸環摩擦)，試求將此機構舉起至 θ 角度所需之力矩 M。

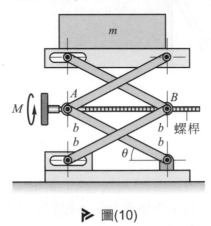

▷ 圖(10)

答 $M = M_f + \dfrac{mgL}{\pi}\cot\theta$

9-11 圖(11)中連桿 AC 及 CE 之質量均為 5 kg，彈簧之自由長度為 0.3 m，試求此機構平衡時之角度 θ。

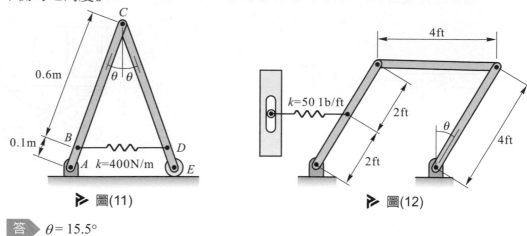

▷ 圖(11)

▷ 圖(12)

答 $\theta = 15.5°$

9-12 圖(12)中機構內三連桿之重量均為 20 lb，試求平衡時之角度 θ。當 $\theta = 0°$ 時彈簧為自由長度，且彈簧恒保持水平。

答 $\theta = 0°$，$36.9°$

9-13 圖(13)中 AB 桿之長度為 L，重量為 W，斜靠在光滑的牆壁與地板上，試求使桿子在 θ 角之位置保持平衡所需作用在桿子上之力偶矩 M。

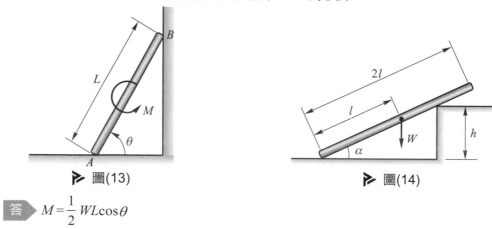

▷ 圖(13)

▷ 圖(14)

答 $M = \dfrac{1}{2} WL\cos\theta$

9-14 圖(14)中均質桿長為 $2l$，重量為 W，一端置於粗糙地板上(摩擦係數為 μ)，一部份伸出高為 h 之牆頂，設桿子與牆頂接觸處為光滑，試求平衡時之角度 α？以 h、μ、l 與 α 之關係式表示。

答 $\cos\alpha \sin\alpha (\sin\alpha + \mu\cos\alpha) = \dfrac{h\mu}{l}$

9-4 // 保守力及位能

當力 $\mathbf{F}$ 作用於質點，使質點產生一微小位移 $d\mathbf{s}$ 時，此力所作之功為 $dU = \mathbf{F} \cdot d\mathbf{s}$；若質點受力 $\mathbf{F}$ 作用，由位置 s_1 沿其運動路徑移動一有限距離至位置 s_2，如圖 9-7 所示，則作用力 $\mathbf{F}$ 所作之功可由下列積分式求得

$$U_{12} = \int_{s_1}^{s_2} \mathbf{F} \cdot d\mathbf{s} = \int_{s_1}^{s_2} F \cos\theta \, ds \qquad (9\text{-}4)$$

若要計算積分結果，必需知道 F 與位移分量間之關係。但某些作用力所作之功，與其所經之路徑無關，而只與此力在路徑之初位置及末位置有關，此種作用力稱為**保守力**(conservative force)，重力與彈簧力即為保守力之例。

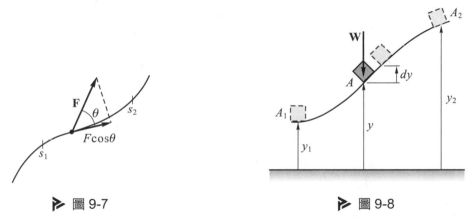

▶ 圖 9-7　　　　　　　　　　　　　　　　▶ 圖 9-8

◆重力位能

參考圖 9-8，重量為 $\mathbf{W}$ 之物體沿一曲線路徑由高度為 y_1 之初位置 A_1 移動至高度為 y_2 之末位置 A_2，其間在位置 A 上升 dy 高度時沿運動路徑重力所作之功為

$$dU = -W \, dy$$

由於物體之位移在重力方向之分量 dy 與重力 $\mathbf{W}$ 之方向相反，故功為負值。當物體由高度 y_1 移動至 y_2 時重力所作之總功為

$$U_{12} = -\int_{y_1}^{y_2} W \, dy = -W \left(y_2 - y_1 \right) = W y_1 - W y_2 \qquad (9\text{-}5)$$

故重力 **W** 所作之功，為相關於物體在 A_1 位置之函數值 Wy_1 減去相關於物體在 A_2 位置之函數值 Wy_2，即重力 W 所作之功與物體之移動路徑無關，而僅與最初與最末位置之函數值 Wy 有關，故重力為一保守力，且定義函數 Wy 為物體之重力位能，以 V_g 表示之，因此

$$V_g = Wy \tag{9-6}$$

$$U_{12} = Wy_1 - Wy_2 = V_{g1} - V_{g2} = -\Delta V_g \tag{9-7}$$

由上式可知當物體之位置升高時，其重力位能增加，重力作負功；相反地，物體之位置降低時，其重力位能減少，重力作正功，即重力所作之功等於其重力位能變化量之負值。至於位能之單位與功相同，在 SI 單位中以焦耳(J)表示，而在 FPS 單位中則以 ft-lb 或 in-lb 表示。

◆彈性位能

參考圖 9-9 中所示之彈簧，一端固定在 B 點，另一端 A 連接一物體，在 A_0 位置時彈簧未變形，彈簧對物體無作用力。當彈簧產生 x 之變形量(伸長量)時，作用於物體之彈力 **F** 與 x 成正比，即 $F = kx$，其中 k 為彈簧常數。當物體由 A_1 位置(伸長量為 x_1)移動至 A_2 位置(伸長量為 x_2)時，彈力所作之功為

$$U_{12} = \int_{x_1}^{x_2} -Fdx = -\int_{x_1}^{x_2} kxdx = \frac{1}{2}kx_1^2 - \frac{1}{2}kx_2^2 \tag{9-8}$$

因彈力 **F** 與位移 **x** 之方向相反，故功為負值。

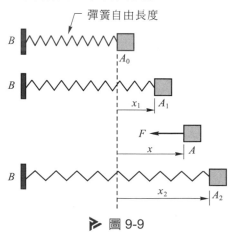

▶ 圖 9-9

由(9-8)式可知彈力所作之功僅與表示彈簧變形位置之函數 $\frac{1}{2}kx^2$ 有關，故彈力為一保守力，且定義函數 $\frac{1}{2}kx^2$ 為彈簧之彈性位能，以 V_s 表示之，即

$$V_s = \frac{1}{2}kx^2 \tag{9-9}$$

$$U_{12} = \frac{1}{2}kx_1^2 - \frac{1}{2}kx_2^2 = V_{s1} - V_{s2} = -\Delta V_s \tag{9-10}$$

由上式可知當彈簧位能減少時，彈力作正功；而彈簧位能增加時，彈力作負功；即彈力所作之功等於彈性位能變化量之負值。

◆位能函數

若物體只受彈力及重力作用，物體在任一位置之位能可用位能函數 V 表示之，即

$$V = V_g + V_s \tag{9-11}$$

位能函數之值與彈簧之變形量及相對於重力位能零位面之高度有關。

對於無摩擦且自由度為 1 之剛體系統，系統之位置可由一個獨立坐標 q 定義之，若系統僅保守力有作功，則此系統之位能 V 只與系統之位置 q 有關，即 $V = V(q)$。當系統由 q_1 位置移動至 q_2 位置時，保守力所作之功等於其位能函數變化量之負值，即

$$U_{12} = -\Delta V = V_1(q) - V_2(q) \tag{9-12}$$

9-5 // 位能與平衡

◆一個自由度之剛體系統

對於一個無摩擦之剛體系統，若僅保守力對系統有作功，當系統產生一微小位移從位置 q 位置移動至位置 $(q + dq)$ 時，$dU = V(q) - V(q + dq)$，或 $dU = -dV$。若獨立之位置坐標有一虛位移 δq，則虛功 $\delta U = -\delta V$。當系統由平衡位置產生一虛位移時，由虛功原理可知虛功 $\delta U = 0$，因此系統之位能函數必須滿足

$$dV = \frac{dV}{dq}\delta q = 0$$

因 $\delta q \neq 0$，故

$$\frac{dV}{dq} = 0 \qquad\qquad\qquad (9\text{-}13)$$

上式說明：一剛體系統位於平衡狀態時，此剛體系統位能函數之一次導數為零。但需注意系統必須為無摩擦且僅保守力對系統有作功。

◆n 個自由度之剛體系統

對於有 n 個自由度之剛體系統(無摩擦且僅保守力對系統有作功)，其位能函數可表示為 n 個獨立坐標 q 之函數，即 $V = V(q_1，q_2，\cdots\cdots，q_n)$。系統位於平衡狀態時，因 $\delta U = 0$，故 $\delta V = 0$。由鏈鎖律(chain rule)

$$\delta V = \frac{\partial V}{\partial q_1}\delta q_1 + \frac{\partial V}{\partial q_2}\delta q_2 + \cdots\cdots + \frac{\partial V}{\partial q_n}\delta q_n = 0$$

由於虛位移 $\delta q_1，\delta q_2，\cdots\cdots，\delta q_n$ 彼此獨立，且 $\delta q_i \neq 0$，故得

$$\frac{\partial V}{\partial q_1} = 0 \quad, \quad \frac{\partial V}{\partial q_2} = 0 \quad, \cdots\cdots, \quad \frac{\partial V}{\partial q_n} = 0 \qquad (9\text{-}14)$$

即 n 個自由度之剛體系統在平衡狀態時，系統之位能函數對各個獨立坐標 q_i 之偏導數必等於零。因此可列出 n 個獨立之方程式。

觀念題

1. 試敘述剛體系統的虛功原理。

2. 功與位能何者為點函數？何者為路徑函數？

3. 解釋名詞：剛體系統的自由度。

4. 一保守的剛體系統位於穩定的平衡狀態時，系統的位能函數有何關係式會成立？

9-6 // 平衡之穩定性

　　考慮圖 9-10 中之三個小球，雖然三者都在平衡狀態，但三種情況有很重要之區別。假設三個小球均受到輕微之干擾而偏離其平衡位置，(a)圖中之小球恆可回到其原來之平衡位置，(b)圖中之小球將移動到另一個新的位置平衡，而(c)圖中之小球將繼續偏離其原來之平衡位置。(a)圖中小球之平衡稱為**穩定**(stable)，(b)圖中小球之平衡稱為**中立**(neutral)，而(c)圖中小球之平衡稱為**不穩定**(unstable)。由於小球位能與其所在之相對高度有關，在圖 9-10 中，(a)圖小球所在平衡位置之位能為最小，偏離平衡位置後位能增加；(b)圖小球不論偏離至何處，位能恆為定值；而(c)圖小球所在平衡位置之位能為最大，偏離平衡位置後位能降低。故平衡之穩定、中立或不穩定乃視其所在平衡位置之位能為最小、定值或最大而定。

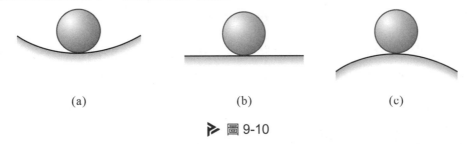

(a)　　　　　　　　(b)　　　　　　　　(c)

▷ 圖 9-10

　　因此，剛體或剛體系統可能處在三種平衡狀態中之一種，如下所述：

(1) 當系統之小位移可使系統回到原來之平衡位置，稱為穩定平衡；此時系統在平衡位置之位能為最小。

(2) 當系統之小位移可使系統在任意位置保持平衡，稱為中立平衡；此時系統在平衡位置之位能為一常數。

(3) 當系統之小位移可使系統更偏離原來之平衡位置，稱為不穩定平衡；此時系統在平衡位置之位能為最大。

◆一個自由度之保守系統

僅保守力對系統有作功之剛體系統，稱為保守系統，對於自由度為 1 之剛體系統，其位置可由一個獨立坐標 q 所定義，系統之位能函數 V 可表示為位置 q 之函數。當系統在平衡位置時，系統位能函數之一階導數必等於零，即 $dV/dq = 0$。若將此系統之位能 V 與獨立坐標 q 之關係曲線繪出，如圖 9-11 所示，則一階導數 dV/dq 等於零之平衡位置 q_{eq} 將位於位能函數 $V(q)$ 為極大或極小值之處。

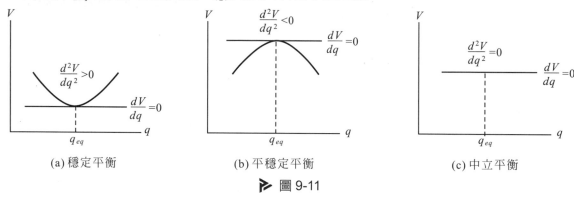

(a) 穩定平衡　　　　(b) 平穩定平衡　　　　(c) 中立平衡

▶ 圖 9-11

若欲瞭解保守系統在平衡位置之穩定性，就必須求出位能函數在平衡位置 q_{eq} 之二階導數。若位能函數在平衡位置為極小值，如圖 9-11(a)，則系統為穩定平衡，且 $d^2V/dq^2 > 0$，即

$$\text{穩定平衡：} \quad \frac{dV}{dq} = 0 \quad , \quad \frac{d^2V}{dq^2} > 0 \tag{9-15}$$

若位能函數在平衡位置為極大值，如圖 9-11(b)，則系統為不穩定平衡，且 $d^2V/dq^2 < 0$，即

$$\text{不穩定平衡：} \quad \frac{dV}{dq} = 0 \quad , \quad \frac{d^2V}{dq^2} < 0 \tag{9-16}$$

若二階導數在平衡位置為零，則必須探討更高階之導數值，才能決定其穩定性。若不為零之最低階導數為偶數階，且其導數值在 $q = q_{eq}$ 時為正值，則為穩定平衡，否則，則為不穩定平衡。

若一剛體系統在中立平衡狀態，如圖 9-11(c)，則

$$\text{中立平衡：} \quad \frac{dV}{dq} = \frac{d^2V}{dq^2} = \cdots\cdots = \frac{d^nV}{dq_n} = 0 \tag{9-17}$$

平衡位置

　　圖中均質桿重量為 W，長度為 l，設接觸面為光滑，試求平衡時之角度。$\theta = 90°$ 時彈簧為自由長度。

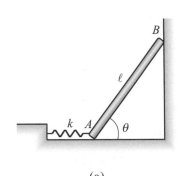

(a)

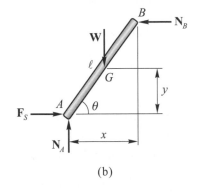

(b)

解 桿子在任意 θ 角位置時之位能為

$$V(\theta) = V_g + V_s = Wy + \frac{1}{2}kx^2 = W\frac{l}{2}\sin\theta + \frac{1}{2}k(l\cos\theta)^2$$

令 $\dfrac{dV}{d\theta} = 0$，可得平衡時之角度 θ

$$\frac{1}{2}Wl\cos\theta + \frac{1}{2}kl^2[2\cos\theta(-\sin\theta)] = 0$$

得 $\sin\theta = \dfrac{W}{2kl}$ ， $\theta = \sin^{-1}\dfrac{W}{2kl}$ ◀

穩定平衡

　　圖中質量為 m 之物體附著在半徑為 R 之輪緣上，已知 $\theta = 0°$ 時彈簧為自由長度，試求

(a)平衡時之角度 θ (以 R，r，k，m 之關係式表示)

(b)討論各平衡位置之穩定性。

設 $R = 30$ cm，$r = 8$ cm，$k = 4$ kN/m，$m = 10$ kg。

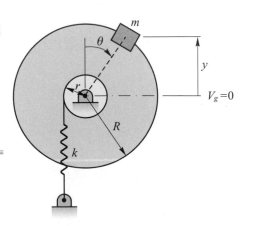

解 (1)**位能函數**：將系統之位能表示為 θ 之函數：

$$V(\theta) = V_g + V_s = mgy + \frac{1}{2}ks^2$$

其中 $y = R\cos\theta$，$s = r\theta$

故 $V(\theta) = mgR\cos\theta + \frac{1}{2}kr^2\theta^2$

(2)**平衡位置**：令 $\dfrac{dV}{d\theta} = 0$，可求得平衡時之位置 θ

$$\frac{dV}{d\theta} = -mgR\sin\theta + kr^2\theta = 0 \quad , \quad \sin\theta = \frac{kr^2}{mgR}\theta \blacktriangleleft \cdots\cdots(1)$$

$R = 30$ cm，$r = 8$ cm，$k = 4$ kN/m，$m = 10$ kg，代入(1)式

$$\sin\theta = \frac{4000(0.08)^2}{10(9.81)(0.3)}\theta \quad , \quad 得 \;\; \sin\theta = 0.8699\theta$$

解得平衡位置：

$\theta = 0°$; 與 $\theta = 0.902$ rad $= 51.7°$(由試誤法求得)

(3)**平衡之穩定性**：求 $V(\theta)$ 之二次導數：

$$\frac{d^2V}{d\theta^2} = -mgR\cos\theta + kr^2 = -10(9.81)(0.3)\cos\theta + (4000)0.08^2$$

$$\frac{d^2V}{d\theta^2} = -29.43\cos\theta + 25.6$$

$\theta = 0°$ 時，$\dfrac{d^2V}{d\theta^2} = -29.43 + 25.6 = -3.83 < 0$

故 $\theta = 0°$ 之位置為不穩定平衡 $\blacktriangleleft$

$\theta = 51.7°$ 時，$\dfrac{d^2V}{d\theta^2} = -29.43\cos51.7° + 25.6 = 7.36 > 0$

故 $\theta = 51.7°$ 之位置為穩定平衡 $\blacktriangleleft$

✐ 習　題

9-15 圖(15)中套環 B 之重量爲 W，可在垂直之光滑桿子上自由滑動。彈簧之彈力常數
爲 k，且在 $y = 0$ 之位置時彈簧爲自由長度，試求
(a)平衡時 y 之位置(以 W、y、a、k 之關係式表示)。
(b)設 $W = 60$ N，$a = 400$ mm，$k = 1$ kN/m，試判斷平衡位置之穩定性。

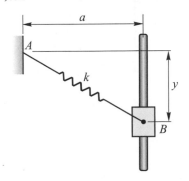

▷ 圖(15)

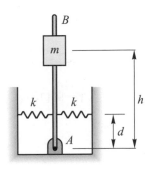

▷ 圖(16)

答 (a) $y = \left(1 - \dfrac{a}{\sqrt{a^2 + y^2}}\right) = \dfrac{W}{k}$ ；(b) $y = 300$ mm 爲穩定平衡

9-16 圖(16)中 AB 桿在 A 端爲鉸支承，並連接兩相同之彈簧，彈力常數爲 k。設
$h = 750$ mm，$d = 400$ mm，$m = 80$ kg，若欲使 AB 桿在圖示位置爲穩定平衡，則
k 之範圍應爲若干？設兩彈簧均可承受拉力或壓力。

答 $k > 1.84$ kN/m

9-17 一均質圓輪，質量爲 m，藉一薄皮帶
ABC 及彈力常數爲 k 之彈簧支持在
鉛直面上。系統在初位置時彈簧爲自
由長度，今將圓輪由初位置釋放，試
求達平衡位置時圓輪所轉過之角度。

答 $\theta = mg/4kr$

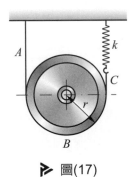

▷ 圖(17)

9-18 圖(18)中所示為一厚度均勻之容器，上半部為圓柱形，下半部為半球殼，欲使此容器在直立位置為穩定平衡，則 h 之最大值為若干？

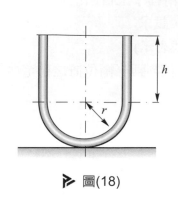

▶ 圖(18)

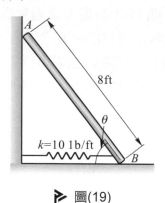

▶ 圖(19)

答 $h < r$

9-19 圖(19)中均質桿重量為 100 lb，設接觸面為光滑面，試求平衡時之角度 θ。並討論桿在此平衡位置之穩定性。彈簧之自由長度為 4 ft。

答 $8\sin\theta - 4\tan\theta = 5$，$\theta$ 無解。

9-20 圖(20)中所示為一倒置的單擺，擺錘質量為 m，若欲在直立位置保持穩定平衡，試求擺錘的最大高度 h。彈簧的彈力常數均為 k，且在直立位置時兩側彈簧有相同的預壓力。設除擺錘外其他部份的質量忽略不計。

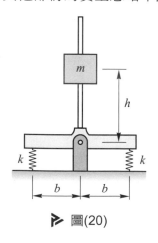

▶ 圖(20)

答 $h < \dfrac{2kb^2}{mg}$

9-21 圖(21)中均質桿 AB 的重量爲 10 lb，　當 $\theta = 90°$ 時彈簧 DC 爲自由長度，試求平
　　　衡時之角度 θ，並討論平衡位置之穩定性。彈簧 DC 恆保持水平。

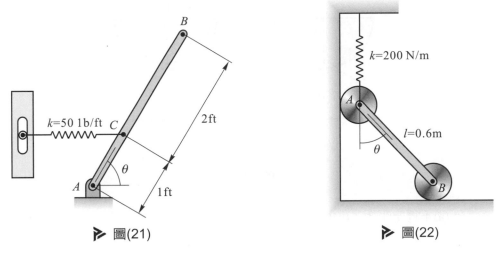

▶ 圖(21)　　　　　　　　　　　　　　　　　　　　▶ 圖(22)

　答▶ $\theta = 90°$(穩定平衡)，$\theta = 17.5°$(不穩定平衡)

9-22 圖(22)中均質桿之質量爲 10 kg，當 $\theta = 0°$ 時彈簧爲自由長度，試求系統平衡時之
　　　角度 θ，並討論平衡位置之穩定性。

　　答▶ $\theta = 0°$(不穩定平衡)，$\theta = 53.8°$(穩定平衡)

9-23 圖(23)中 $\theta = 60°$ 時彈簧爲自由長度，試求
　　　(a)平衡時 θ 角爲若干？(以 P、k、l 與 θ 之關係式表示)
　　　(b)設 $P = 50$ lb，$k = 25$ lb/in，$l = 8$ in，試求平衡時之 θ 角，並討論平衡位置之
　　　　穩定性。

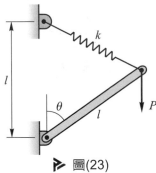

▶ 圖(23)

　答▶ (a) $\sin\dfrac{\theta}{2} = \dfrac{kl}{2kl - 2P}$

　　　(b) $\theta = 83.6°$(穩定平衡)，$\theta = 180°$(不穩定平衡)

9-24 (a)(b)兩圖下面均為半圓柱，(a)圖上面為半圓柱，(b)圖上面為柱形半圓殼，試判斷兩者在圖示平衡位置之穩定性。

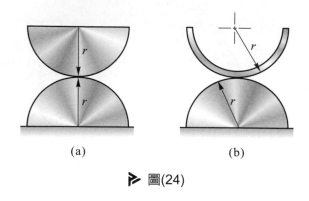

(a)   (b)

▷ 圖(24)

答 (a)不穩定平衡；(b)穩定平衡

9-25 圖(25)中均質物體之上半部為圓錐，下半部為半球，已知 $r = 60$ mm，若欲使物體在圖示位置時為中立平衡，則圓錐之高度 h 應為若干？設物體密度為 $\rho = 7$ Mg/m^3。

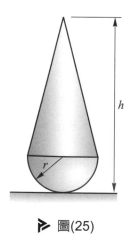

▷ 圖(25)

答 $h = 103.9$ mm

國家圖書館出版品預行編目資料

靜力學 / 劉上聰編著. -- 六版. -- 新北市：
全華圖書股份有限公司, 2022.04
面 ; 公分
ISBN 978-626-328-117-2(平裝)
1. CST：應用靜力學

440.131   111003756

靜力學

作者／劉上聰

發行人／陳本源

執行編輯／蔣德亮

封面設計／楊昭琅

出版者／全華圖書股份有限公司

郵政帳號／0100836-1 號

印刷者／宏懋打字印刷股份有限公司

圖書編號／0203204

六版一刷／2023 年 01 月

定價／新台幣 400 元

ISBN／978-626-328-117-2

全華圖書／www.chwa.com.tw

全華網路書店 Open Tech／www.opentech.com.tw

若您對本書有任何問題，歡迎來信指導 book@chwa.com.tw

臺北總公司(北區營業處)
地址：23671 新北市土城區忠義路 21 號
電話：(02) 2262-5666
傳真：(02) 6637-3695、6637-3696

南區營業處
地址：80769 高雄市三民區應安街 12 號
電話：(07) 381-1377
傳真：(07) 862-5562

中區營業處
地址：40256 臺中市南區樹義一巷 26 號
電話：(04) 2261-8485
傳真：(04) 3600-9806(高中職)
　　　(04) 3601-8600(大專)

歡迎加入 全華會員

● 會員獨享
會員享購書折扣、紅利積點、生日禮金、不定期優惠活動…等。

● 如何加入會員
掃 QRcode 或填妥讀者回函卡直接傳真 (02) 2262-0900 或寄回，將由專人協助登入會員資料，待收到 E-MAIL 通知後即可成為會員。

如何購買 全華書籍

1. 網路購書
全華網路書店「http://www.opentech.com.tw」，加入會員購書更便利，並享有紅利積點回饋等各式優惠。

2. 實體門市
歡迎至全華門市（新北市土城區忠義路 21 號）或各大書局選購。

3. 來電訂購
(1) 訂購專線：(02) 2262-5666 轉 321-324
(2) 傳真專線：(02) 6637-3696
(3) 郵局劃撥 （帳號：0100836-1　戶名：全華圖書股份有限公司）
※ 購書未滿 990 元者，酌收運費 80 元。

OpenTech .com.tw 全華網路書店

全華網路書店 www.opentech.com.tw
E-mail: service@chwa.com.tw

※ 本會員制如有變更則以最新修訂制度為準，造成不便請見諒。